高等职业教育工业机器人技术专业"十四五"新形态一体化教材

传感器
与检测技术

主编 ｜ 周玉甲

课程资源

中南大学出版社
www.csupress.com.cn
·长沙·

图书在版编目（CIP）数据

传感器与检测技术／周玉甲主编. —长沙：中南大学出版社，2023.7（2025.8重印）

高等职业教育工业机器人技术专业"十四五"新形态一体化系列教材

ISBN 978-7-5487-5218-9

Ⅰ. ①传… Ⅱ. ①周… Ⅲ. ①传感器－检测－高等职业教育－教材 Ⅳ. ①TP212

中国版本图书馆 CIP 数据核字（2022）第 230784 号

传感器与检测技术
CHUANGANQI YU JIANCE JISHU

周玉甲　主编

□**出 版 人**	林绵优		
□**责任编辑**	刘锦伟		
□**责任印制**	唐　曦		
□**出版发行**	中南大学出版社		
	社址：长沙市麓山南路	邮编：410083	
	发行科电话：0731-88876770	传真：0731-88710482	
□**印　　装**	长沙印通印刷有限公司		

□**开　　本**	787 mm×1092 mm 1/16	□**印张** 17.25	□**字数** 440 千字	
□**版　　次**	2023 年 7 月第 1 版	□**印次** 2025 年 8 月第 2 次印刷		
□**书　　号**	ISBN 978-7-5487-5218-9			
□**定　　价**	54.00 元			

高等职业教育工业机器人技术专业
"十四五"新形态一体化教材
编委会名单
(排名不分先后)

朱志伟　唐黄正　陈　杰　唐亚平　刘海龙

周永洪　周玉甲　易　磊　刘良斌　李　浩

刘　敏　谭　智　张义武　刘东来　谭立新

高　维　龙　凯　熊　英　许孔联　姚　钢

谭庆龙　廖敏辉　徐作栋　谢楚雄　龚任平

张明河　陈育新　阳　培　刘友成　张　谦

段绍娥　曾小波　瞿　敏

党的二十大报告提出，坚持把发展经济的着力点放在实体经济上，推进新型工业化，加快建设制造强国。传感器与检测技术是实现智能制造的"基石"，本书主要针对高职高专中面向智能制造方向的工科专业需求，结合编者多年的教学实践编写，将传感器与检测技术相关知识与智能制造，特别是与工业机器人紧密结合。本书以理论够用为主，突出知识实用性，适合作为工业自动化、机电一体化、工业机器人技术等专业基础课教材。

本书涉及内容广泛，全书分为2篇，共10个项目。第一篇为传感器与检测技术相关基础理论，共2个项目：项目1为传感器基本概念；项目2为检测技术基础知识。第二篇为传感器与检测技术在机器人中的应用，共8个项目，包括喷涂机器人、分拣机器人、切割机器人、AGV机器人、移动机器人、焊接机器人、码垛机器人和机器视觉，大部分项目给出了工程实际应用背景，部分案例来自实际工业生产。本书教学内容以提出需求、选型应用、检修维护的方式展开，注重培养学生解决传感器实际应用问题的能力，适应职业教育需求。

本书在编写过程中主要针对高职高专学生的特点和职业教育的特色，包括学习目标、观察与思考、知识图谱、思政园地和思考与练习等内容，循序渐进地介绍了相关知识点，便于学生对内容的掌握和理解。

本书由湖南交通职业技术学院周玉甲主编，袁佳健、阳培、陈嘉、郭利伟参与编写。阳培、陈嘉共同编写项目1；阳培编写项目2；周玉甲编写项目3~5；袁佳健编写项目6~9；郭利伟编写项目10。周玉甲负责全书的策划、内容安排、文稿修改和审定工作。

在本书的编纂过程中，特别感谢中联重科文晶大师及其团队在焊接机器人等章节内容上给予的宝贵企业实践经验、技术指导和基于真实生产场景的案例支持。同时，也得到了校内外广大同行的大力支持和批评指正，在此向他们表示衷心的感谢。

由于编者水平与能力有限，本书难免有不足或不当之处，恳请广大读者批评指正。

编者

2025 年 7 月

目 录

第1篇 传感器与检测技术

项目1 认识传感器 ………………………………………………… 2

1.1 传感器简介 ……………………………………………… 3

   1.1.1 传感器的定义 …………………………………… 3

   1.1.2 传感器的分类 …………………………………… 4

   1.1.3 传感器的组成 …………………………………… 4

   1.1.4 传感器的应用 …………………………………… 5

1.2 传感器的特性 …………………………………………… 5

   1.2.1 传感器的静态特性 ……………………………… 6

   1.2.2 传感器的动态特性 ……………………………… 11

1.3 传感器选型 ……………………………………………… 17

   1.3.1 传感器的命名及代号 …………………………… 17

   1.3.2 传感器的选择原则 ……………………………… 20

1.4 传感器技术的发展趋势 ………………………………… 22

   1.4.1 传感器的微型化 ………………………………… 22

   1.4.2 传感器的智能化 ………………………………… 23

   1.4.3 传感器的数字化和网络化 ……………………… 25

   1.4.4 传感器的集成化和多功能化 …………………… 26

思政园地 ……………………………………………………… 27

思考与练习 …………………………………………………… 28

项目2　检测技术基础 ································· 31

2.1　测量技术概论 ································· 32

2.1.1　测量技术与非电量测量 ················· 33

2.1.2　测量的一般方法 ····················· 34

2.1.3　测量系统 ························· 36

2.1.4　测量误差 ························· 39

2.2　测量数据的估计和处理 ····················· 42

2.2.1　随机误差的统计处理 ················· 42

2.2.2　系统误差的通用处理方法 ··············· 43

2.2.3　粗大误差 ························· 47

2.2.4　非等精度测量的权与误差 ··············· 50

2.2.5　测量数据处理中的几个问题 ············· 52

小　结 ······································ 54

思政园地 ···································· 55

思考与练习 ·································· 56

第2篇　传感器的项目应用

项目3　喷涂机器人 ································· 58

3.1　了解喷涂机器人 ··························· 59

3.1.1　喷涂机器人的应用 ··················· 59

3.1.2　喷口压力要求 ····················· 59

3.2　压力传感器分类及其应用 ····················· 60

3.2.1　压阻式压力传感器 ··················· 60

3.2.2　压电式压力传感器 ··················· 61

3.2.3　电容式压力传感器 ··················· 62

3.2.4　霍尔式压力传感器 ··················· 63

3.3　电阻式传感器知识 ························· 64

3.3.1　电阻式传感器 ····················· 64

3.3.2　压阻式传感器 ····················· 70

3.4　压力传感器选型与维护 ····················· 73

3.4.1　喷口压力传感器的选型 ················· 73

　　　3.4.2　喷口压力传感器的检修与维护 ……………………… 76

　思政园地 ………………………………………………………… 77

　思考与练习 ……………………………………………………… 79

项目4　分拣机器人 ……………………………………………… 80

　4.1　了解分拣机器人 …………………………………………… 81

　　4.1.1　分拣机器人的应用 …………………………………… 81

　　4.1.2　物料接近检测要求 …………………………………… 82

　4.2　接近传感器分类及其应用 ………………………………… 82

　　4.2.1　电感式接近传感器 …………………………………… 83

　　4.2.2　电容式接近传感器 …………………………………… 84

　　4.2.3　霍尔式接近传感器 …………………………………… 84

　4.3　电感式传感器知识 ………………………………………… 86

　　4.3.1　自感式电感传感器 …………………………………… 86

　　4.3.2　差动变压器式传感器 ………………………………… 91

　4.4　接近传感器选型与维护 …………………………………… 97

　　4.4.1　金属检测传感器对比分析 …………………………… 98

　　4.4.2　接近传感器的选型 …………………………………… 98

　　4.4.3　金属检测传感器的检修与维护 …………………… 102

　思政园地 ……………………………………………………… 103

　思考与练习 …………………………………………………… 105

项目5　切割机器人 …………………………………………… 106

　5.1　了解切割机器人 …………………………………………… 107

　　5.1.1　激光切割工艺介绍 …………………………………… 107

　　5.1.2　切割头与工件距离的要求 …………………………… 108

　5.2　距离传感器分类及其应用 ………………………………… 109

　　5.2.1　电容式距离传感器 …………………………………… 109

　　5.2.2　电涡流距离传感器 …………………………………… 110

　　5.2.3　激光距离传感器 ……………………………………… 111

　5.3　电容式传感器知识 ………………………………………… 113

　　5.3.1　电容式传感器的工作原理 …………………………… 113

　　5.3.2　变极距式电容传感器 ………………………………… 113

　　5.3.3　变面积式电容传感器 ………………………………… 115

　　　　5.3.4　变介质式电容传感器 ································ 117

　　　　5.3.5　电容式传感器的测量电路 ························ 119

　　5.4　距离传感器选型与维护 ································ 126

　　　　5.4.1　距离传感器对比分析 ························ 127

　　　　5.4.2　距离传感器的选型 ························ 127

　　　　5.4.3　电容式传感器的检修与维护 ················ 130

　　思政园地 ·· 133

　　思考与练习 ······································ 134

项目 6　AGV 机器人 ································ 135

　　6.1　了解 AGV 机器人 ································ 136

　　　　6.1.1　AGV 机器人的应用 ························ 136

　　　　6.1.2　AGV 导引要求 ··························· 137

　　6.2　导引技术及其应用 ································ 137

　　　　6.2.1　电磁导引技术 ··························· 137

　　　　6.2.2　磁导引技术 ····························· 139

　　　　6.2.3　激光导引技术 ··························· 140

　　6.3　磁电式传感器 ···································· 141

　　　　6.3.1　磁电式传感器 ··························· 142

　　　　6.3.2　霍尔式传感器 ··························· 145

　　　　6.3.3　压磁式传感器 ··························· 148

　　6.4　导引传感器选型与维护 ·························· 154

　　　　6.4.1　AGV 导引技术对比分析 ···················· 154

　　　　6.4.2　磁导引传感器的选用 ······················ 154

　　　　6.4.3　磁导引传感器的检修与维护 ·················· 157

　　思政园地 ·· 158

　　思考与练习 ······································ 160

项目 7　移动机器人 ································ 161

　　7.1　了解移动机器人 ·································· 162

　　　　7.1.1　移动机器人的应用 ························ 162

　　　　7.1.2　移动机器人避障要求 ······················ 163

　　7.2　避障传感器分类及其应用 ························ 164

　　　　7.2.1　激光避障传感器 ························ 164

7.2.2 视觉避障传感器 ························· 165

7.2.3 超声避障传感器 ························· 167

7.3 压电式传感器知识 ···························· 169

7.3.1 压电式传感器的工作原理 ·············· 170

7.3.2 压电式传感器测量电路 ················· 172

7.3.3 压电式超声波传感器 ··················· 176

7.4 避障传感器选型与维护 ······················ 178

7.4.1 避障传感器对比分析 ··················· 178

7.4.2 避障传感器的选型 ····················· 178

7.4.3 超声波传感器的检修与维护 ············ 179

思政园地 ··· 180

思考与练习 ······································· 182

项目 8 焊接机器人 ·································· 183

8.1 了解焊接机器人 ···························· 184

8.1.1 焊接机器人的应用 ····················· 184

8.1.2 焊接机器人温度保护要求 ·············· 185

8.2 温度传感器分类及其应用 ···················· 186

8.2.1 热电阻温度传感器 ····················· 186

8.2.2 热电偶温度传感器 ····················· 187

8.2.3 热释电温度传感器 ····················· 188

8.3 热电式传感器知识 ·························· 188

8.3.1 热电偶温度传感器原理 ················· 188

8.3.2 热电偶实用测量电路 ··················· 197

8.3.3 热释电温度传感器原理 ················· 199

8.4 温度传感器选型与维护 ······················ 202

8.4.1 温度传感器对比分析 ··················· 202

8.4.2 温度传感器的选型 ····················· 203

8.4.3 热电偶温度传感器的检修与维护 ········ 204

思政园地 ··· 206

思考与练习 ······································· 208

项目 9 码垛机器人 ·································· 209

9.1 了解码垛机器人 ···························· 210

9.1.1　码垛机器人的应用 ···············210

9.1.2　码垛机器人的位移要求 ···········211

9.2　位移传感器分类及其应用 ·············212

9.2.1　激光位移传感器 ·················212

9.2.2　电位器式位移传感器 ·············213

9.2.3　光栅位移传感器 ·················216

9.3　数字式传感器知识 ···················217

9.3.1　光栅传感器 ····················217

9.3.2　磁栅传感器 ····················229

9.3.3　数字编码器 ····················236

9.3.4　感应同步器 ····················243

9.4　位移传感器选型与维护 ···············246

9.4.1　位移传感器对比分析 ·············246

9.4.2　位移传感器的选型 ···············247

9.4.3　光栅位移传感器的检修与维护 ······247

思政园地 ·····························249

思考与练习 ···························250

项目 10　机器视觉 ·····················251

10.1　了解机器视觉 ·····················252

10.2　机器视觉的组成 ···················252

10.2.1　机器视觉光源 ·················253

10.2.2　工业镜头 ····················253

10.2.3　工业相机 ····················253

10.2.4　图像采集卡 ··················254

10.2.5　机器视觉软件 ·················254

10.3　图像传感器 ·······················254

10.3.1　CCD 图像传感器 ···············254

10.3.2　CMOS 图像传感器 ··············257

10.4　图像传感器选型与维护 ··············259

10.4.1　图像传感器的选型 ··············259

10.4.2　图像传感器的检修与维护 ·········261

思政园地 ·····························263

思考与练习 ···························264

传感器与检测技术

第1篇

项目 1   认识传感器

学习目标

◆ **知识目标**

1. 了解和掌握传感器的定义、分类及组成；

2. 熟悉传感器的静态特性；

3. 了解传感器的动态特性。

◆ **能力目标**

1. 掌握传感器的静态指标；

2. 熟悉传感器的动态指标；

3. 熟悉传感器的分类。

◆ **素质目标**

1. 具有爱国主义精神和民族自豪感；

2. 具有探索精神、求知精神，有学习热情；

3. 具有乐观积极、不畏困难、勇于担当的精神，有较强的团队合作意识。

◆ **思政目标**

1. 具备踏实勤奋的工匠精神和自主创新的内生动力；

2. 具备科技强国情怀和志存高远的远大抱负；

3. 具备探索新思想、新技术的勇气和坚定实现中华民族伟大复兴的信心。

观察与思考

第 24 届冬季奥林匹克运动会，即 2022 年北京冬季奥运会，于 2022 年 2 月 4 日—2 月 20 日举办。北京冬季奥运会共设 7 个大项、15 个分项、109 个小项。此次北京冬奥会采用了大量的新技术，举办得非常成功。

国家体育场"鸟巢"作为国际一流的大型半开放场馆，在开幕式当天最低气温-6 ℃、闭幕式当天气温-2 ℃的情况下，采用了石墨烯材料加热座椅解决"低温开放环境下温暖保障"问题。冰壶比赛场地冰面厚度要求 40~50 mm，冰面温度要求-6.5~-5.0 ℃，冰面 1.5 m 以上的空间要保持其室内温度在 8~10 ℃，湿度在 50%~60%，冰面上方不可有空气的移动对流，冰层下地面面层需用抗冻混凝土，厚度均匀，高差控制在±5 mm 以内。那么准确的温度、湿度、风速、水平度等是如何保证的呢？这些都可以通过相应的传感器进行监测与控制。

知识图谱

```
                              ┌── 传感器的定义
              ┌── 传感器简介 ──┤── 传感器的分类
              │               ├── 传感器的组成
              │               └── 传感器的应用
              │
              │               ┌── 传感器的静态特性 ── 线性度、灵敏度、灵敏度阈、分辨力与分辨率、迟滞性、
              │               │                       重复性、精确度（精度）、漂移、稳定性
 认           │               │
 识           │               │                       ┌── 时域动态特性：延迟时间、上升时间、响应时间、超调量
 传 ──────────┤── 传感器的特性 ┤── 传感器的动态特性 ──┼── 频域动态特征：幅频特性和相频特性
 感           │               │                       └── 零阶、一阶、二阶传感器的频率响应
 器           │
              │               ┌── 传感器的命名及代号
              │── 传感器选型 ──┤── 传感器的选择原则
              │
              │               ┌── 传感器的微型化
              │── 传感器技术的 ┤── 传感器的智能化
                  发展趋势    ├── 传感器的数字化和网络化
                             └── 传感器的集成化和多功能化
```

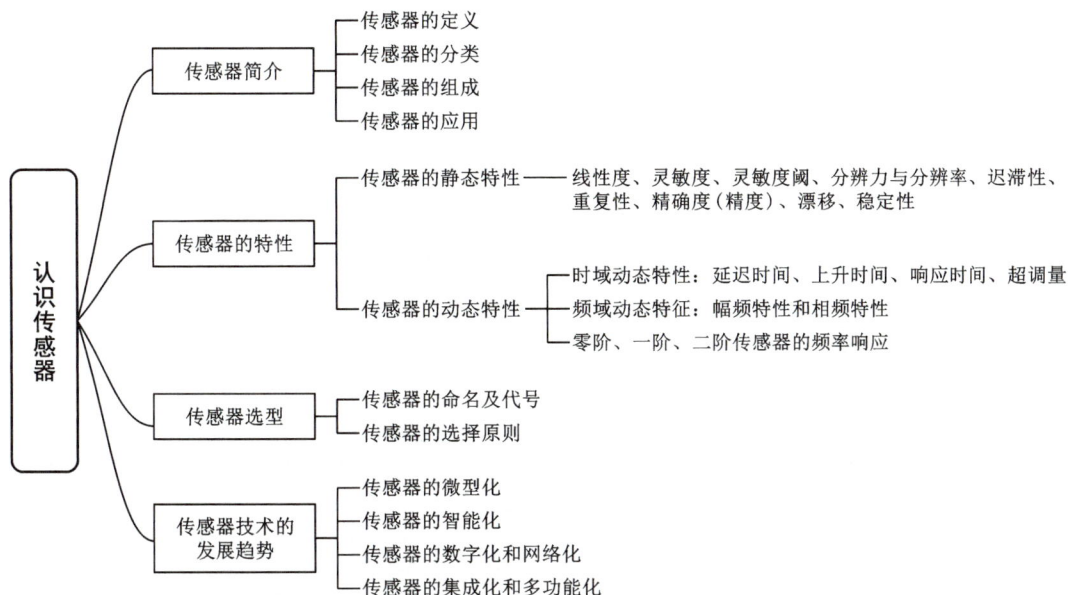

1.1　传感器简介

1.1.1　传感器的定义

传感器（transducer 或 sensor）是能感受规定的被测量并按照一定规律将其转换成可用输出信号的器件或装置。在有些国家和学科领域，也将传感器称为变换器、检测器或探测器等。

传感器实际上是一种功能块，其作用是将来自外界的各种信号转换成电信号。近年来传感器所能够检测的信号种类显著增加，因而其品种繁多。为了对各种各样的信号进行检测、控制，就必须获得尽量简单且易于处理的信号，因为电信号能较容易地进行放大、反馈、滤波、微分、存储和远距离操作等。作为一种功能块，传感器可以狭义地被定义为"将外界的输入信号变换为电信号的一类元件"，如图 1-1 所示。

```
                        ┌──────────┐
 外界的输入信号 ───────→ │  传感器  │ ───────→ 电信号
                        └──────────┘
```

图 1-1　传感器的作用

传感器一般是利用物理、化学和生物等学科的某些效应或机理，按照一定的工艺和结构研制出来的。因此，传感器的组成在细节上有较大差异。

例如，应变式压力传感器是由弹性膜片和电阻应变片组成的，其中弹性膜片是敏感元件，它能将压力转换成弹性膜片的应变；弹性膜片的应变施加在电阻应变片上，电阻应变片再将其应变量转换成电阻的变化量，电阻应变片就是转换元件。但并不是所有的传感器都能明显区分敏感元件与转换元件两个部分，有时两者合为一体。例如，半导体气体、湿度传感器等，它们一般都是将感受到的被测量直接转换成电信号，没有中间转换环节。

1.1.2　传感器的分类

通常，对某一物理量的测量可以使用不同的传感器，而同一传感器又可以测量不同的物理量。所以，传感器的分类方法较多，常见的分类方法见表 1-1。

表 1-1　传感器的分类表

传感器分类方法	传感器名称
输入量（被测参数）	位移传感器、速度传感器、加速度传感器、温度传感器、湿度传感器、流量传感器、压力传感器等
输出量（输出信号）	模拟式传感器、数字式传感器
工作原理	电阻式传感器、电容式传感器、电感式传感器、压电式传感器、热电式传感器、磁电式传感器、光电式传感器等
基本效应	物理传感器：力学量、光学量、温度、物位、流量、尺寸等传感器 化学传感器：成分、湿度、酸碱度、反应速度等传感器 生物传感器：酶、生物组织、微生物、免疫、细胞、DNA 等传感器
能量变换关系	能量变换型（发电型、有源型）传感器、能量控制型（参量型、无源型）传感器
技术特征	普通传感器、集成传感器、智能传感器、无线传感器

1.1.3　传感器的组成

一般来讲，传感器应由敏感元件和转换元件组成。但是，由于传感器输出的信号一般都很微弱，需要有信号调节与转换电路将其放大或转换为容易传输、处理、记录和显示的形式。随着半导体器件与集成技术在传感器中的应用，传感器的信号调节与转换电路可能安装在传感器的壳体内或与敏感元件集成在同一芯片上。因此，信号调节与转换电路以及所需电源都应作为传感器的一部分。常见的信号调节与转换电路有放大器、电桥、振荡器、变阻器等。

总的来说，传感器主要由敏感元件、转换元件和转换电路组成。敏感元件是指传感器中能直接感受（或响应）和检出被测对象的待测信息（非电量)的部分；转换元件是指传感器中能将敏感元件所感受(或响应)的信息直接转换成有用信号(一般为电信号)的部分；转换电路包括信号调节与转换电路以及所需电源等其他辅助元件和电路。传感器的组成如图 1-2 所示。

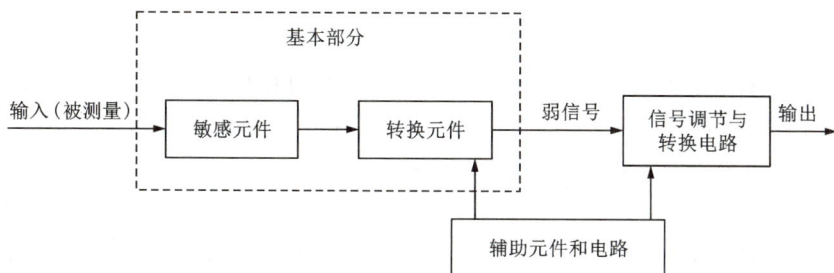

图 1-2　传感器的组成

1.1.4　传感器的应用

传感器应用极其广泛，包括以下几个部分。

(1)应用在人们日常生活中。如家用电器温度设定、控制、显示；家居防火、防盗、防煤气泄漏；智能家居的灯光控制；居家老人的健康监护等。

(2)推动信息化与工业化的深度融合。在工业生产中，借助检测技术，可提高自动化程度、提高产品质量、提高经济效益：对工艺参数、成分进行检测与控制；对工业设备运行状态进行监测；对产品质量进行自动测试；对产品数量进行自动计数等。

(3)在智能农业中快速发展。如气象预报，温室大棚的温湿度、光照、CO_2、pH、风力的测量与控制，水土成分的测量与分析；工厂化水产和牲畜养殖环境参数的测量与控制等。

(4)为国防现代化提供技术保障。如雷达导航、卫星定位系统、航母战斗群及潜艇水下声呐系统测物、测距、测向，现代化战争中目标精确定位、精准打击等。

(5)在智能交通中广泛应用。如公路交通违章监控、测速、超载称重，轨道交通(高铁、动车、地铁、轻轨、云轨)运营设备在线监测，水运航向、水位、风力、荷载测量，机场危险品检查等。

▶ 1.2　传感器的特性

在科学实验和生产过程中，需要对各种各样的参数进行检测和控制，这就要求传感器能感受被测非电量的变化，并将其转换成与被测量呈一定函数关系的电量。传感器所测量的非电量可分为静态量和动态量两类。静态量是指不随时间变化的信号或变化极其缓慢的信号(准静态)；动态量通常是指周期信号、瞬变信号或随机信号。传感器能否将被测非电量的变化不失真地转换成相应的电量，取决于传感器的基本特性，即输出-输入特性，它是与传感器的内部结构参数有关的外部特性。传感器的基本特性可用静态特性和动态特性来描述。

1.2.1　传感器的静态特性

传感器的静态特性是指当输入（被测量）不随时间变化，或随时间变化很缓慢时，传感器的输出与输入的关系。如果不考虑传感器的迟滞和蠕变等因素，其静态特性可用多项式表示为

$$y = a_0 + a_1 x + a_2 x^2 + \cdots + a_n x^n \tag{1-1}$$

式中：x 为输入量（被测量）；y 为输出量；a_0 为零位输出；a_1 为传感器的灵敏度；a_2，a_3，$\cdots$，a_n 为非线性项的待定常数。

人们总是希望传感器的输出与输入呈唯一的对应关系，最好是线性关系，但一般情况下，输出与输入不满足线性关系。同时，由于迟滞、蠕变、摩擦等因素的影响，输出、输入对应关系的唯一性也难以实现。外界环境对传感器的影响不可忽视，其影响程度取决于传感器本身，如图1-3所示。

衡量传感器静态特性的指标主要包括线性度、灵敏度、灵敏度阈、分辨力与分辨率、迟滞性、重复性、精确度（精度）、漂移、稳定性等。需要注意，误差因素是影响传感器静态特性的主要技术指标。

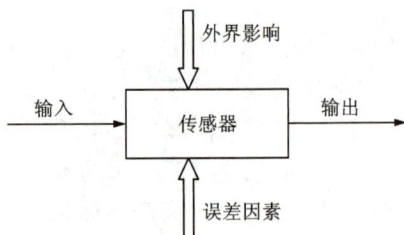

图1-3　传感器输入输出作用图

1. 线性度

传感器的线性度（又称非线性误差），是指传感器的输出与输入之间的线性程度。通常，为了方便标定和数据处理，理想的输出-输入关系应该是线性的。实际遇到的传感器的特性大多是非线性的，如式（1-1）所示。各项系数不同，决定了特性曲线的具体形状各不相同。理想特性方程 $y = a_1 x$ 是一条经过原点的直线，传感器的灵敏度为一常数。

传感器的静态特性曲线可通过实际测量获得。在实际应用中，为了得到线性关系，往往引入各种非线性补偿环节。如采用非线性补偿电路或计算机软件进行线性化处理，或采用差动结构，使传感器的输出-输入关系为线性或接近线性。但如果非线性项的方次不高，在输入量变化范围不大的条件下，可以用一条直线（切线或割线）近似代表实际曲线的一段，如图1-4所示，这种方法称为传感器非线性特性的线性化，所采用的直线称为拟合直线。实际特性曲线与拟合直线之间的偏差称为传感器的非线性绝对误差（ΔL），取其中最大值与满量程输出值之比作为评价非线性误差（或线性

度)的指标,即

$$\gamma_L = \pm \frac{\Delta L_{max}}{Y_{FS}} \times 100\% \qquad (1-2)$$

式中:γ_L 为线性度;ΔL_{max} 为最大非线性绝对误差;Y_{FS} 为满量程输出。

由图1-4可见,非线性误差是以一定的拟合直线或理想直线为基准直线计算得出的。因而,即使是同类传感器,基准直线不同,所得线性度也不同。

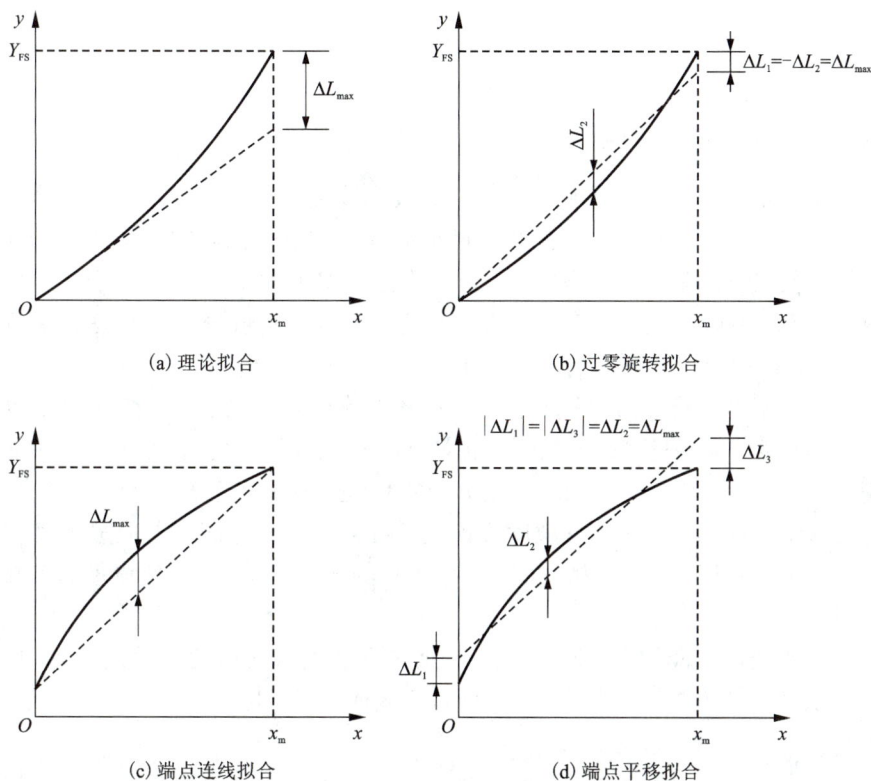

(a) 理论拟合

(b) 过零旋转拟合

(c) 端点连线拟合

(d) 端点平移拟合

x—传感器的输入量;y—传感器的输出量;x_m—输入最大值。

图1-4 几种直线拟合方法

2. 灵敏度

灵敏度是指传感器在稳态下的输出变化量 Δy 与引起此变化的输入变化量 Δx 之比,用 k 表示,即

$$k = \frac{\Delta y}{\Delta x} \qquad (1-3)$$

它表征传感器对输入量变化的反应能力。对于线性传感器,灵敏度就是其静态特性的斜率,即 $k = y/x$ 为常数,而非线性传感器的灵敏度为一变量,用 $k = \mathrm{d}y/\mathrm{d}x$ 来表示。传感器的灵敏度如图1-5所示。一般希望传感器的灵敏度在满量程范围内是恒定的,即传感器的输出-输入特性为直线。

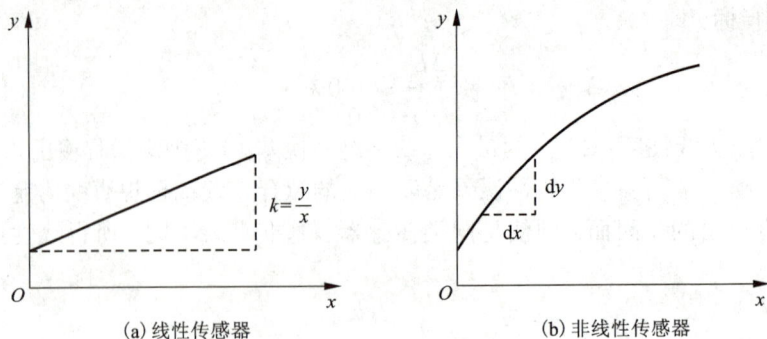

(a) 线性传感器　　　　　　　　(b) 非线性传感器

图 1-5　传感器的灵敏度

3. 灵敏度阈、分辨力与分辨率

灵敏度阈是指传感器所能够区别的最小读数变化量，是零点附近的分辨力。分辨力指传感器能检测到的最小的输入增量。分辨力是指数字式仪表指示数字值的最后一位数字所代表的值，当被测量的变化量小于分辨力时，仪表的最后一位数不变，仍指示原值。灵敏度阈或分辨力都是有单位的量，它的单位与被测量的单位相同。

分辨率可用绝对值表示，也可用满量程的百分数表示。在规定测量范围内，传感器输入量测得的最小变化量 Δx_{min}，或者最小变化量 Δx_{min} 对应的满量程输入值的百分数 $[(\Delta x_{min}/x_{FS}) \times 100\%]$ 是传感器的分辨率。

对于一般的传感器，灵敏度应该大，而灵敏度阈应该小。但灵敏度阈并不是越小越好，因为灵敏度阈越小，干扰的影响越显著，会给测量的平衡造成困难，而且不经济。

因此，选择的灵敏度阈只要小于允许测量绝对误差的三分之一即可。灵敏度是广义的增益，而灵敏度阈则是死区或不灵敏区。

4. 迟滞性

传感器在正(输出量增大)、反(输出量减小)行程中输出曲线不重合称为迟滞，如图 1-6 所示。也就是说，对应于同一大小的输入信号，传感器的输出信号大小不相等。

迟滞误差 γ_H 也称回程误差，常用绝对误差表示，一般由实验测得，并以满量程输出的百分数表示，即

$$\gamma_H = \frac{\Delta H_{max}}{Y_{FS}} \times 100\% \tag{1-4}$$

式中：ΔH_{max} 为正、反行程中输出的最大差值。

产生迟滞现象的主要原因是传感器敏感元件材料的物理性质和机械零部件的缺陷，例如弹性敏感元件的弹性滞后、运动部件的摩擦、传动机构的间隙、紧固件松动等。

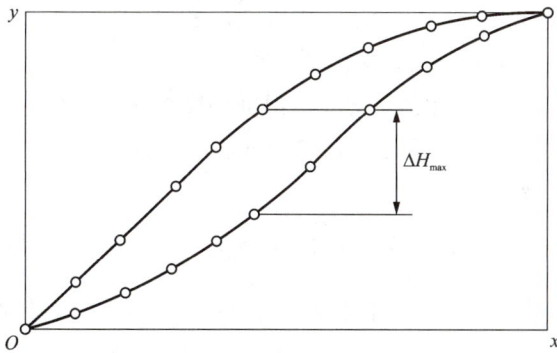

图 1-6　迟滞性

5. 重复性

重复性是指在同一工作条件下，输入量按同一方向做全量程连续多次变化时，所得特性线不一致的程度，如图 1-7 所示。重复性误差 γ_R 属于随机误差，常用标准偏差表示，也可用正、反行程中的最大偏差表示，即

$$\gamma_R = \pm\frac{(2\sim3)\sigma}{Y_{FS}}\times100\%\qquad(1-5)$$

或

$$\gamma_R = \pm\frac{\Delta R_{max}}{Y_{FS}}\times100\%\qquad(1-6)$$

式中：σ 为重复性标准偏差；ΔR_{max} 为正、反行程中的最大偏差。

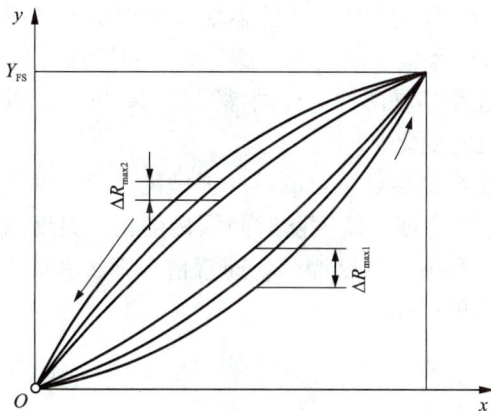

图 1-7　重复性

6. 精确度(精度)

传感器的精确度(简称精度)，与精密度和准确度有关。

（1）精密度，说明传感器输出值的分散性，是随机误差大小的标志。精密度高意味着随机误差小，但不一定准确度高。

（2）准确度，说明传感器输出值与真值的偏离程度，是系统误差大小的标志。准确度高意味着系统误差小，但准确度高不一定精密度高。

（3）精确度（精度），它是精密度和准确度两者的总和，精确度高表示精密度、准确度都比较高，可用公式表示为

$$A = \frac{\Delta A}{y_{FS}} \times 100\% \qquad (1-7)$$

式中：ΔA 为测量范围内允许的最大误差；y_{FS} 为传感器满量程输出。

以射击为例，加深对三个概念的理解。图 1-8（a）准确度高，精密度低；图 1-8（b）准确度低，精密度高；图 1-8（c）准确度、精密度都高，精确度高。

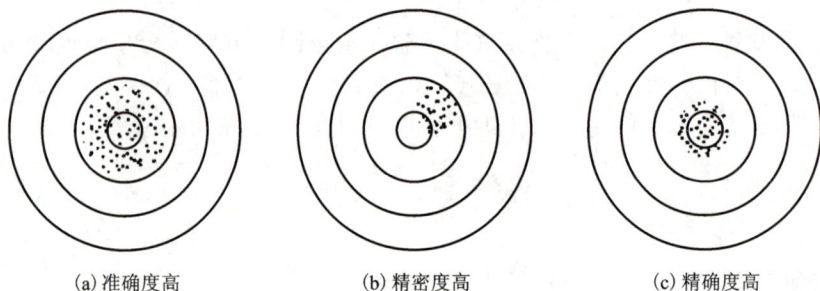

(a)准确度高   (b)精密度高   (c)精确度高

图 1-8   精确度的划分及其意义

7. 漂移

漂移指在一定时间间隔内，传感器输出量因受到外界的干扰而发生与被测输入量无关的、不需要的变化。漂移会影响传感器的稳定性和可靠性。零点漂移和灵敏度漂移是两种主要的漂移形式。零点漂移是指在输入值为零的时候，输出值的变化。

时间漂移和温度漂移是零点漂移和灵敏度漂移的两大类。时间漂移是指在规定条件下，零点或灵敏度随时间缓慢变化。温度漂移是指周围温度变化引起的零点漂移或灵敏度漂移。通常情况下，串联或者并联可调节的电阻可以消除漂移的影响。

8. 稳定性

稳定性是指传感器在长时间工作的情况下输出量发生的变化，有时称为长时间工作稳定性或零点漂移。测试时先将传感器输出调至零点或某一特定点，相隔 4 h、8 h 或一定的工作次数后，再读出输出值，前、后两次输出值之差即为稳定性误差。

1.2.2　传感器的动态特性

传感器的动态特性是指传感器对动态激励(输入)的响应(输出)特性,即其输出对随时间变化的输入量的响应特性。

一个动态特性好的传感器,其输出随时间变化的规律(输出变化曲线)能再现输入随时间变化的规律(输入变化曲线),即输出与输入具有相同的时间函数。但实际上由于制作传感器的敏感材料对不同的变化会表现出一定程度的惯性(如温度测量中的热惯性),因此输出信号与输入信号并不具有完全相同的时间函数,这种输出与输入间的差异称为动态误差,动态误差反映的是惯性延迟所引起的附加误差。

传感器的动态特性可以从时域和频域两个方面分别采用瞬态响应法和频率响应法来分析。在时域内研究传感器的响应特性时,一般采用阶跃函数;在频域内研究动态特性一般采用正弦函数。对应的传感器动态特性指标分为两类,即与阶跃响应有关的指标和与频率响应有关的指标。

(1)在采用阶跃输入研究传感器的时域动态特性时,常用延迟时间、上升时间、响应时间、超调量等来表征传感器的动态特性。

(2)在采用正弦输入信号研究传感器的频域动态特性时,常用幅频特性和相频特性来描述传感器的动态特性。

1.传感器的数学模型

通常可以用线性时不变系统理论来描述传感器的动态特性。从数学上可以用常系数线性微分方程(线性定常系统)表示传感器输出 $y(t)$ 与输入 $x(t)$ 的关系

$$a_n \frac{d^n y}{dt^n} + a_{n-1} \frac{d^{n-1} y}{dt^{n-1}} + \cdots + a_1 \frac{dy}{dt} + a_0 y = b_m \frac{d^m x}{dt^m} + b_{m-1} \frac{d^{m-1} x}{dt^{m-1}} + \cdots + b_1 \frac{dx}{dt} + b_0 x$$

$$(1-8)$$

式中:$a_0, \cdots, a_n$ 和 $b_0, \cdots, b_m$ 为与系统结构参数有关的常数。

线性时不变系统有两个重要的性质:叠加性和频率保持性。

2.传递函数

对式(1-8)进行拉普拉斯变换,并认为输出 $y(t)$ 和输入 $x(t)$ 及它们的各阶时间导数的初始值($t=0$ 时)为 0,则得

$$H(s) = \frac{L[y(t)]}{L[x(t)]} = \frac{Y(s)}{X(s)} = \frac{b_m s^m + b_{m-1} s^{m-1} + \cdots + b_1 s + b_0}{a_n s^n + a_{n-1} s^{n-1} + \cdots + a_1 s + a_0} \qquad (1-9)$$

式中:$s = \beta + j\omega$。

式(1-9)的右边是一个与输入 $x(t)$ 无关的表达式,它只与系统结构参数 a 和 b 有关,由此可见,传感器的输出–输入特性是传感器内部结构参数作用关系的外部特性表现。

3. 频率响应函数

对于稳定的常系数线性系统，可用傅里叶变换代替拉普拉斯变换，相应地有

$$H(j\omega) = A(\omega)e^{j\varphi(\omega)} \tag{1-10}$$

模（称为传感器的幅频特性）

$$A(\omega) = |H(j\omega)| = \sqrt{[H_R(\omega)]^2 + [H_1(\omega)]^2} \tag{1-11}$$

相角（称为传感器的相频特性）

$$\varphi(\omega) = \arctan\frac{H_1(\omega)}{H_R(\omega)} \tag{1-12}$$

绝大多数传感器的输出与输入的关系均可用零阶、一阶或二阶微分方程来描述，据此可以将传感器分为零阶传感器、一阶传感器和二阶传感器。现将其数学模型分别叙述如下。

（1）零阶传感器的数学模型。

对照式（1-8），零阶传感器的系数只有 a_0 和 b_0，于是微分方程为

$$a_0 y = b_0 x \tag{1-13}$$

或

$$y = \frac{b_0}{a_0}x = s_n x \tag{1-14}$$

式中：$s_n = b_0/a_0$，为静态灵敏度。

（2）一阶传感器的频率响应。

一阶传感器的微分方程为

$$a_1\frac{dy(t)}{dt} + a_0 y(t) = b_0 x(t) \tag{1-15}$$

式（1-15）两边同除 a_0，则改写为

$$\tau\frac{dy(t)}{dt} + y(t) = s_n x(t) \tag{1-16}$$

式中：$\tau = a_1/a_0$，为传感器的时间常数（具有时间量纲）；s_n 为传感器的静态灵敏度。

这类传感器的幅频特性、相频特性分别为：

幅频特性

$$A(\omega) = 1/\sqrt{1+(\omega\tau)^2} \tag{1-17}$$

相频特性

$$\varphi(\omega) = -\arctan(\omega\tau) \tag{1-18}$$

图 1-9 为一阶传感器的频率响应特性曲线。从式（1-16）、式（1-17）和图 1-9 看出，时间常数 τ 越小，此时幅频 $A(\omega)$ 越接近于常数 1，相频 $\varphi(\omega)$ 越接近于 0，因此，频率响应特性越好。当 $\omega\tau \ll 1$ 时，$A(\omega) \approx 1$，输出与输入的幅值几乎相等，它表明传感器输出与输入为线性关系。相频 $\varphi(\omega)$ 很

小，$\tan(\varphi) \approx \varphi$，$\varphi(\omega) \approx -\omega\tau$，相位差与频率呈线性关系。

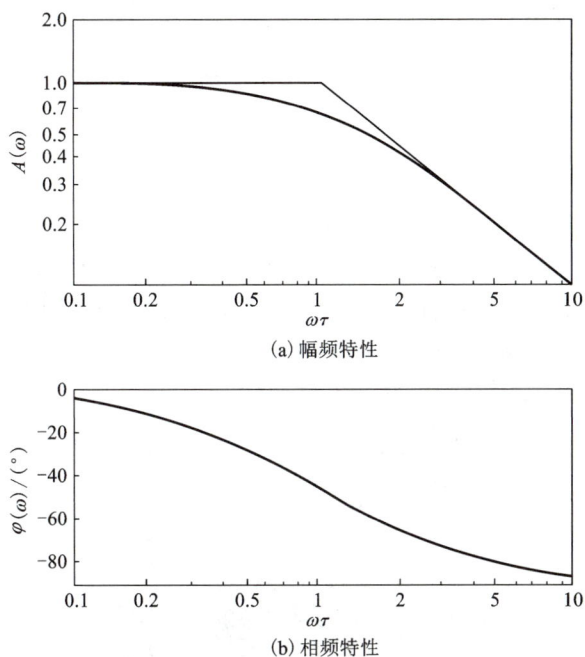

(a) 幅频特性

(b) 相频特性

图 1-9　一阶传感器的频率响应特性曲线

　　如果传感器中含有单个储能元件，则在微分方程中出现 y 的一阶导数，便可用一阶微分方程式表示。如图 1-10 所示，使用不带保护套管的热电偶插入恒温水浴中进行温度测量。

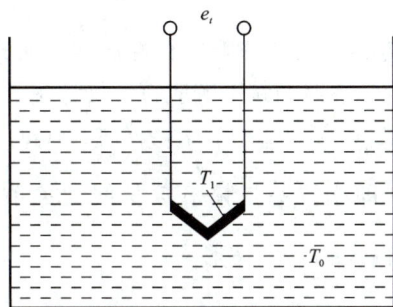

图 1-10　一阶测温传感器

　　设 m_1 为热电偶质量；c_1 为热电偶比热容；T_1 为热接点温度；T_0 为被测介质温度；R_1 为介质与热电偶之间的热阻。
　　根据能量守恒定律可列出如下方程组

$$\begin{cases} m_1 c_1 \dfrac{\mathrm{d}T_1}{\mathrm{d}t} = q_{01} \\[2mm] q_{01} = \dfrac{T_0 - T_1}{R_1} \end{cases} \qquad (1\text{-}19)$$

式中：q_{01} 为介质传给热电偶的热量（忽略热电偶本身热量损耗）。

将式（1-19）整理后得

$$R_1 m_1 c_1 \frac{\mathrm{d}T_1}{\mathrm{d}t} + T_1 = T_0 \qquad (1-20)$$

令 $\tau_1 = R_1 m_1 c_1$，τ_1 称为时间常数。则上式可写成

$$\tau_1 \frac{\mathrm{d}T_1}{\mathrm{d}t} + T_1 = T_0 \qquad (1-21)$$

式（1-21）是一阶线性微分方程，如果已知 T_0 的变化规律，求出微分方程式（1-21）的解，就可以得到热电偶对介质温度的时间响应。

（3）二阶传感器的频率响应。

典型的二阶传感器的微分方程为

$$a_2 \frac{\mathrm{d}^2 y(t)}{\mathrm{d}t^2} + a_1 \frac{\mathrm{d}y(t)}{\mathrm{d}t} + a_0 y(t) = b_0 x(t) \qquad (1-22)$$

因此有：

幅频特性

$$A(\omega) = \left\{ \left[1 - (\omega/\omega_n)^2 \right]^2 + 4\zeta^2 (\omega/\omega_n)^2 \right\}^{-\frac{1}{2}} \qquad (1-23)$$

相频特性

$$\varphi(\omega) = -\arctan \frac{2\zeta(\omega/\omega_n)}{1 - (\omega/\omega_n)^2} \qquad (1-24)$$

式中：ω_n 为传感器的固有角频率，$\omega_n = \sqrt{a_0/a_2}$；$\zeta$ 为传感器的阻尼系数，$\zeta = \frac{a_1}{2\sqrt{a_0 a_2}}$。

图1-11为二阶传感器的频率响应特性曲线。从式（1-23）、式（1-24）和图1-11可见，二阶传感器的频率响应特性好坏主要取决于传感器的固有角频率 ω_n 和阻尼系数 ζ。当 $0 < \zeta < 1$，$\omega_n \gg \omega$ 时，$A(\omega) \approx 1$（常数），$\varphi(\omega)$ 很小，$\varphi(\omega) \approx -2\zeta \frac{\omega}{\omega_n}$，即相位差与频率 ω 呈线性关系，此时，系统的输出 $y(t)$ 真实准确地再现输入 $x(t)$ 的波形。

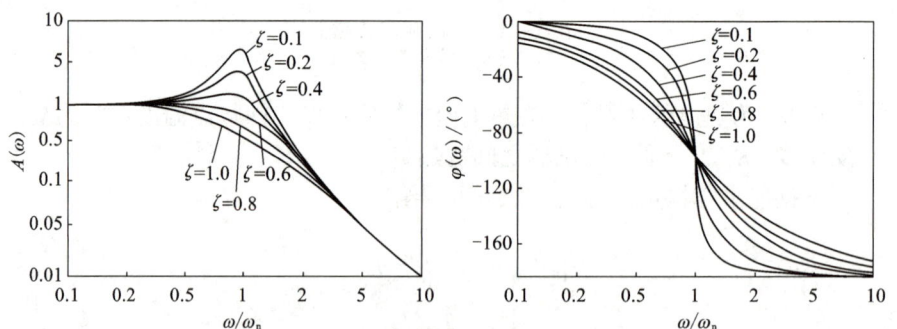

图1-11　二阶传感器的频率响应特性曲线

在 $\omega = \omega_n$ 附近，系统发生共振，幅频特性受阻尼系数影响极大，实际测量时应避免。

通过上面的分析，可得出结论：为了使测试结果能精确地再现被测信号的波形，在传感器设计时，必须使其阻尼系数 $\zeta < 1$，固有角频率 ω_n 至少应大于被测信号频率 ω 的 3 倍，即 $\omega_n \geqslant 3\omega$。在实际测试中，被测量为非周期信号时，选用和设计传感器时，保证传感器固有角频率 ω_n 不低于被测信号频率 ω 的 10 倍即可。

（4）一阶或二阶传感器的动态特性参数。

一阶或二阶传感器单位阶跃响应的时域动态特性分别如图 1–12、图 1–13 所示（$s_n = 1$，$A_0 = 1$）。其时域动态特性参数描述如下。

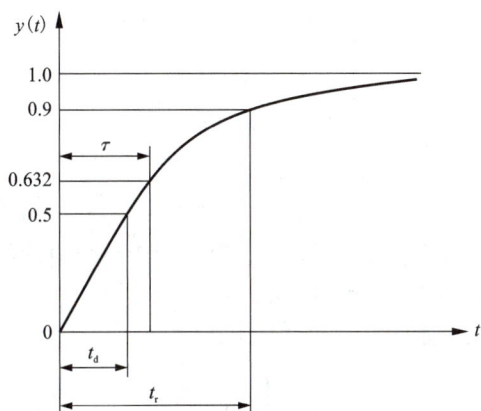

图 1–12　一阶传感器的时域动态特性

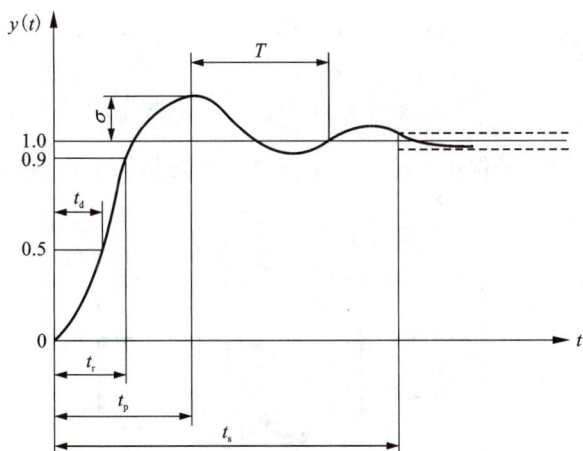

图 1–13　二阶传感器（$\zeta < 1$）的时域动态特性

时间常数 τ：一阶传感器输出上升到稳态值的 63.2% 所需的时间。

延迟时间 t_d：传感器输出达到稳态值的 50% 所需的时间。

上升时间 t_r：传感器的输出达到稳态值的 90% 所需的时间。

峰值时间 t_p：二阶传感器输出响应曲线达到第一个峰值所需的时间。

响应时间 t_s：二阶传感器从输入量开始起作用到输出指示值进入稳态值所规定的范围内所需要的时间。

超调量 σ：二阶传感器输出第一次达到稳态值后又超出稳态值而出现的最大偏差，即二阶传感器输出超过稳态值的最大值。

图 1-14 为带保护套管式热电偶插入恒温水浴中的测温系统。设 T_0 为介质温度；T_1 为热接点温度；T_2 为保护套管温度；$m_1 c_1$ 为热电偶热容量；$m_2 c_2$ 为套管热容量；R_1 为套管与热电偶间的热阻；R_2 为被测介质与套管间的热阻。根据热力学能量守恒定律列出如下方程组。

$$\begin{cases} m_2 c_2 \dfrac{\mathrm{d}T_2}{\mathrm{d}t} = q_{02} - q_{01} \\[2mm] q_{02} = \dfrac{T_0 - T_2}{R_2} \\[2mm] q_{01} = \dfrac{T_2 - T_1}{R_1} \end{cases} \qquad (1-25)$$

式中：q_{02} 为介质传给套管的热量；q_{01} 为套管传给热电偶的热量。

由于 $R_1 \gg R_2$，所以 q_{01} 可以忽略。

令 $\tau_2 = R_2 m_2 c_2$，则得：

$$\tau_2 \frac{\mathrm{d}T_2}{\mathrm{d}t} + T_2 = T_0 \qquad (1-26)$$

同理，令 $\tau_1 = R_1 m_1 c_1$，则得：

$$\tau_1 \frac{\mathrm{d}T_1}{\mathrm{d}t} + T_1 = T_2 \qquad (1-27)$$

联立上两式，消去中间变量 T_2，便得到此测量系统的微分方程：

$$\tau_1 \tau_2 \frac{\mathrm{d}^2 T_1}{\mathrm{d}t^2} + (\tau_1 + \tau_2) \frac{\mathrm{d}T_1}{\mathrm{d}t} + T_1 = T_0 \qquad (1-28)$$

由上式可知，带保护套管的热电偶是一个典型的二阶传感器。

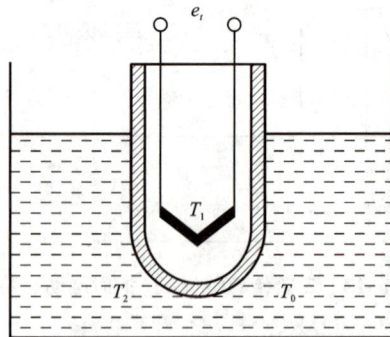

图 1-14　二阶测温传感器

1.3　传感器选型

　　传感器是一种能把特定的被测信号按一定规律转换成某种可用信号输出的器件或装置，以满足信息的传输、处理、记录、显示和控制等要求。传感器位于物联网的感知层，可以独立存在，也可以与其他设备以一体方式呈现，是物联网中感知、获取与检测信息的窗口，为物联网提供系统赖以进行决策和处理所必需的原始数据。

　　传感器分类与代码标准是物联网的基础标准。选取合理的分类依据对物联网中各类传感器进行分类编码有助于传感器及相关设备的管理与统计等，可促进物联网传感器的生产、销售及应用等。

1.3.1　传感器的命名及代号

　　传感器的命名由主题词加四级修饰语构成。

　　(1)主题词：传感器。

　　(2)第一级修饰语：被测量，包括修饰被测量的定语。

　　(3)第二级修饰语：转换原理，一般可后续以式字。

　　(4)第三级修饰语：特征描述，指必须强调的传感器结构、性能、材料特征、敏感元件及其他必要的性能特征，一般可后续以型字。

　　(5)第四级修饰语：主要技术指标(量程、精确度、灵敏度等)。

　　本命名法在有关传感器的统计表格、图书索引、检索以及计算机汉字处理等特殊场合：

　　例如：传感器、加速度、压电式、±20 g。

　　本命名法在技术文件、产品样本、学术论文、教材及书刊的陈述句子中，作为产品名称应采用与上述相反的顺序。

　　例如：±20 g 压电式加速度传感器。

　　传感器代号的标记方法：依次为主称(传感器)—被测量—转换原理—序号。

　　(1)主称——传感器，代号 C。

　　(2)被测量——用一个或两个汉语拼音的第一个大写字母标记。

　　(3)转换原理——用一个或两个汉语拼音的第一个大写字母标记。

　　(4)序号——用一个阿拉伯数字标记，厂家自定，用来表征产品设计特性、性能参数、产品系列等。若产品性能参数不变，仅在局部有改动或变动时，其序号可在原序号后面按一定顺序加注大写字母 A、B、C 等(其中 I、Q 不用)。

　　例如：应变式位移传感器，C WY-YB-20；光纤压力传感器，C Y-GQ-2。

　　常用被测量代号、转换原理代号见表 1-2、表 1-3。

表 1-2　常用被测量代号表

被测量	被测量简称	代号	被测量	被测量简称	代号
加速度	加	A	电流	／	DL
加加速度	加加	AA	电场强度	电强	DQ
亮度	／	AD	电压	／	DY
细胞膜电位	胞电	BD	色度	色	E
磁	／	C	谷氨酸	谷氨	GA
冲击	／	CJ	温度		H
磁透率	磁透	CO	照度		HD
磁场强度	磁强	CQ	红外光	红外	HG
磁通量	磁通	CT	呼吸流量	呼流	HL
			( )离子活[浓]度	活[浓]	( )H[N]
胆固醇	胆固	DC	声压	／	SY
			图像	／	TX
			温度	／	W
			[体]温	／	[T]W
呼吸频率	呼吸	HP	物位	／	WW
转速	／	HS	位移	／	WY
生物化学需氧量	生氧	HY	位置	／	WZ
硬度	／	I	血	／	X
线加速度	线加	IA	血液电解质	血电	XD
心电[图]	心电	ID	血流	／	XL
线速度	线速	IS	血气	／	XQ
心音	／	IY	血容量	血容	XR
角度	角	J	血流速度	血速	XS
角加速度	角加	JA	血型	／	XX
肌电[图]	肌电	JD	压力	压	Y
可见光	／	JG	膀胱内压	[膀]压	[B]Y
角速度	角速	JS	胃肠内压	[胃]压	[E]Y
角位移	／	JW	颅内压	[颅]压	[L]Y
力	／	L	食道压力	[食]压	[S]Y
露点	／	LD	[分]压	／	[F]Y
力矩	／	LJ	[绝]压		[U]Y
流量	／	LL	[微]压		[W]Y
离子	／	LZ	[差]压		[C]Y
密度	／	M	[血]压	／	[X]Y
[气体]密度	[气]密	[Q]M	眼电[图]	眼电	YD

续表1-2

被测量	被测量简称	代号	被测量	被测量简称	代号
［液体］密度	［液］密	［Y］M	迎角	/	YJ
脉搏	/	［Y］MB	应力	/	YL
马赫数	马赫	MH	液位	/	YW
表面粗糙度	/	MZ	浊度	浊	Z
粘度	粘	N	振动	/	ZD
脑电［图］	脑电	ND	紫外光	紫光	ZG
扭矩	/	NJ	重量(稳重)	/	ZL
厚度	厚	O	真空度	真空	ZK
pH 值	/	（H）	噪声	/	ZS
葡萄糖	葡萄	PT	姿态	/	ZT
气体	气	Q	氢离子活［浓］度	H^+	［H］H［N］D
热通量	热通	RT	钠离子活［浓］度	Na^+	［Na］H［N］D
热流	/	RL	氯离子活［浓］度	Cl	［CL］H［N］D
速度	/	S	氧分压	O_2	［O］
视网膜电［图］	视电	SD	一氧化碳分压	CO	［CO］
水分	/	SF			
射线剂量	射量	SL			
烧蚀厚度	蚀厚	SO			
射线	/	SX			

表 1-3　常用转换原理代号表

转换原理	转换原理简称	代号	转换原理	转换原理简称	代号
电解	/	DJ	光发射	光射	GS
变压器	/	BY	感应	/	GY
磁电	/	CD	霍耳	/	HE
催化	/	CH	晶体管	晶管	IG
场效应管	场效	CX	激光	/	JG
差压	/	CY	晶体振子	晶振	JZ
磁阻	/	CZ	克拉克电池	克池	KC
电磁	/	DC	酶［式］	/	M
电导	/	DD	声表面波	面波	SB
电感	/	DG	免疫	/	MY
电化学	电化	DH	热电	/	RD
单结	/	DJ	热释电	热释	RH

续表1-3

转换原理	转换原理简称	代号	转换原理	转换原理简称	代号
电涡流	电涡	DO	热电丝	/	RS
超声多普勒	多普	DP	(超)声波	/	SB
电容	/	OR	伺服	/	SF
电位器	电位	DW	涡街	/	WJ
电阻	/	DZ	微生物	微生	WS
热导	/	ED	涡轮	/	WL
浮子-干簧管	浮簧	FH	离子选择电板	选择	XJ
(核)辐射	/	FS	谐振	/	XZ
浮子	/	FZ	应变	/	YB
光学式	光	G	压电	/	YD
光电	/	GD	压阻	/	YZ
光伏	/	GF	折射	/	ZE
光化学	光化	GH	阻抗	/	ZK
光导	/	GO	转子	/	ZZ
光纤	/	GQ			

1.3.2　传感器的选择原则

现代传感器在原理与结构上千差万别,如何根据具体的测量目的、测量对象以及测量环境合理地选用传感器,是在进行某个量的测量时首先要解决的问题。当传感器确定之后,与之相配套的测量方法和测量设备也就可以确定了。测量结果的成败,在很大程度上取决于传感器的选用是否合理。

1.根据测量条件和使用环境选择传感器

要进行具体的测量工作,首先要考虑采用何种原理的传感器,这需要分析多方面的因素才能确定。因为,即使是测量同一物理量,也有多种原理的传感器可供选用,哪一种原理的传感器更为合适,则需要根据被测量的特点和传感器的使用条件考虑以下具体问题:量程的大小;被测位置对传感器体积的要求;测量方式为接触式或非接触式;信号的引出方法,有线或是无线;传感器的来源,国产还是进口,价格能否承受,或是自行研制等。

2.根据传感器的技术指标选择传感器

确定选用何种类型的传感器后,再考虑传感器的下列具体技术性能指标。

灵敏度：通常，在传感器的线性范围内，希望传感器的灵敏度越高越好。因为只有灵敏度高时，与被测量变化对应的输出信号的值才比较大，有利于信号处理。但要注意的是，传感器的灵敏度高，与被测量无关的外界噪声容易混入，也会被放大系统放大，影响测量精度。因此，传感器本身应具有较高的信噪比，尽量减少从外界引入的干扰信号。传感器的灵敏度是有方向性的。当被测量是单向量且对其方向性要求较高时，应选择其他方向灵敏度小的传感器；若被测量是多维向量，则要求传感器的交叉灵敏度越小越好。

频率响应特性：传感器的频率响应特性决定了被测量的频率范围，必须在允许的频率范围内保持不失真的测量条件，实际上传感器的响应总有一定延迟，延迟时间越短越好。传感器的频率响应高，可测的信号频率范围就宽，而由于受到结构特性的影响，机械系统的惯性较大，故频率低的传感器可测信号的频率较低。在动态测量中，应根据信号的特点（稳态、瞬态、随机等）响应特性，以免产生过大的误差。

线性范围：传感器的线性范围是指输出与输入成正比的范围。理论上，在此范围内，灵敏度保持定值。传感器的线性范围越宽，其量程越大，并且能保证一定的测量精度。在选择传感器时，当传感器的种类确定以后，首先要看其量程是否满足要求。但实际上，任何传感器都不能保证绝对的线性，其线性度也是相对的。当所要求测量精度比较低时，在一定的范围内，可将非线性误差较小的传感器近似看作线性，这会给测量带来极大的方便。

稳定性：传感器使用一段时间后，其性能保持不变的能力称为稳定性。影响传感器长期稳定性的因素除传感器本身结构外，主要是传感器的使用环境。因此，要使传感器具有良好的稳定性，传感器必须要有较强的环境适应能力。在选择传感器之前，应对其使用环境进行调查，并根据具体的使用环境选择合适的传感器，或采取适当的措施，减小环境的影响。传感器的稳定性有定量指标，超过使用期后，在使用前应重新进行标定，以确定传感器的性能是否发生变化。在某些要求传感器能长期使用而又不能轻易更换或标定的场合，所选用的传感器稳定性要求更严格，要能够经受住长时间的考验。

精度：精度是传感器的一个重要的性能指标。传感器的精度越高，其价格越昂贵，因此，传感器的精度只要满足整个测量系统的精度要求就可以，不必选得过高，可以在满足同一测量目的的诸多传感器中选择比较便宜和简单的传感器。如果测量目的是定性分析，选用重复精度高的传感器即可，不宜选用绝对量值精度高的传感器；如果测量目的是定量分析，必须获得精确的测量值，就须选用精度等级能满足要求的传感器。

对某些特殊使用场合，若无法选到合适的传感器，则需自行设计制造传感器。自制传感器的性能应满足使用要求。

1.4   传感器技术的发展趋势

1.4.1   传感器的微型化

各种控制仪器设备的功能越来越多，有些精密仪器或设备，体积本身就小，还需要接上各种传感器进行感知和控制，这也对传感器微型化提出了更高的要求。因而传感器本身体积也是越小越好，这就要求发展新的材料及加工技术，目前利用硅材料制作的传感器体积已经很小。如传统的加速度传感器是由重力块和弹簧等制成的，体积较大、稳定性差、寿命也短，而利用激光等各种微细加工技术制成的硅加速度传感器体积非常小，互换性、可靠性都较好。微型传感器可以不受空间大小制约而安放在狭小位置上，并有对被测对象的状态干扰小、时间短和成本低等优点。过去制作传感器时，一边用眼看、一边用手加工，即使是机械加工也受到技术的限制。以集成技术为基础的微细加工技术则能把电路加工到光波数量级，而且可批量生产，价格低廉。

集成电路加工技术由三大基本技术组成：平面电子工艺技术、有选择的化学腐蚀技术和机械切割技术。这三项技术都能进行三维加工。平面电子工艺技术是把在硅表面生成的氧化膜作为一种掩膜，在具有掩膜的硅单晶上进行空间选择的扩散和腐蚀加工。所以平面电子工艺技术包括照相制版技术、杂质扩散技术、离子注入技术和化学气相沉积技术等。利用有选择的化学腐蚀技术能对由平面电子工艺技术制作而成的氧化物掩膜和已扩散了杂质的半导体物体空间进行有选择的化学腐蚀加工。利用这种技术可以在特定方向上把硅体腐蚀掉，进行三维加工。这种微加工技术可以把物体加工成极微小的可动部件，如应力杆状物、开关甚至马达等。美国斯坦福大学已把过去相当大的、连搬摇都困难的气相色谱仪集成在直径 5 cm 的硅片上，制成超小型气相色谱仪。现在的传感器概念已跳出原来含义的小圈子，而是以微型、集成化和智能化为特征的微系统。该微系统除具有自测试、自校准和数字补偿的微处理器之外，还具有微执行器。现代的微细加工技术已把微传感器、微处理器和微执行器集成在一块硅片上，构成微系统。

MEMS 技术的发展使微型传感器提高到了一个新的水平，它利用微电子机械加工技术将微米级的敏感元件、信号处理器、数据处理装置封装在同一芯片上，具有体积小、价格低、可靠性高等特点，并且可以明显提高系统测试精度。MEMS 技术是随着半导体集成电路微细加工技术和超精密机械加工技术的发展而发展起来的。借助 MEMS 技术的发展，传感器技术将朝着微型化、智能化、多功能化的方向发展，这也正符合自动化和工业控制对传感器性能的需求。目前采用 MEMS 技术可以制作检测力学量、磁学量、热学量、化学量和生物量的微型传感器。由于 MEMS 传感器在降低汽车电子系统成本及提高其性能方面的优势，它已开始逐步取代基于传统机电技术的传感器。MEMS 传感器将成为世界汽车电子的重要组成部分。

随着国内设计、制造、封测等多个环节的技术和工艺的逐步成熟，MEMS 传感器作为物理量连接半导体的产物，将恰逢其时地受益于物联网产业的发展，MEMS 传感器在消费电子、汽车电子、工业控制、军工、智能家居、智慧城市等领域将得到更为广泛的应用。2016—2020 年 MEMS 传感器市场以约 13% 的年复合增长率增长，2020 年 MEMS 传感器市场已达到 300 亿美元，前景无限(图 1-15)。

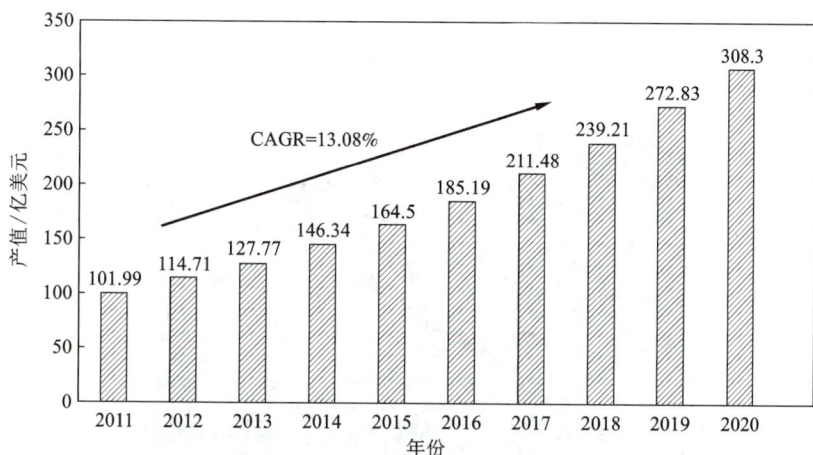

图 1-15　MEMS 传感器全球市场产值预测

2015 年中国 MEMS 传感器市场规模为 308 亿元人民币，占据全球市场的三分之一。从发展速度而言，中国 MEMS 传感器市场增速一直高于全球市场增速。中国 MEMS 传感器市场平均增速为 15%～20%，中国集成电路市场增速为 7%～10%，横向对比而言，MEMS 传感器市场的增速为集成电路市场的两倍(图 1-16)。

1.4.2　传感器的智能化

智能传感器是具有信息处理功能的传感器，拥有感知、信息处理和通信等多种功能，能够以数字量方式传播具有一定知识级别的信息，同时具有自诊断、自校正等功能，目前，智能传感器正在逐渐向智能化、网络化、集成化方向发展(图 1-17)。

传感器智能化的三大核心技术与创新趋势如下。

(1)MEMS 技术。在微型化、低功耗、低成本、多材料复合、多参数融合，以及大片集成工艺技术与装备、微米与亚微米级高精度控制技术、柔性生产工艺技术等方面不断迭代升级与创新。

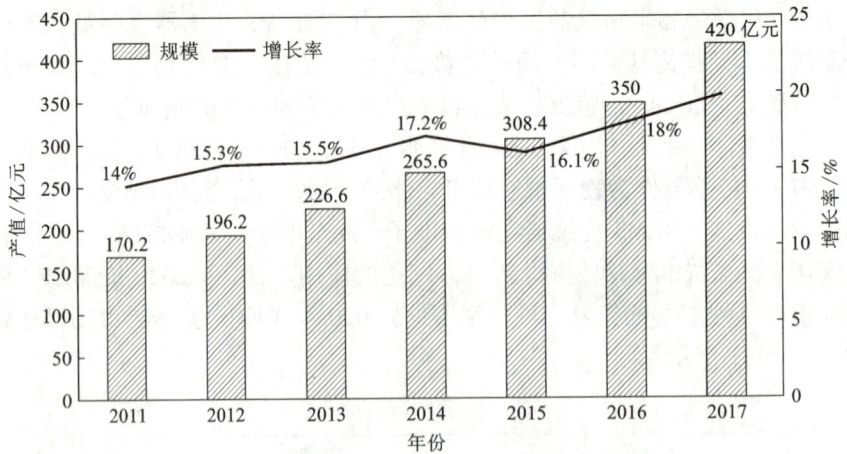

图 1-16　中国近年 MEMS 传感器市场规模

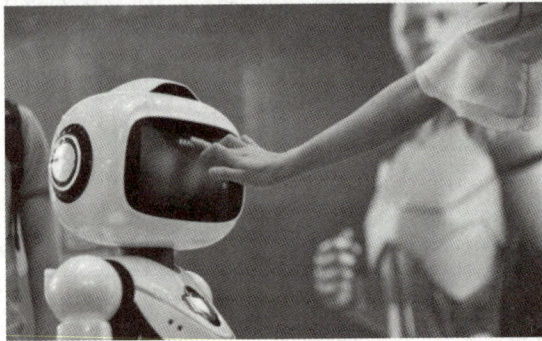

图 1-17　机器人展会中的人机交互

（2）无线网络化技术。适应各种物联网（传感网）技术推广应用，在工业互联网、人工智能技术、移动智能终端、5G 技术标准下的无线网络化传感器产品与技术创新。把移动（手机、车、船、飞机等）或固定物体（机床、楼宇、商场、家庭、山林等）作为安装和应用传感器的平台和智能化节点，实现嵌入式、多功能复合与集成、模块化构架、网络化接口等协同式创新，以满足对一切物体智能化、"无人化"管理与控制的需求。

（3）微能量获取技术。传感器智能化节点在室内、外使用过程中，特别是在野外使用环境下，供电问题始终是其在各个领域推广应用的一大障碍。围绕自然界风能、光能、电磁能等微能量收集与获取（微能量捕捉技术），为传感器提供能量将成为今后技术创新的又一方向。

智能传感器作为网络化、智能化、系统化的自主感知器件，是实现智能制造和物联网的基础。智能传感器属于物联网的神经末梢，成为人类感知自然最核心的元件，各类智能传感器的大规模部署和应用是构成物联网不可或缺的基本条件，其覆盖范围包括智能制造、智慧城市、智能安保、智能医疗等。

与传统传感器相比，智能传感器的智能化主要表现为可以实现在使用过程中应对各类环境干扰和变化的自动补偿功能，工作状态下的数据采集及自主分析、数据处理等逻辑功能，数据采集后的上传及系统指令的决策处理功能，特别是应对无人值守环境及大数据分析数据采集产品中的自主学习功能等，这些都是传感器智能化的主要表现方式，这也是典型的物联网应用方式。

在智能制造的发展过程中，智能传感器不仅要担任感知外部环境信息的自主输入装置，还要兼顾监控、测量、分析评估等一系列工作，对智能装备的应用起着技术牵引和场景升级的关键作用。

1.4.3　传感器的数字化和网络化

传感器技术、通信技术与计算机技术构成现代信息的三大基础，它们分别完成对被测量的信息提取、信息传输及信息处理，是当代科学技术发展的一个重要标志。随着科学技术的发展，数字化和网络化已成为时代发展趋势：计算机技术和通信技术结合产生了计算机网络技术；计算机技术和传感器技术结合产生了智能传感器技术；将三者融为一体（计算机网络技术与智能传感器技术结合）便产生了网络化智能传感技术。网络化智能传感技术已成为人们关注的热点。

网络化智能传感器是以嵌入式微处理器为核心，集成了传感单元、信号处理单元和网络接口单元，使传感器具备自检、自校、自诊断及网络通信功能，从而真正实现信息的采集、处理和传输统一、协调的新型智能传感器。

网络化智能传感器与其他类型传感器相比，具有以下特点。

具有智能传感功能。随着嵌入式技术、集成电路技术和微控制器的引入，传感器成为硬件和软件的结合体，一方面传感器的功耗降低、体积减小、抗干扰性和可靠性提高，另一方面传感器具有了自识别和自校正功能，同时利用软件技术实现传感器的非线性补偿、零点漂移和温度补偿等。

具有网络通信功能。网络接口技术的应用使传感器可方便地接入工业控制网络，为系统的扩展和维护提供了极大的方便。

现阶段，不仅在智能电网领域已经可以寻觅到传感器的身影，而且智能电网还有望成为传感器使用的最大用户。网络化智能传感器是具有信息处理功能的传感器，带有微处理机，具有采集、处理、交换信息的能力，是传感器集成化与微处理机相结合的产物。智能电网与众多智慧体系一样，不是单独的个体，而是众多装备与技术共同作用的产物。其中，在监测第一线的传感器设备虽小，但绝对重要。

在智能电网发展中，利用传统的传感器已经无法对某些电力产品的质量、故障定位等进行快速直接测量并在线监控，而利用网络化智能传感器则可直接对产品质量指标及故障等进行测量（如温度、压力、流量）。例如，为了满足智能电网的发展需求，我国推出了光纤电流传感系统，实现了管线电流传感系统的全数字闭环控制，具有稳定性和线性度好、灵敏度高等特点，满足了大量程范围的高精度测量要求。

总之，随着传感器制造成本的降低，市场对传感器功能的要求也越来越全面和专业化，网络化智能传感器也将被普及和应用。

1.4.4　传感器的集成化和多功能化

近年来，多功能集成化传感器研究受到国内外的广泛关注。国内外文献报道，已经有用于环境监测、化学分析、生物保护等方面的集成传感器。

传感器集成化包括两种定义，一种是同一功能的多元件并列化，即将同一类型的单个传感元件用集成工艺在同一平面上排列起来，排成一维的为线性传感器，CCD图像传感器就属于这种情况；另一种是多功能一体化，即将传感器与放大、运算以及温度补偿等环节一体化，组装成一个器件。

随着传感器及微电子技术的发展，人们可以在同一材料上制作几种敏感元器件，从而制成能够检测多个参量的集成化多功能传感器。集成化多功能传感器主要有以下几种不同的工作原理及结构形式：

①将几种不同的敏感元器件制作在同一个硅片上制成集成化多功能传感器，该传感器集成度高、体积小，各个敏感元器件的工作氛围相同，容易实现补偿和校正，这也是集成化多功能传感器发展的一个方向。

多功能化的典型实例——美国某大学传感器研究发展中心研制的单片硅多维力传感器可以同时测量3个线速度、3个离心加速度和3个角加速度。其主要是由4个正确设计安装在一个基板上的悬臂梁组成的单片硅结构及9个正确布置在各个悬臂梁上的压阻敏感元件组成。多功能化不仅可以降低生产成本、减小体积，而且可以有效地提高传感器的稳定性、可靠性等性能指标。

②几种不同的敏感元器件组合在一起形成一个传感器，可以同时测量几个参数，但各敏感元器件是独立的。如将测量温度和测量湿度敏感元件组合在一起，构成多功能温湿度传感器；用同一个敏感元器件的不同效应，得到不同的信息，如将线圈作为敏感元件，在具有不同磁导率或介电常数物质的作用下，表现出不同的电容和电感；把多个功能不同的传感元件集成在一起，除可同时进行多种参数的测量外，还可对这些参数的测量结果进行综合处理和评价，可反映出被测系统的整体状态。由上还可以看出，集成化给固态传感器带来了许多新的机会，同时它也是多功能化的基础。

同一个敏感元件在不同激励下表现出不同特性，例如传感器施加不同的激励电压、电流，在不同温度下，其特性不同，有时可相串于几个不同的传感器。有的集成化多功能传感器检测出的几个信息混在一起，需要用信号处理的方法将各种信息进行分离。集成化多功能传感器将随着工业等自动化行业的发展得到进一步发展。

随着集成化技术的发展，各类混合集成和单片集成式压力传感器相继出现，有的已经成为商品。集成化压力传感器有压阻式、电容式等类型，其中压阻式集成化传感器发展快、应用广。

传感器与微处理机相结合，使传感器不仅具有检测功能，还具有信息处理、逻辑判断、自诊断以及"思维"等人工智能，称之为传感器的智能化。借助于半导体集成化技术把传感器部分与信号预处理电路、输入输出接口、微处理器等制作在同一块芯片上，即成为大规模集成智能传感器。可以说，智能传感器是传感器技术与大规模集成电路技术相结合的产物，它的实现将取决于传感器技术与半导体集成化工艺水平的提高与发展。这类传感器具有多功能、高性能、体积小、适宜大批量生产和使用方便等优点，可以肯定地说，这是传感器重要的发展方向之一。

▶ 思政园地

传感器是获取信息的工具。传感器与检测技术是关于传感器设计、制造及应用的综合技术，它是信息技术(传感与控制技术、通信技术和计算机技术)的三大支柱之一。在当今众多新概念中智能制造、工业互联网及物联网(IOT)中占有重要地位。

针对新冠疫情检测，我国检测试剂盒的发明和工业化制造不仅满足了自己的需求，还支援了其他国家。近年来我国的传感器技术取得了很大进步，但与国际先进水平还有不小差距。传感器依赖物理、化学、生物等基础理论技术的支撑，需要我们坚定地投身基础科学研究，在基础理论领域和制造工艺环节取得突破。

美国对我国华为等公司的技术封锁和打压让大家认识到了芯片的重要性，意识到芯片的设计和制造技术需要由自己掌握。除了芯片外，还有一项技术也是必须要掌握的，那就是传感器技术，而我国现在大部分高端传感器还依赖进口。

(1)传感器的组成和重要性。传感器最早出现于工业生产领域，主要用于提高生产效率。近年来，伴随着技术的集成化趋势，传感器逐步走向模块化、微型化。传感器是物联网的"五官"，是用于采集各类信息并转换为特定信号的器件，是科学技术发展的重要标志，是信息产业的三大支柱之一，也被认为是最具发展前景的高技术产业。在全球步入高速发展的当下，首先就是要获取可靠且准确的信息，而传感器是获取信息的主要手段和途径。例如：在工业4.0时代，要用传感器来监视和控制生产过程中的参数，使设备保持正常的工作状态；在智能家居领域，需要通过传感器对交通和环境数据进行采集和处理，这样才能保证行车安全。毫不夸张地说，未来物联网有多大的市场，传感器就能有多大的作为。

(2)我国传感器的现状。我国从20世纪初开展传感器技术的研究与开发，经过国家科技攻关，在传感器研究开发、设计、制造、可靠性改进等方面获得了长足的进步，初步形成了传感器研究、开发、生产和应用体系，并在数控机床攻关中取得了一批可喜的、为世界瞩目的发明专利与工况监控系统或仪器的成果。但从总体上讲，它还不能适应我国经济与科技的迅速发展，我国不少传感器、信号处理和识别系统仍然依赖进口。同时，我国传感器技术产品的市场竞争优势尚未形成。产品的改进与革新速度慢，生产与应用系统的创新与改进少。目前国内的传感器仍然属于传统级别，即这些传感器仅仅具备基础的信息获取能力，不具备互联互通、数据处理、信息推送、数据统计分析等多种功能。由于传感器发展落后，高端传感器严重依赖进口，进口比例高达80%。我们要认识到这些差距，把它变为我们前进的动力。

（3）未来的发展和我们的机会。在全球智慧生活、智能生产的趋势之下，传感器产业也将迎来新的发展机遇，只要把握住机遇，我国依然能够实现对先进国家的迎头赶超。从根本上来说，中国智能传感器产业要想缩短同国际的差距，还是要创新，创新才是产品提升价值的根本。为此工信部印发了《智能传感器产业三年行动指南（2017—2019年）》，希望能抓住传感器产业的热门应用领域，如智能终端、物联网、汽车电子等，以提升中高端产品的供给能力，推动我国智能传感器的发展步伐。我国也涌现出一批创新能力较强的国际先进企业，技术水平稳步提升，产品结构不断优化，供给能力有效提高。创新有几种方式：一是微创型，指在设计或工艺上进行改进；二是颠覆性创新，指从基本感测原理上突破，如谐振式等新原理的传感器；三是从材料上创新，目前压电材料的使用创造出了新型的智能传感器，如压电式MEMS麦克风、压电式MEMS扬声器等。在这种情况下，国内企业应该有效利用已有的政策红利，积极推动技术和核心零部件的研发创新，构建完备的产业结构体系，不断提升企业国际竞争力，在未来新的传感器市场高地争夺中找到有利位置。

总的来说，目前传感器市场已经逐渐从工业自动化向消费类产品转移，特别是家电和汽车用传感器占据了近40%的市场比重。其中，汽车电子市场规模正在以每年15%～20%的增速迅猛增长。车用传感器数量正在不断增加，再加上无人驾驶汽车等新技术和新产品的出现，未来对智能传感器等新型传感器的需求与日俱增。科学技术的发展是没有尽头的，新技术将替代老技术，我们要把握机遇，迎头赶上。只要大家坚持不懈地努力和奋斗，中华民族一定能占领科学技术的制高点。

思考与练习

一、填空题

1. 衡量传感器静态特性的重要指标是_____、_____、_____、_____等。

2. 通常传感器由_____、_____、_____三部分组成，是能把外界_____转换成_____的器件和装置。

3.传感器灵敏度是指达到稳定状态时_____与_____的比值。

4.传感器的输出信号形式分为_____和_____。

5.传感器对随时间变化的输入量的响应特性叫作_____。

6.某位移传感器,当输入量变化 5 mm 时,输出电压变化 300 mV,其灵敏度为_____。

二、选择题

1.属于传感器静态特性指标的是(　　)。

A.固有频率　　　　B.临界频率　　　　C.阻尼比　　　　D.重复性

2.衡量传感器静态特性的指标不包括(　　)。

A.线性度　　　　B.灵敏度　　　　C.频域响应　　　　D.重复性

3.自动控制技术、通信技术,连同计算机技术和(　　)构成信息技术的完整信息链。

A.汽车制造技术　　　　　　　　B.建筑技术

C.传感技术　　　　　　　　　　D.监测技术

4.随着人们对各项产品技术含量的要求的不断提高,传感器也朝向智能化方面发展,其中,典型的传感器智能化结构模式是(　　)。

A.传感器+通信技术　　　　　　B.传感器+微处理器

C.传感器+多媒体技术　　　　　D.传感器+计算机

5.若将计算机比喻成人的大脑,那么传感器则可以比喻为(　　)。

A.眼睛　　　　B.感觉器官　　　　C.手　　　　D.皮肤

6.传感器主要完成两个方面的功能:检测和(　　)。

A.测量　　　　B.感知　　　　C.信号调节　　　　D.转换

7.以下传感器中按传感器的工作原理命名的是(　　)。

A.应变式传感器　　　　　　　　B.速度传感器

C.化学型传感器　　　　　　　　D.能量控制型传感器

三、判断题

1.(　　)传感器是实现自动检测和自动控制的首要环节。

2.(　　)传感器需要有足够的工作范围和一定的过载能力。

3.(　　)传感器的灵敏度越高越好。

4.(　　)量程就是仪表测量上限值和下限值之差。

5.(　　)传感器在正向行程和反向行程中输出曲线不重合称为重复性。

6.(　　)漂移一般指的是零点漂移。

7.(　　)多次重复测量同一个量,误差大小和符号基本保持不变或者按照一定规律变化,这种误差是系统误差。

四、简答计算题

1. 传感器概念是如何定义的？它由哪几部分组成？各部分的作用及相互关系如何？

2. 简述传感器的分类方法。

3. 举例说明传感器与检测技术的作用与地位。

4. 什么是传感器的静态特性？它有哪些性能指标？如何用公式表征这些性能指标？

5. 试计算某压力传感器的迟滞误差和重复性误差，测试数据见表1-4。

表1-4　测试数据

行程	输入压力 /(10^5 Pa)	输出电压/mV		
		（1）	（2）	（3）
正行程	2.0	190.9	191.1	191.3
	4.0	382.8	383.2	383.5
	6.0	575.8	576.1	576.6
	8.0	769.4	769.8	770.4
	10.0	963.9	964.6	965.2
反行程	10.0	964.4	965.1	965.7
	8.0	770.6	771.0	771.4
	6.0	577.3	577.4	578.4
	4.0	384.4	384.2	384.7
	2.0	191.6	191.6	192.0

6. 什么是传感器的动态特性？动态特性的主要技术指标有哪些？它们是如何定义的？

7. 传递函数、频率响应函数和脉冲响应函数的定义是什么？它们之间有何联系与区别？

8. 有一温度传感器，当被测介质温度为 t_1，测温传感器显示温度为 t_2 时，可用下列方程表示：

$$t_1 = t_2 + \tau_0 \frac{\mathrm{d}t_2}{\mathrm{d}\tau}$$

当被测介质温度从 25 ℃ 突然变化到 300 ℃ 时，测温传感器的时间常数 $\tau_0 = 120$ s，试求经过 350 s 后该传感器的动态误差。

9. 已知某二阶传感器系统的固有频率为 20 kHz，阻尼比为 0.1，若要求传感器的输出幅值误差不大于3%，试确定该传感器的工作频率范围。

项目 2　检测技术基础

学习目标

◆ **知识目标**

1. 了解测量技术和非电量测量的基本概念；

2. 熟悉测量的一般方法；

3. 认识开环和闭环测量系统；

4. 了解并掌握测量误差的基本概念、方法及分类；

5. 掌握常见误差的一般统计处理方法；

6. 了解误差检验准则；

7. 了解不等精度测量的基本概念和计算方法。

◆ **能力目标**

1. 能够判断常用测量技术的种类和方法；

2. 能分析判断测量误差的种类，统计计算误差大小；

3. 能理解误差各类表示方法的含义，并正确表达；

4. 合理选用检验准则，应用不等精度测量方法。

◆ **素质目标**

1. 具有一丝不苟的专业精神；

2. 具有实践精神，用数据说话；

3. 具有微观与宏观相结合探索问题的理念。

◆ **思政目标**

1. 形成夯实基础的意识和戒骄戒躁的思想；

2. 形成科学系统的逻辑思维方式和严谨细致实践创新工匠精神；

3. 形成立足本质、举一反三的意识和直面现实、建设祖国的抱负。

知识图谱

```
检测技术基础
├─ 测量技术概论
│   ├─ 测量技术与非电量测量
│   │   ├─ 测量对象
│   │   ├─ 计量单位
│   │   ├─ 测量方法
│   │   └─ 测量准确度
│   ├─ 测量的一般方法
│   │   ├─ 直接测量、间接测量和组合测量
│   │   ├─ 等精度测量与非等精度测
│   │   ├─ 偏差式测量、零位测量和微差法测量
│   │   ├─ 接触测量和非接触测量
│   │   ├─ 被动式测量和主动式测量
│   │   └─ 单项测量和综合测量
│   ├─ 测量系统
│   │   ├─ 开环式测量系统
│   │   └─ 闭环式测量系统
│   ├─ 静态测量误差
│   │   ├─ 绝对误差
│   │   ├─ 相对误差
│   │   ├─ 引用误差
│   │   ├─ 系统误差
│   │   ├─ 偶然误差
│   │   └─ 疏失误差
│   └─ 测量误差的定义
│       ├─ 绝对误差
│       └─ 相对误差
└─ 测量数据的估计和处理
    ├─ 随机误差的统计处理 ── 正态分布
    ├─ 系统误差的通用处理方法
    │   ├─ 系统误差出现的原因
    │   ├─ 系统误差的发现
    │   └─ 减小系统误差的方法
    ├─ 粗大误差
    │   ├─ 拉依达准则（3σ准则）
    │   ├─ 格拉布斯准则
    │   ├─ 肖维勒准则
    │   └─ 狄克逊准则
    ├─ 非等精度测量的权与误差
    │   ├─ 权的概念
    │   ├─ 加权算术平均值
    │   └─ 加权算术平均值的标准误差
    └─ 测量数据处理中的几个问题
        ├─ 测量误差的合成
        └─ 最小二乘法的应用
```

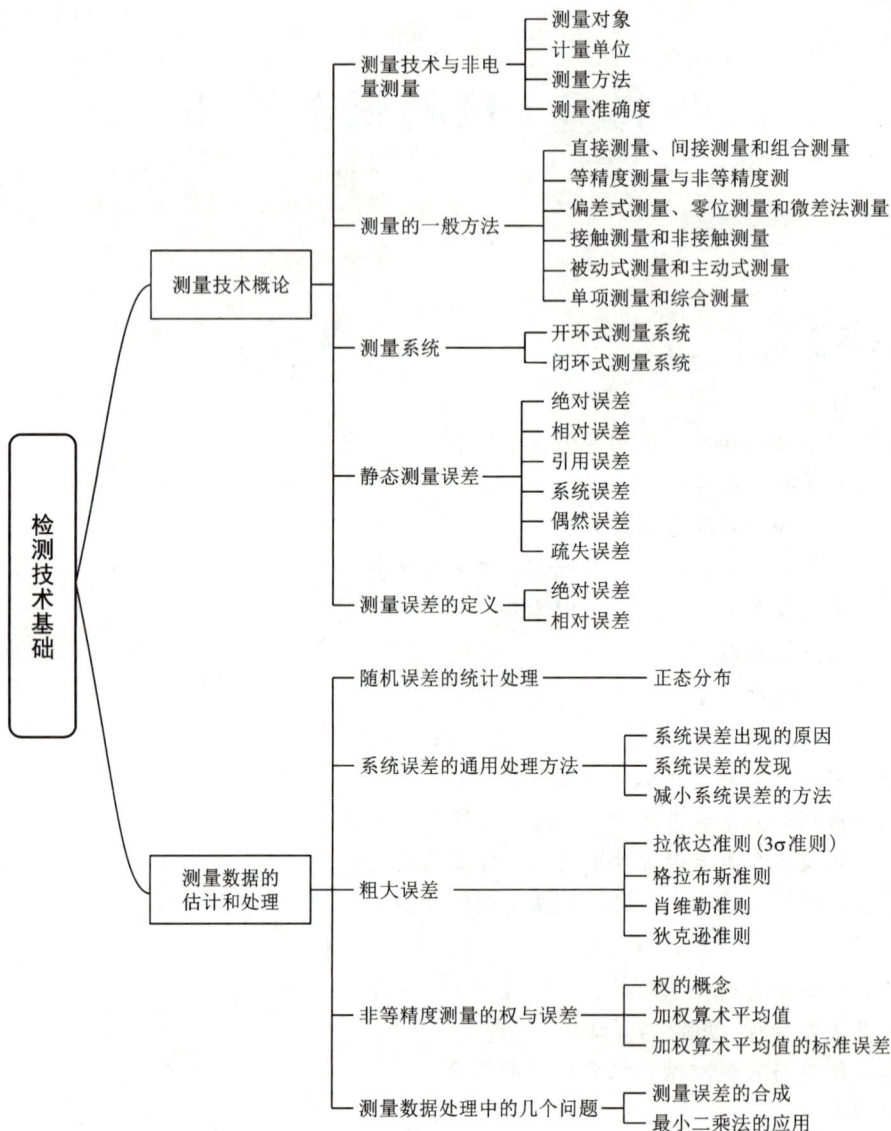

2.1　测量技术概论

　　化学家门捷列夫指出："科学是从测量开始的。"科学家钱学森指出："信息技术包括测量技术、计算机技术和通信技术，测量技术是关键和基础。"我国"863"计划的倡议者、"两弹一星"功臣王大珩院士指出："仪器不是机器，仪器是认识和改造物质世界的工具，而机器只能改造却不能认识物质世界。""科学技术是第一生产力，而现代仪器设备则是第一生产力的三大要素之一。"1980 年以来，有 38 人因仪器研制而获得诺贝尔奖。

2.1.1　测量技术与非电量测量

1. 测量与测量技术

测量是以确定被测对象的量值为目的的全部操作。测量的实质是将被测量与同种性质的标准量进行比较，确定被测量对标准量的倍数。其表达式如下

$$x = nu \tag{2-1}$$

或

$$n = x/u \tag{2-2}$$

式中：x 为被测量值；u 为标准量，即测量单位；n 为比值（纯数），含有测量误差。

或者说，测量是用量值来描述和揭示客观世界的重要手段。

测量结果是指由测量所获得的被测的量值。测量结果可以用数值、曲线或图形表示。无论采用哪种形式表示，测量结果都应该包括测量单位、比值和测量误差。

测量技术是以研究测量系统中的信息提取、信息转换以及信息处理的理论与技术为主要内容的一门应用技术学科。

任何测量过程都包含测量对象、计量单位、测量方法和测量准确度 4 个要素。

（1）测量对象：主要指几何量，包括长度、角度、表面粗糙度以及形位误差等。由于几何量的特点是种类繁多、形状各式各样，因此对于它们的特性、被测参数的定义，以及标准等都必须加以研究和熟悉，以便进行测量。

（2）计量单位：我国国务院于 1977 年 5 月 27 日颁发的《中华人民共和国计量管理条例（试行）》第三条规定中重申："我国的基本计量制度是米制（即'公制'），逐步采用国际单位制。"1984 年 2 月 27 日正式公布中华人民共和国法定计量单位，确定米制为我国的基本计量制度。例如，在长度计量中单位为米（m），其他常用单位有毫米（mm）和微米（μm）；在角度测量中以度、分、秒为单位。

（3）测量方法：指在进行测量时所用的按类叙述的一组操作逻辑次序。对几何量的测量而言，则是根据被测参数的特点，如公差值、大小、轻重、材质、数量等，分析研究该参数与其他参数的关系，最后确定对该参数如何进行测量的操作方法。

（4）测量准确度：指测量结果与真值的一致程度。由于任何测量过程总不可避免地会出现测量误差，误差大说明测量结果离真值远，准确度低。因此，准确度和误差是两个相对的概念。由于存在测量误差，任何测量结果都是以近似值来表示的。

2. 非电量测量

在被测物理量中，非电量占了绝大部分，如机械量(位移、速度、加速度、力、振动等)、热工量(光、热、磁、压力、温度、湿度、流量、液位等)、成分量(浓度、化学成分含量等)和状态量(颜色、气味、透明度、裂纹等)。虽然这些非电量可以用机械、气动等方法测量，但是电测技术具有一系列明显的优点，尤其随着微电子技术和计算机技术的飞速发展，其优势就更突出了。用电测的方法来测量非电量(即非电量电测技术)的主要优点概括如下：

(1)测量仪表结构简单，使用方便，测量准确度和灵敏度高。

(2)测量仪表可以灵活地安装在需要进行测量的地方，可实现自动记录，并可以与微处理器构成智能仪器，实现实时数据处理、误差分析等功能。

(3)测量仪表可实现远距离、无接触测量，测量范围广。

(4)测量反应速度快，既适用于静态测量，又适用于动态测量。

非电量电测技术的任务就是通过传感器准确、及时地掌握各种信息，一般情况下是获取被测非电量的大小。

3. 有关测量技术中的部分名词

(1)等精度测量。在同一条件下所进行的一系列重复测量称为等精度测量。

(2)非等精度测量。在多次测量中，如对测量结果精确度有影响的一切条件不能完全维持不变的测量称为非等精度测量。

(3)真值。被测量本身所具有的真正值称为真值。真值是一个理想的概念，一般是不知道的，但在某些特定情况下，真值又是可知的，如一个整圆的圆周角为360°等。

(4)实际值。误差理论指出，在排除系统误差的前提下，对于精密测量，当测量次数无限多时，测量结果的算术平均值极接近真值，因而可将它视为被测量的真值。但是测量次数是有限的，故按有限测量次数得到的算术平均值只是统计平均值的近似值，而且由于系统误差不可能完全被排除，因此通常只能把精度更高一级的标准器具所测得的值作为真值。为了强调它并非真正的真值，故把它称为实际值。

(5)标称值。测量器具上所标出来的数值。

(6)示值。由测量器具读数装置所指示出来的被测量的数值。

(7)测量误差。用测量器具进行测量时，所测量出来的数值与被测量的实际值(或真值)之间的差值。

2.1.2　测量的一般方法

测量方法从不同的角度出发，有不同的分类方法。根据获得测量值的方法可分为直接测量、间接测量和组合测量；根据测量的精度因素可分为等精度测量和非等精度测量；根据测量方式可分为偏差式测量、零位测量和微差法测量；根据传感器是否与被测量对象接触可分为接触测量和非接触测量；根据测量系统是否向被测对象施加能量可分为主动式测量与被动式测量等。

1. 直接测量、间接测量和组合测量

从测量器具的读数装置上直接得到被测量的数值或对标准值的偏差称为直接测量，如用游标卡尺、外径千分尺测量轴径，用钳形电流表测量某一相交流电流，用弹簧管式压力表测量压力等。直接测量具有测量过程简单、快捷等优点，其缺点是测量精度低。

通过测量与被测量有一定函数关系的量，根据已知的函数关系式求得被测量的测量称为间接测量，如通过测量一圆弧相应的弓高和弦长而得到其圆弧半径的实际值。间接测量过程烦琐，花费时间、精力较多，一般用于直接测量不能完成或者缺乏直接测量手段的场合。

若被测量必须经过求解方程组才能得到测量结果，这种测量方法称为组合测量（也称联立测量）。在进行联立测量时，一般需要改变测试条件，才能获得一组联立方程所需要的数据。对联立测量，在测量过程中，操作手续很复杂，花费时间很长，是一种特殊的精密测量方法。它一般适用于科学实验或特殊场合。

2. 等精度测量与非等精度测量

使用相同的仪表和测量方法对同一被测量进行多次重复测量，称为等精度测量。使用不同精度的仪表或不同的测量方法，或在环境条件相差很大时对同一被测量进行多次重复测量，称为非等精度测量。

3. 偏差式测量、零位测量与微差法测量

用仪表指针位移（即偏差）确定被测量的量值的测量方法称为偏差式测量。采用偏差式测量方法时，必须预先用标准仪表或器具对使用仪表刻度进行标定。偏差式测量是根据仪表指针在刻度上指示的值确定被测量的数值。这种测量方法虽然简单、快捷、直观，但测量精度不高。

用指零仪表的零位指示检测测量系统的平衡状态，当测量系统平衡时，用已知的标准量决定被测量的量值，这种测量方法称为零位测量。具体来讲，采用这种测量方法时，是将已知标准量直接与被测量相比较，连续调节已知标准量，当指零仪表指零时，被测量与已知标准量相等。例如，天平称重、电位差计测量电位都是采用这种测量方法。采用零位测量方法可以获得较高的测量精度，但测量过程比较复杂、费时，不适用于测量迅速变化的信号。采用这种方法测量时，必须预先进行指针零位校准。

微差法测量方法是将被测量与已知的标准量相比较，取得差值后，再

用偏差法测得该差值。显然，微差法测量是综合了偏差式测量与零位测量的优点而提出的一种测量方法。采用这种方法测量时，不需要调整已知的标准量，而只需测量两者的差值即可。设 N 为已知的标准量，X 为被测量，Δ 为两者之差，则被测量 $X = N + \Delta$。由于 N 是标准量，其误差很小，且 $\Delta \ll N$，因此，可选用高灵敏度的偏差式仪表测量 Δ，即使测量 Δ 的精度较低，但由于 $\Delta \ll X$，所以得到的测量精度仍很高。微差法测量具有响应快、测量精度高的优点，特别适用于在线控制参数的测量。

4. 接触测量和非接触测量

测量器具的测头与被测件表面接触并有机械作用的测力存在的测量为接触测量。测量器具的测头与被测件表面没有接触的测量为非接触测量，如用光切法显微镜测量表面粗糙度即属于非接触测量。

5. 被动式测量和主动式测量

产品加工完成后的测量为被动式测量；正在加工过程中的测量为主动式测量。被动式测量只能发现和挑出不合格品。主动式测量可通过其测得值的反馈，控制设备的加工过程，预防和杜绝不合格品的产生。

6. 单项测量和综合测量

对个别的、彼此没有联系的某一单项参数的测量称为单项测量。同时测量零件的多个参数及其综合影响的测量称为综合测量。用测量器具分别测出螺纹的中径、半角及螺距属单项测量；用螺纹量规的通端检测螺纹则属综合测量。

2.1.3 测量系统

1. 测量系统构成

测量系统是测量仪表的有机组合，对于比较简单的测量工作，只需要使用一台仪表。但是，对于比较复杂、要求高的测量工作，往往需要使用多台测量仪表，并且按照一定规划将它们组合起来，构成一个有机整体——测量系统。

测量系统的构成如图 2-1 所示。

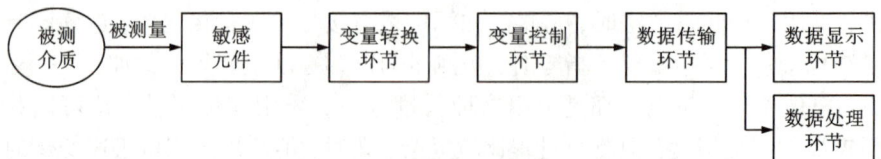

图 2-1 测量系统的原理结构框图

（1）敏感元件。作为敏感元件，它首先从被测介质接收能量，同时产生一个与被测物理量有某种函数关系的输出量。敏感元件的输出信号是某些物理量，如位移或电压。这些物理量比被测物理量易于处理。

（2）变量转换环节。对于测量系统，为了完成所要求的功能，需要将原始敏感元件的输出变量进一步转换，即转换成更适于处理的变量，并且要求它应当保存原始信号中所包含的全部信息。完成这样功能的环节被称为变量转换环节。

（3）变量控制环节。为了完成测量系统提出的任务，要求用某种方式"控制"以某种物理量表示的信号。这里所说的"控制"意思是指在保持变量物理性质不变的前提下，根据某种固定的规律仅仅改变变量的数值。完成这样功能的环节被称为变量控制环节。

（4）数据传输环节。当测量系统的几个功能环节实际上被物理地分隔开时，则必须从一个地方向另一个地方传输数据。完成这种传输功能的环节被称为数据传输环节。

（5）数据显示环节。有关被测量的信息要想传输给人，以完成监视、控制或分析的目的，就必须将信息变成人的感官能接受的形式。完成这样的转换功能的环节被称为数据显示环节。它的功能包括用指针相对刻度标尺运动表示简单的指示和用记录笔在记录纸上记录。指示和记录的形式也可以是断续量方式而不是连续量方式，如数字显示和打印记录。

（6）数据处理环节。测量系统要对测量所得数据进行处理。数据处理环节实质上是一台小型计算机工作环节。这种数据处理工作由机器自动完成，不需要人工进行烦琐的运算。

2. 主动式与被动式测量系统

根据在测量过程中是否向被测量对象施加能量，可以将测量系统分为主动式测量系统和被动式测量系统。

（1）主动式测量系统。

它的构成原理如图 2-2 所示，这种测量系统的特点是在测量过程中需要从外部向被测对象施加能量。例如，在测量阻抗元件的阻抗值时，必须向阻抗元件施加电压，供给一定的电能。

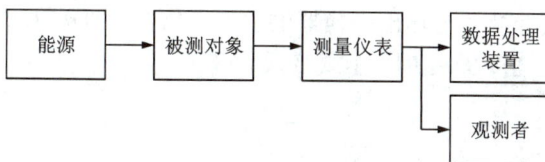

图 2-2　主动式测量系统

（2）被动式测量系统。

它的构成原理如图 2-3 所示。被动式测量系统的特点是在测量过程中不需要从外部向被测对象施加能量。例如，电压、电流、温度测量、飞机所用的空对空导弹的红外（热源）探测跟踪系统就属于被动式测量系统。

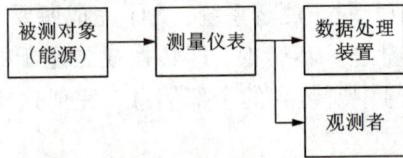

图 2-3　被动式测量系统

3. 开环式与闭环式测量系统

根据信号传输方向可以将测量系统分为开环式和闭环式两种。

（1）开环式测量系统。

开环式测量系统的框图和信号流如图 2-4 所示，其输入-输出关系为

$$y = G_1 G_2 G_3 x \tag{2-3}$$

式中：G_1、G_2、G_3 为各环节放大倍数。

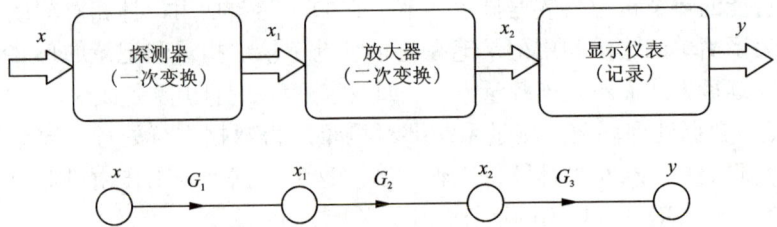

图 2-4　开环式测量系统原理图

采用开环方式构成测量系统，虽然从结构上看比较简单，但缺点是所有变换器特性的变化都会造成测量误差。

（2）闭环式测量系统。

闭环式系统的框图和信号流如图 2-5 所示。若该系统的输入信号为 x，则系统的输出为

$$y = \frac{\mu}{1 + \mu\beta} x \tag{2-4}$$

式中：μ 是二次变换器与输出变换器的总放大倍数，即 $\mu = G_1 G_2$；β 是反馈系统的放大倍数。当 $\mu\beta \gg 1$ 时，上式变成

$$y = \frac{1}{\beta} x \tag{2-5}$$

显然，这时整个系统的输入-输出关系将由反馈系统的特性决定，二次变换器特性的变化不会造成测量误差，或者说造成的误差很小。

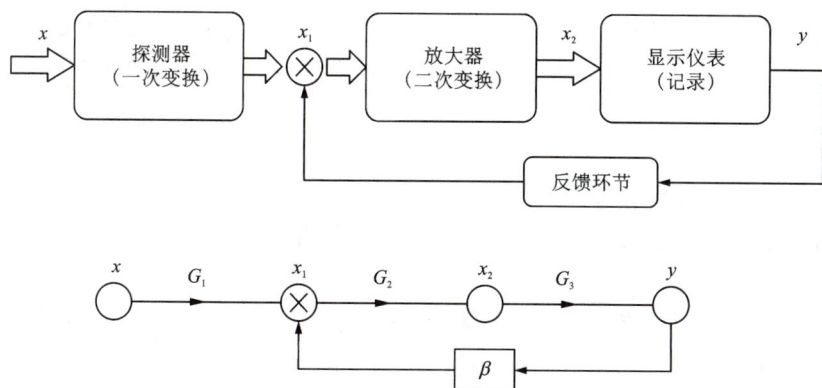

图 2-5　闭环式测量系统原理图

对于闭环式测量系统，只有采用大回路闭环才更有利。对于开环式测量系统，容易造成误差的部分应考虑采用闭环方法。根据以上分析可知，在构成测量系统时，应将开环系统与闭环系统巧妙地组合在一起应用，才能达到所期望的目的。

2.1.4　测量误差

测量过程的本质是将被测量直接或间接地与某一同类标准量进行比较，获取测试结果。通过测量，可以得到某一客观事物某一特性的度量，事实上，只能得到这一特性在一定程度上的近似，而无法获得它的绝对真实取值。也就是说，任何测量结果都与被测量的客观真实值存在差异，这种差异即为测量误差。

（1）测量误差。

测量误差的表示方法有以下几种。

①绝对误差。

绝对误差是指被测量的测量值与真实值之间的差值，可表示为

$$\Delta = X - L \tag{2-6}$$

式中：L 为真实值；X 为测量值。

②相对误差。

绝对误差可以说明被测量的测量值与真实值的接近程度，但不能说明不同值的测量精确度。例如，用一种方法称 100 kg 的重物，绝对误差为 ±0.1 kg；用另一种方法称 10 kg 的重物，绝对误差也为 ±0.1 kg。显然，前一种方法的测量精确度高于后者。为了表示和比较测量值的精确程度，经常采用误差的相对表示形式。绝对误差与被测量真实值的比值称为相对误差 δ，它以量纲一的百分数表示。

$$\delta = \frac{\Delta}{L} \cdot 100\% \tag{2-7}$$

在实际计算相对误差时，同样可用被测量的实际值代替真实值 L。但这样在具体计算时仍不方便，因此一般取绝对误差 Δ 与测量值 X 之比来计算相对误差。当测量误差很小时，这种近似方法所带来的误差可以忽略不计。

$$\delta = \frac{\Delta}{X} \cdot 100\% \tag{2-8}$$

用测量的相对误差来评价上述两种称重方法是比较合理的。前者的测量相对误差为 ±0.1%，后者为 ±1%，显然前者测量精确度高于后者。

③引用误差。

相对误差可用来比较两种测量结果的精确程度，但不能用来评价不同仪表的质量。因为同一台仪表在整个测量范围内的相对测量误差不是定值，随着被测量的减小，相对误差也增大，当被测量接近量程的起始零点时，相对误差趋于无穷大。这样，只用测量结果的相对误差来评价仪表的质量会出现不合理的结论。如用满量程为 50 V 的 0.1 级电压表测量 5 V 电压，其绝对误差不超过 ±0.05 V，而相对误差不超过 1%；当改用满量程为 5 V 的 0.5 级电压表测量同一被测量时，绝对误差不超过 ±0.025 V，其相对误差则不超过 ±0.5%。比较它们的测量结果，等级低的仪表测量结果的准确度反而高。为了更合理地评价仪表的测量质量，采用了引用误差的概念。人们将测量的绝对误差与测量仪表的上量限（满度）值 A 的百分比定义为引用误差

$$\gamma = \frac{\Delta}{A} \cdot 100\% \tag{2-9}$$

电工仪表的精度等级就是以引用误差大小划分的。随着测量技术的发展及测量精度的提高，为了全面衡量测量精度，常常采用相对误差和引用误差（满量程误差）的综合表示法表示测量结果的精确度。

(2) 系统误差、偶然误差和疏失误差。

误差按其规律性分为三种，即系统误差、偶然误差和疏失误差。

①系统误差。

当我们对同一物理量进行多次重复测量时，如果误差按照一定的规律出现，则把这种误差称为系统误差。

在整个测量过程中，数值及符号都保持不变的系统误差称为定值误差。数值及符号的变化具有一定规律性的系统误差被称为变值误差。

系统误差包括仪器误差、环境误差、读数误差及由于调整不良、违反操作规程所引起的误差等。例如，当用电子管电压表测量电压时，由于零点未校准就用于测量，所以会造成读数偏高或偏低的现象，即产生了定值的零点误差；当用热电偶测量炉温时，由于热电偶的热接点温度与热电偶输出电压并不是线性关系，因此按线性关系处理时就会产生非线性误差。

②偶然误差。

当对某一物理量进行多次重复测量时，会出现偶然误差。偶然误差的特点是它的出现带有偶然性，即它的数值大小和符号都不固定，但是却服

从统计规律性，呈正态分布。

引起偶然误差的都是一些微小因素，且无法控制。对于偶然误差，不能用简单的更正值来校正，只能用概率论和数理统计的方法去计算它出现的概率。偶然误差具有下列特性：

绝对值相等、符号相反的误差在多次重复测量中出现的概率相等；在一定测量条件下，偶然误差的绝对值不会超出某一限度；绝对值小的偶然误差比绝对值大的偶然误差在多次重复测量中出现的机会要多，即误差值越小出现机会越多。

③疏失误差。

疏失误差是由测量者在测量时的疏忽大意而造成的，例如，仪表指示值被读错、记错，仪表操作错误，计算错误等。疏失误差的数值一般都比较大，没有规律性。

系统误差、偶然误差、疏失误差之间的关系：

在测量中，系统误差、偶然误差、疏失误差三者同时存在，但是它们对测量的影响不同。在测量中，若系统误差很小，称测量的准确度高，若偶然误差很小，称测量的精密度很高，若两者都很小，称测量的准确度很高；在工程测量中，有粗大误差的测量结果是不可取的；在测量中，系统误差与偶然误差的数量级必须相适应，即偶然误差很小（表现为多次重复测量的测量结果的重复性好）、但系统误差很大是不好的，反之，系统误差很小、偶然误差很大同样是不好的，只有偶然误差与系统误差两者数值相当才是可取的。

（3）研究测量误差的目的。

测量中误差是客观存在的，而测量技术发展的基本方向之一是追求更高的精度。研究误差的来源、规律以及减小误差的方法是非常必要的。研究误差理论的基本目的基于以下三个方面。

①正确地分析误差来源及规律，合理地选择测量方案、测量仪器。对于那些对测量结果总体误差影响较小的因素可适当降低精度要求，而对影响大的因素则提高精度要求，以合理分配系统成本，利用有限的资源达到尽量高的测量准确度。

②充分利用测量数据，对测量数据合理、正确地进行处理，从而在给定的测量条件下得出被测量的最佳估计值。

③根据数据处理的结果正确地表示测量不确定度。

2.2 测量数据的估计和处理

2.2.1 随机误差的统计处理

（1）随机误差的概念。

随机误差简称随差，是指在等精度重复条件下多次测量同一被测量时，误差的绝对值、符号都以不可预见的规律变化但具有抵偿性的误差。

随机误差的基本特点是随机性，经过无限多次测量后对测量结果进行平均即可以获得其数学期望，但由于无限多次的重复测量不可能实现，所以随机误差的数学期望不可能准确得到，实际工程中只能得到其估计值。随机误差的处理方法主要是概率统计法。

（2）随机误差产生的原因。

引起随机误差的因素非常多，如噪声干扰、电磁场的微小变化、空气扰动、大地微震等，理论上讲，它们是没有规律的。实际工程中，通常存在大量规律性的因素，但是无法掌握其规律或已知其规律而消除的代价过高，只要这些因素足够多，而且每个因素对测量值的影响微小，那么总的来看，测量误差即可作为随机误差来处理。

（3）随机误差的性质。

在测量中，随机误差通常是由多种因素造成的许多微小误差的总和，按照中心极限定理，如果被研究的随机变量可以表示为大量独立的随机变量之和，设每一个随机变量对总和只起微小的作用，则可以认为此随机变量服从正态分布。服从正态分布的随机误差，其概率密度 $f(\delta)$ 为

$$f(\delta) = \frac{1}{\sigma(\delta)\sqrt{2\pi}}\exp\left[-\frac{1}{2}\left(\frac{\delta}{\sigma(\delta)}\right)^2\right] \tag{2-13}$$

式中：δ 为随机误差；$\sigma(\delta)$ 为随机误差的标准差。

相应的正态分布的概率密度函数曲线如图 2-6 所示。由图 2-6 可知，正态分布的随机误差具有以下性质：

①对称性：当测量次数足够多时，绝对值相同的正、负误差出现的次数几乎相同。

②抵偿性：当测量次数无限增加时，随机误差的算术平均值趋于零。

③单峰性：绝对值小的误差出现的概率比绝对值大的误差出现的概率多，在 $\delta = 0$ 处，概率最大。

④有界性：随机误差的绝对值不会超过一定界限。

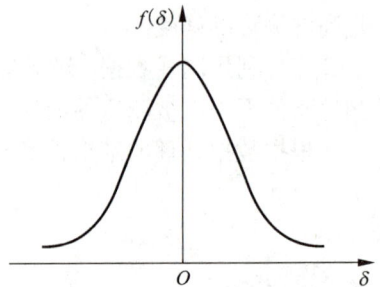

图 2-6　随机误差正态分布

在实际测量中，根据随机误差的性质，可通过多次测量取平均值的方法来减小随机误差对测量结果的影响。

（4）随机误差的表征。

随机误差在（$-\infty$，$+\infty$）内取值的概率为 1。图 2-7 对具有不同标准差的三条正态分布曲线进行了比较，从图中看出，标准偏差 σ 越小，正态分布曲线越陡，则小误差出现的概率越大，大误差出现的概率就越小，这意味着测量值越集中。因此，σ 的大小说明了测量值的离散性，即测量值相对于真值的分散程度。

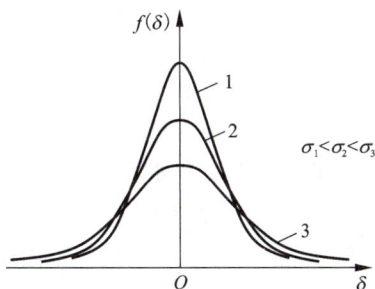

图 2-7　不同标准差的正态分布

（5）随机误差对被测量的分散性的影响。

随机误差的分散性对被测量值的分散性有很大的影响，在服从正态分布的随机误差的影响下，被测量值的分布通常也接近或服从正态分布。服从正态分布的被测量值的概率密度函数为

$$p(x) = \frac{1}{\sigma(x)\sqrt{2\pi}}\exp\left[-\frac{1}{2}\left(\frac{x-\mu_x}{\sigma(x)}\right)^2\right] \tag{2-14}$$

式中：μ_x 为被测量值的数学期望，用于反映被测量可能值的平均大小；$\sigma(x)$ 为被测量值的标准差，用于表征被测量值的离散程度。相应的被测量值的正态分布曲线如图 2-8 所示。

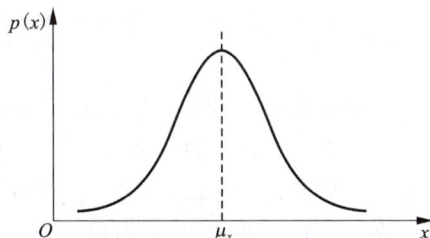

利用数学期望 μ_x 和标准差 $\sigma(x)$ 能对被测量的特性进行

图 2-8　被测量值的正态分布

表征；但要获取 μ_x 和 $\sigma(x)$ 则需要进行无穷多次测量，这在实际中是不可行的。因此，在有限次测量时，通常采用测量值的算术平均值和实验标准差来作为被测量的数学期望和标准差的估计值。

2.2.2　系统误差的通用处理方法

1. 系统误差出现的原因

系统误差出现的原因主要有下列几项。

（1）工具误差（又称仪器误差或仪表误差）：工具误差指由于测量仪表或仪表组成元件本身不完善所引起的误差，例如，测量仪表中所用标准量具的误差，仪表灵敏度不足的误差，仪表刻度不准确误差，变换器、衰减器、放大器本身的误差等。这一项误差是最常见的误差。为了减小此项误差，只有不断提高仪表及组成元件本身的质量。

（2）方法误差：方法误差是指由于对测量方法研究不够而引起的误差。例如，用电压表测量电压时，没有正确估计电压表的内阻对测量结果的影响。

（3）定义误差：定义误差是由于对被测量的定义不够明确而形成的误差。例如，在测量一个随机振动的平均值时，测量的时间间隔 Δ_t 取值不同，得到的平均值也不同。即使在相同的时间间隔下，由于测量时刻的不同，得到的平均值也会不同。引起这种误差的根本原因是没有规定测量时应当用多长的平均时间。如图 2-9 所示是随机振动的波形图，从图上可以清楚地看出测量时间间隔不同对平均值的影响。

（4）理论误差：理论误差是由于测量理论本身不够完善而只能进行近似的测量所引起的误差。例如，测量任意波形电压的有效值，理论上应该实现完整的均方根变换，但实际上通常以折线近似代替真实曲线，故理论本身就存在误差。

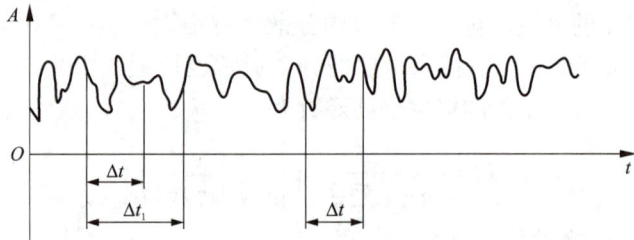

图 2-9 随机振动波形

（5）环境误差：环境误差是由于测量仪表工作的环境（温度、气压、湿度等）不是仪表校验时的标准状态，而随时间在变化，从而引起的误差。

（6）安装误差：安装误差是由于测量仪表的安装或放置不正确所引起的误差。例如，应严格水平放置的仪表，未调好水平位置；电气测量仪表误放在有强电磁场干扰的地方或温度变化剧烈的地方等。

（7）个人误差：个人误差是指由于测量者本人的不良习惯或操作不熟练所引起的误差。例如，读刻度指示值时视差太大（总是偏左或偏右）；动态测量读数时，对信息的记录超前或滞后等。

2. 系统误差的发现

因为系统误差对测量精度影响比较大，必须消除系统误差的影响，才能有效地提高测量精度。发现系统误差一般比较困难，下面介绍几种发现系统误差的一般方法。

（1）实验对比法：这种方法是通过改变产生系统误差的条件从而进行不同条件的测量，以发现系统误差。这种方法适用于发现不变的系统误差。例如，一台测量仪表本身存在固定的系统误差，即使进行多次测量也不能发现。只有用更高一级精度的测量仪表测量，才能发现这台测量仪表的系统误差。

（2）剩余误差观察法：剩余误差观察法是根据测量数据的各个剩余误差大小和符号的变化规律，直接由误差数据或误差曲线图形来判断有无系统误差。这种方法主要适用于发现有规律变化的系统误差。若剩余误差大体上正负相间且无显著变化规律，则无根据怀疑存在系统误差，如图 2-10（a）所示；若剩余误差数值有规律地递增或递减，且在测量开始与结束时误差符号相反，则存在线性系统误差，如图 2-10（b）所示；若剩余误差符号有规律地逐渐由负变正、再由正变负，且循环交替变化，则存在周期性系统误差，如图 2-10（c）所示；若剩余误差有如图 2-10（d）所示的变化规律，则应怀疑同时存在线性系统误差和周期性系统误差。

（3）计算数据比较法：对同一量测量得到多组数据，通过计算数据比较，判断是否满足偶然误差条件，以发现系统误差。例如，对同一量独立测量 m 组结果，并计算求得算术平均值和均方根误差为：$\bar{x}_1$，δ_1；$\bar{x}_2$，δ_2；$\cdots$；$\bar{x}_m$，δ_m。任意两数据（$\bar{x}_i$，$\bar{x}_j$）的均方根误差为 $\sqrt{\delta_i^2+\delta_j^2}$。任意两组数据 $\bar{x}_i$ 和 $\bar{x}_j$ 间不存在系统误差的标志为

$$|\bar{x}_i-\bar{x}_j|<2\sqrt{\delta_i^2+\delta_j^2} \qquad (2-15)$$

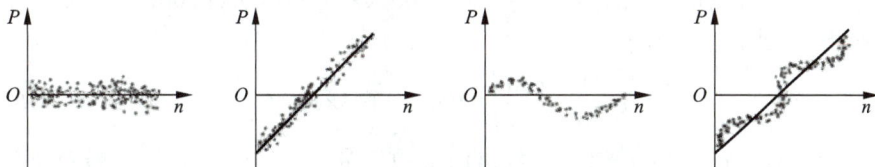

P—剩余误差；n—测量次数。

图 2-10　P-n 关系示意图

3. 减小系统误差的方法

下面介绍几种常用的、行之有效的减小系统误差的方法。

（1）更正值法：若通过对测量仪表的校准，获得仪表的更正值，则将测量结果的指示值加上更正值，就可得到被测量的实际值。这时的系统误差不是被完全消除了，而是被大大削弱了，因为更正值本身也是有误差的。

只有更正值本身的误差小于所要求的测量误差时，引入更正值法才有意义。更正值法的概念还可以推广应用到环境误差上，例如，在干扰很大而又无法消除的情况下，可以先使测量信号为零，测出干扰带来的指示值，然后再送入测量信号，将得到的读数减去干扰指示值即可。但是，使用这种方法时应保证在上述再次测量中干扰影响相同，否则也无意义。

（2）替换法：替换法是用可调的标准量具代替被测量接入测量仪表，然后调整标准量具，使测量仪表的指标与被测量接入时相同，则此时的标准量具的数值即等于被测量。例如，测量电阻，要求误差小于 0.01%，但只有

一台误差为 0.5% 的电桥。这时可先接入被测电阻 R_x，调电桥到平衡，然后以标准电阻箱(0.01 级)代替 R_N，接入电桥，调标准电阻箱的电阻值 R_N，直到电桥平衡。这时的 R_N 值则等于被测电阻值 R_x，而原电桥各臂误差均未计入测量结果。

注意，上例中电桥的灵敏度必须足够高，即死区应小于 $1/3(R_x×0.01\%)$，否则得不到所希望的结果。用替换法测量电阻如图 2-11 所示。

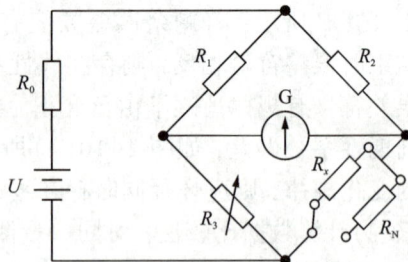

图 2-11　替换法测量电阻

(3)差值法：差值法是将标准量与被测量相减，然后测量两者的差值。例如，在需要标定标准电池时，一个是标准的，其电势是 $U_N = 1.01865$ V；另一个是被测的，其电势是 U_x。如果用一台 0.01 级电位差计标定可将两个标准电池对接，然后用电位差计测量两者之差。如实测得 $\Delta U = U_x - U_N = 0.00014$ V，则 $U_x = U_N + \Delta U = 1.01879$ V。取电位差计测量 ΔU 的相对误差为 1%(实际上不可能这样大)，可求得测量 ΔU 的绝对误差是 $0.00014×1/100 = 0.0000014$ V，则对整个测量带来的相对误差为

$$\delta = \frac{1.4×10^{-6}}{1.01879} × 100\% = 1.4×10^{-4}\% \tag{2-16}$$

差值法优点很多，但必须有灵敏度很高的仪表，因为差值一般总是很小的。

(4)正负误差相消法：这种方法是当测量仪表内部存在着固定方向的误差因素时，可以改变被测量的极性，做两次测量，然后取两者的平均值，以消除固定方向的误差因素。例如，在测量电压的回路内存在着热电势 e_T 时，如用电位差或数字电压表做一次测量，其读数是 $U = U_x + e_T$，存在着系统误差 e_T。这时可将 U_x 反向接入，同时也改变电位差计工作电流方向(对数字电压表能自动转换极性)，则可得到反向电压 $U = U_x - e_T$。

将二次测量结果取平均值，则可消除 P 的影响。这种方法适用于人工手动测量及差动式测量。

(5)选择最佳测量方案：所谓最佳测量方案，就是指总误差最小的测量方案，而多数情况下是指选择合适的函数形式及在函数形式确定之后，选择合适的测量点。例如通过对电流、电压和电阻的测量，间接测量功率。功率的表达式有 $P = IU$、$P = I^2U$、$P = U^2/R$ 三种形式。在给定 U、I、R 的测量误差后，可以确定出误差最小的 P 的表达式。在测量一个直接测量参数时，如测电阻，若采用欧姆表，根据求电阻测量误差最小的极值条件，可以计算出指针在量程的 1/2 处测量误差最小，因此可根据这一条件选择测量仪表量程。

2.2.3　粗大误差

粗大误差是指在测量过程中，偶尔由某些反常因素造成的测量数值超出正常测量误差范围的小概率误差。含有粗大误差的数据会干扰对实验结果的分析，甚至歪曲实验结果。若不按统计的原理剔除异常值，而把一些包含较大正常误差但不属于异常值的数据舍弃或保留一些包含较小粗大误差的异常值，就会错估仪器的精确等级。因此，系统检验测量数据是否含有粗大误差是保证原始数据可靠及其有关计算准确的前提。排除异常数据有四种较常用的准则，分别是拉依达准则、格拉布斯准则、肖维勒准则和狄克逊准则。每种判别准则都有其处理方法，用不同准则对异常值判别的结果有时会不一致。

1. 粗大误差的检验准则

（1）拉依达准则（3σ 准则）。

拉依达准则是以三倍测量列的标准偏差为极限取舍标准，其给定的置信概率为 99.73%，该准则适用于测量次数 $n>10$ 或预先经大量重复测量已统计出其标准误差 σ 的情况。X_i 为服从正态分布的等精度测量值，可先求得它们的算术平均值 X、残差 v_i 和标准偏差 σ。

若 $|X_i-X|>3\sigma$，则可疑值 X_i 含有粗大误差，应舍弃。

若 $|X_i-X|\leq3\sigma$，则可疑值 X_i 为正常值，应保留。

把可疑值舍弃后再重新算出除去这个值的其他测量值的平均值和标准偏差，然后继续使用判别依据判断，依此类推。

（2）格拉布斯准则。

对于被测量的一系列重复测量值 $x_i(i=1,2,\cdots,n)$，若第 m 次测量值 x_m 满足

$$|x_m-\bar{x}|>G_{\mathrm{P}}(n)s(x_i) \tag{2-17}$$

式中：$s(x_i)$ 为测量值的实验标准差；$G_{\mathrm{P}}(n)$ 为给定置信概率 P 及重复测量次数 n 的格拉布斯系数，可通过查表 2-1 获得，若判断 x_m 为异常值，应予以剔除。

判断和剔除异常值时要注意的是，选择残差最大的测量值先进行判定，若为异常值，则剔除；剔除后再从余下数据中选择残差最大的测量值进行判定，直至无异常值。

格拉布斯准则适用于测量次数较少的情况（$n<100$），通常取置信概率为 95%，对样本中仅混入一个异常值的情况判别效率最高。其判别方法如下：

先将呈正态分布的等精度多次测量的样本按从小到大排列，统计临界系数 $G(a,n)$ 的值为 G_0，然后分别计算出 G_1、G_n。

$$\begin{cases}G_1=(X-X_1)/\sigma \\ G_n=(X_n-X)/\sigma\end{cases} \tag{2-18}$$

若 $G_1 \geqslant G_n$ 且 $G_1 > G_0$，则 X_1 应予以剔除。

若 $G_n \geqslant G_1$ 且 $G_n > G_0$，则 X_n 应予以剔除。

若 $G_1 < G_0$ 且 $G_n < G_0$，则不存在"坏值"。

然后用剩下的测量值重新计算平均值和标准偏差，以及 G_1、G_n 和 G_0，重复上述步骤继续进行判断，依此类推。

表 2-1　格拉布斯系数 G

n	P		n	P	
	95%	99%		95%	99%
3	1. 15	1. 16	17	2. 47	2. 78
4	1. 46	1. 49	18	2. 50	2. 82
5	1. 67	1. 75	19	2. 53	2. 85
6	1. 82	1. 94	20	2. 55	2. 88
7	1. 94	2. 10	21	2. 58	2. 91
8	2. 03	2. 22	22	2. 60	2. 94
9	2. 11	2. 32	23	2. 62	2. 96
10	2. 18	2. 41	24	2. 64	2. 99
11	2. 23	2. 48	25	2. 65	3. 01
12	2. 29	2. 55	30	2. 74	3. 10
13	2. 33	2. 61	35	2. 81	3. 18
14	2. 37	2. 66	40	2. 87	3. 24
15	2. 41	2. 70	50	2. 96	3. 34
16	2. 44	2. 75	100	3. 17	3. 59

（3）肖维勒准则。

肖维勒准则同 3σ 准则一样，都是以测量数据按正态分布为前提的。假设在多次重复测量所得的 n 个测量数值中，某一测量值的残余误差 v_i 的绝对值 $|v_i| > Z_c \sigma$，则测量值 X_i 可视为含有粗大误差，则剔除该数据。把可疑值舍弃后再重新计算和继续使用判别依据判断，依此类推。在一定程度上，3σ 准则是肖维勒准则的一个特例，即 $Z_c = 3$。因此肖维勒准则在一定程度上弥补了 3σ 准则的不足。肖维勒准则中的 Z_c 值见表 2-2。

表 2-2　肖维勒准则中的 Z_c 值

n	3	4	5	6	7	8	9	10	11	12
Z_c	1. 38	1. 54	1. 65	1. 73	1. 80	1. 86	1. 92	1. 96	2. 00	2. 03
n	13	14	15	16	18	20	25	30	40	50
Z_c	2. 07	2. 10	2. 13	2. 15	2. 20	2. 24	2. 33	2. 39	2. 49	2. 58

（4）狄克逊准则。

狄克逊准则是一种用极差比双侧检验来判别粗大误差的准则。它从测量数据的最值入手，一般取显著性水平 a 为 0.01，此准则的特点是把测量数据划分为四组，每组都有相应的极端异常值统计量 R_1、R_2 的计算方法，再根据测量次数 n 和所对应的统计临界系数 $D(a, n)$ 按照以下方法来判别：

若 $R_1 > R_2$，$R_1 > D(a, n)$，则判别 X_1 为异常值，应舍弃。

若 $R_2 > R_1$，$R_2 > D(a, n)$，则应舍弃 X_n。

若 $R_1 < D(a, n)$ 且 $R_2 < D(a, n)$，则没有异常值。

2. 粗大误差判别准则的应用选择

（1）四种判别粗大误差准则的归纳。

教学实验中的测量样本大多比较小，四种准则所要求的正态分布前提不容易满足，标准偏差会由于偏离正态分布而不准确。若不考虑具体的临界系数与置信水平，这四种准则的思维方法都可归纳为：

首先计算某组测量值 X_1, X_2, X_3, $\cdots$, X_n 的平均值 x、残差 v_i 和标准偏差 σ；对于第 i 次测量值，如果 $v_i > k\sigma$ 则可判断为含有粗大误差，其中 k 为统计临界系数。狄克逊准则是用极差比来检测异常值的，它的统计临界系数与其他准则不具有可比性。

除狄克逊准则外，作拉依达准则、格拉布斯准则和肖维勒准则在测量次数 $3 \leqslant n \leqslant 250$ 的曲线关系，如图 2-12 所示。

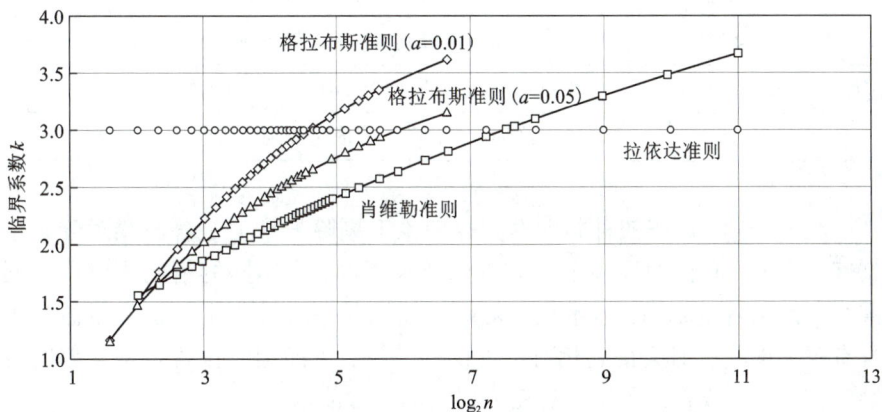

图 2-12　拉依达准则、格拉布斯准则和肖维勒准则在 $3 \leqslant n \leqslant 250$ 时的统计临界系数值对比

（2）四种判别粗大误差准则的比较讨论。

从拉依达准则、格拉布斯准则和肖维勒准则的对比曲线可以看出：对应于相同的测量次数，各判别准则的统计临界系数各不相同，以拉依达准则的统计临界系数 3 为例，当 $n = 25$ 时，格拉布斯准则（$a = 0.01$）的统计临界系数刚好到达 3 以上，而当 $n = 185$ 时，肖维勒准则的统计临界系数刚好也到达 3。因此可把总范围分为以下三个小范围。

①在 $3 \leqslant n < 25$ 时，建议用狄克逊准则或格拉布斯准则($a = 0.01$)来判别可疑数据。在少量样品时，拉依达准则的统计临界系数相对比较大，不易及时发现异常数据，使用它会比较苛刻。而肖维勒准则的统计临界系数太小，容易剔除仅含有较大正常误差的测量值。因此用可一次性剔除多个异常值且无须求出样本平均值 X、残差 v_i 和标准偏差 σ 的狄克逊准则或格拉布斯准则($a = 0.01$)来判别可疑数据是合适的。

②在 $25 \leqslant n \leqslant 185$ 时，建议用格拉布斯准则($a = 0.05$)或肖维勒准则来判别可疑数据。统计临界系数最大的是格拉布斯准则($a = 0.01$)，虽然肖维勒准则的统计临界系数偏小，但在这一范围内肖维勒准则可以弥补拉伊达准则的不足，因此判别数据时采用格拉布斯准则($a = 0.05$)或肖维勒准则比较合适。

③在 $n > 185$ 时，建议采用拉依达准则。因为此时肖维勒准则的统计临界系数偏大，在剔除异常值时容易把含有较小粗大误差的数据遗漏。因此，为了更好地对测量数据做出确切的判断且尽量避免让被剔除的数据丢失总体信息：判别前最好先按照从小到大的顺序排列测量数据；首先怀疑最值，如果最值不是异常值，则其他值也就不会含有粗大误差了。

对此四种准则的综合判别方法见表 2-3。

表 2-3　综合判别方法

测量次数范围	建议使用的准则
$3 \leqslant n < 25$	狄克逊准则，格拉布斯准则($a = 0.01$)
$25 \leqslant n \leqslant 185$	格拉布斯准则($a = 0.05$)，肖维勒准则
$n > 185$	拉依达准则

综上所述，由于四种判别准则在理论上剔除异常值是各自相对于某个精度而言的，它们的检验范围和判别效果不同，在不同的情况下应用不同准则的严格程度不同，但不加比较随便使用某一种准则来判别测量值是否含有粗大误差有时会得到相对不准确的结论，可能把仅包含正常误差的可疑值剔除了，或者保留了含有粗大误差的异常值。

2.2.4　非等精度测量的权与误差

等精度测量是指在相同的测量条件下，采用相同精度的测量仪器设备、相同的测量方法、相同的测量次数以及相同操作者进行的测量。在等精度测量中，多次重复测得的各测量值具有相同的精度，可用同一个均方根偏差 σ 值来表征，或者说具有相同的可信度。严格地讲，绝对的等精度测量条件是很难保证的。但是在一般测量实践中，只要测量条件变化差别不大，都当作等精度测量对待，即使某些条件变化，如测量时环境湿度波动等，只作为误差来考虑。从这个意义上讲,一般的测量基本上都属于等精度测量。

非等精度测量是指在科学研究或高精度测量中,往往在不同的测量条件下,用不同精度的仪表、不同的测量方法、不同的测量次数以及不同的测量者进行测量和对比的测量方法。用不同的方法对同一样品的测定、不同人员用相同的方法对同一样品的测定、同一分析人员用相同的方法对同一样品在长时间间隔进行的测定,得到的测量值常常是非等精度的,应按加权方式计算总方差。

1. 非等精度测量中权的概念

在非等精度测量中,对同一被测量进行 m 组测量,得到 m 组测量列(一个测量列是进行多次测量的一组数据)的测量精度及其误差,是不能同等对待的。测量列的精度越高,其可靠性亦越高,称这种可靠性为非等精度测量的权。权可以理解为各组测量结果的相对可信度。显然,测量仪器设备精度高、测量方法合理、测量环境条件好、测量次数多、操作者的测量素质高,测量结果的可信度就高,其权也大。权的大小是相对而言的。

权用符号 p 表示。权的计算有两种方法。

(1)用各组测量列的测量次数 n 的比值表示,并规定取测量次数较小的测量列的权为 1,于是

$$p_1 : p_2 : \cdots : p_m = n_1 : n_2 : \cdots : n_m \qquad (2-19)$$

(2)用各组测量列的误差平方的倒数的比值表示,并规定取误差较大的测量列的权为 1,于是

$$p_1 : p_2 : \cdots : p_m = \left(\frac{1}{\sigma_1}\right)^2 : \left(\frac{1}{\sigma_2}\right)^2 : \cdots : \left(\frac{1}{\sigma_m}\right)^2 \qquad (2-20)$$

2. 加权算术平均值

与计算一般的算术平均值的方法不同,在计算加权算术平均值时应考虑各测量列的权的情况。

设对同一被测量进行 m 组非等精度测量,得到 m 个测量列的算术平均值 $\bar{x}_1, x_2, \cdots, x_m$,对应的各组的权分别为 $p_1, p_2, \cdots, p_m$,则加权算术平均值 $\bar{x}_p$ 由下式给出

$$\bar{x}_p = \frac{\bar{x}_1 p_1 + \bar{x}_2 p_2 + \cdots + \bar{x}_m p_m}{p_1 + p_2 + \cdots + p_m} = \frac{\sum\limits_{i=1}^{m} (\bar{x}_i p_i)}{\sum\limits_{i=1}^{m} p_i} \qquad (2-21)$$

3. 加权算术平均值的标准误差

计算加权算术平均值 $\bar{x}_p$ 的标准误差时,仍然要考虑各测量列的权的大小。加权算术平均值 $\bar{x}_p$ 的标准误差由下式给出

$$\sigma_{\bar{x}_p} = \sqrt{\frac{\sum_{i=1}^{m}(p_i v_i^2)}{(m-1)\sum_{i=1}^{m} p_i}} \qquad (2-22)$$

式中：$v_i = \bar{x}_i - \bar{x}_p$。

2.2.5　测量数据处理中的几个问题

1. 测量误差的合成

通常，一个实际的测量系统或一个传感器都是由若干部分组成的。系统总的输入–输出关系表示为

$$y = f(x_1, x_2, \cdots, x_n) \qquad (2-23)$$

式中：x_1，x_2，$\cdots$，x_n 为系统的各个环节。各个环节都存在误差。各个环节的误差对整个测量系统或传感器测量误差的影响便是误差的合成问题。若已知各个环节的误差而求总的误差，称为误差的合成；反之，一旦确定总的误差后，要确定各个环节具有多大的误差才能确保总的误差不超过规定值，这个过程称为误差分配。

系统误差和随机误差都具有各自的特点和规律，两者的误差的合成与分配的处理方法也不相同，下面分别进行介绍。

（1）系统误差的合成。

由上述可知，系统总的输出与各个环节之间的函数关系表示为式（2–23），设各部分定值系统误差分别为 Δx_1，Δx_2，$\cdots$，Δx_n，由于系统误差一般均较小，因此系统误差可用微分表示，则系统误差的合成表达式为

$$\mathrm{d}y = \frac{\partial f}{\partial x_1}\mathrm{d}x_1 + \frac{\partial f}{\partial x_2}\mathrm{d}x_2 + \cdots + \frac{\partial f}{\partial x_n}\mathrm{d}x_n \qquad (2-24)$$

在具体计算误差时，上式中的 $\mathrm{d}x_1$，$\mathrm{d}x_2$，$\cdots$，$\mathrm{d}x_n$ 用各环节的定值系统误差 Δx_1，Δx_2，$\cdots$，Δx_n 代替，即

$$\Delta y = \frac{\partial f}{\partial x_1}\Delta x_1 + \frac{\partial f}{\partial x_2}\Delta x_2 + \cdots + \frac{\partial f}{\partial x_n}\Delta x_n \qquad (2-25)$$

式中：Δy 为合成后的总定值系统误差。

（2）随机误差的合成。

设测量系统或传感器由 n 个环节组成，各个环节的均方根偏差分别为 σ_{x_1}，σ_{x_2}，$\cdots$，σ_{x_n}，则随机误差的合成表达式为

$$\sigma_y = \sqrt{\left(\frac{\partial f}{\partial x_1}\right)^2 \sigma_{x_1}^2 + \left(\frac{\partial f}{\partial x_2}\right)^2 \sigma_{x_2}^2 + \cdots + \left(\frac{\partial f}{\partial x_n}\right)^2 \sigma_{x_n}^2} \qquad (2-26)$$

如果测量系统的输入与输出之间为线性关系，即

$$y = f(x_1, x_2, \cdots, x_n) = a_1 x_1 + a_2 x_2 + \cdots + a_n x_n \qquad (2-27)$$

则 σ_y 为

$$\sigma_y = \sqrt{a_1^2 \sigma_{x_1}^2 + a_2^2 \sigma_{x_2}^2 + \cdots + a_n^2 \sigma_{x_n}^2} \tag{2-28}$$

如果取 $a_1 = a_2 = \cdots = a_n = 1$，则

$$\sigma_y = \sqrt{\sigma_{x_1}^2 + \sigma_{x_2}^2 + \cdots + \sigma_{x_n}^2} \tag{2-29}$$

（3）总的合成误差。

如果测量系统或传感器的系统误差和随机误差相互独立，这时总的合成误差 ε 可表示为

$$\varepsilon = \Delta y \pm \sigma y \tag{2-30}$$

2. 最小二乘法的应用

最小二乘法原理是数学原理，它在组合测量的数据处理、实验曲线的拟合及其他许多科学实验中均获得了广泛的应用。最小二乘法的原理简单来说就是被测量的最佳值与各次测量值之差的平方和为最小。采用最小二乘法可以从一组等精度的测量值中确定最佳值，也可以找出一条最合适的曲线使它能最好地拟合各测量值。最小二乘法原理和计算比较复杂，这里仅介绍如何应用最小二乘法进行一元线性拟合（或称一元线性回归）。

设某实验中可控制的参量取 x_1，x_2，$\cdots$，x_i，$\cdots$，x_n 时，对应的参量依次为 y_1，y_2，$\cdots$，y_i，$\cdots$，y_n，假定 x_i 的误差很小，而 y_i 的误差是主要的误差且为线性关系。直线拟合的任务就是用数学分析的方法，由这些数据求出一个误差最小的最佳经验公式为

$$y = a + bx \tag{2-31}$$

由最小二乘法原理可知，若各测量值 y_i 的误差相互独立，且服从正态分布，当 y_i 的偏差的平方和为最小时，可得到最佳经验公式。利用这一原理可求得常数 a 和 b。各 δ_y 的平方和为

$$\sum (\delta_y)^2 = \sum \left[y_i - (a + bx_i) \right]^2 \tag{2-32}$$

式中：x_i 和 y_i 为已知的测量值；a 和 b 为待定参数。由式（2-32）可知，δ_y 的平方和是 a 和 b 的函数。令其对 a 和 b 的偏导数为零，可得参量 a 和 b 分别为

$$b = \frac{\bar{x}\,\bar{y} - \overline{xy}}{\bar{x}^2 - \overline{x^2}} \tag{2-33}$$

$$a = \bar{y} - b\bar{x} \tag{2-34}$$

其中

$$\begin{cases} \bar{x} = \dfrac{1}{n} \sum_{i=1}^{n} x_i \\[2mm] \bar{y} = \dfrac{1}{n} \sum_{i=1}^{n} y_i \\[2mm] \overline{x^2} = \dfrac{1}{n} \sum_{i=1}^{n} x_i^2 \\[2mm] \overline{xy} = \dfrac{1}{n} \sum_{i=1}^{n} (x_i y_i) \end{cases} \tag{2-35}$$

用最小二乘法拟合一元线性回归直线如图 2-13 所示。

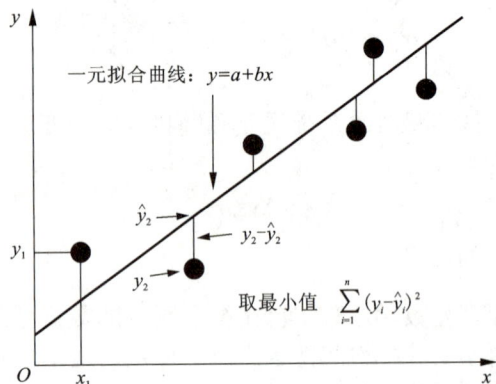

图 2-13   最小二乘法拟合一元线性回归直线示例图

小 结

传感器是一种检测装置，能感受被测量的信息，并能将检测、感受到的信息按一定规律转换成电信号或其他所需形式的信息输出，以满足信息的传输、处理、存储、显示、记录和控制等要求。它是实现自动检测和自动控制的首要环节。

传感器技术的主要发展方向，一是开展基础研究，发现新现象，开发传感器的新材料和新工艺；二是实现传感器的集成化与智能化。

在检测与测量中，必定存在测量误差，通常把测量结果和被测量的客观真值之间的差值叫作测量误差。绝对误差是仪表的指示值与被测量的真值之间的差值；相对误差是仪表指示值的绝对误差与被测量真值的比值；引用误差是绝对误差与仪表量程的比值，对一台确定的仪表或一个检测系统，最大引用误差就是一个定值。测量仪表一般采用最大引用误差不能超过的允许值作为划分精度等级的尺度。在选用传感器时，并非精度越高越好。精度等级已知的测量仪表只有在被测量值接近满量程时，才能发挥它的测量精度优势。因此，使用测量仪表时，应当根据被测量的大小和测量精度要求，合理地选择仪表量程和精度等级，只有这样才能提高测量精度。

传感器的特性主要是指输入与输出的关系，包括静态特性和动态特性。了解传感器的静态特性和动态特性，对选择传感器很有帮助，它能展现出该传感器的各项指标。

思政园地

　　传感器技术到底难在哪里？传感器技术除了需要基础理论的突破，还需要材料技术和制造工艺的突破。在传感器的研发制造中，不仅需要扎实的专业基础，还应当扩大知识面，在科研中要开阔视野，多知识融合，不畏困难，勇往直前。

　　物联网将实现数以百亿计的智能设备连接，而智能装备离不开它的基础感官设备——传感器的快速发展。万物互联，传感先行。早在 2009 年，国家总理温家宝在无锡听取我国传感网发展和应用的汇报时就提出了发展我们自己的"感知中国"中心的构想。经过十余年发展，高端传感器技术仍然不过关，仍然是物联网的发展瓶颈。

　　（1）基础理论的积累和突破。以陀螺仪为例：利用高速回转体的动量矩敏感特性，壳体相对惯性空间绕正交于自转轴的一个或两个轴的角运动检测装置即为陀螺仪。陀螺仪的理论基础是物理学的角动量守恒定律。在火箭中，当陀螺仪的基座因某种干扰随火箭箭体出现偏离预定姿态，产生俯仰、偏航或滚转的某一方向的运动时，因该方向陀螺自转轴保持方向不变，使基座相对于框架环旋转一定的角度。如果用传感器把这个角度换成电信号，通过火箭上该方向的伺服电子线路驱动摇摆发动机或游动发动机（即执行机构）摆动，产生一个力矩，使箭体恢复到受干扰前的状态，即保持了飞行中火箭姿态在该方向的稳定。2010 年，苹果公司推出的 iPhone 4 首次搭载了三轴陀螺仪。这款陀螺仪为 MEMS 传感器，将正交的振动和转动转换为科里奥利力，通过测试科里奥利力的大小就能完成角速度的检测。其理论基础是旋转体系中进行直线运动的质点运动方程。而塞格尼克理论的要点是当光束在一个环形的通道中前进时，如果环形通道本身具有一个转动速度，那么光线沿着通道转动的方向前进所需要的时间要比沿着这个通道转动相反的方向前进所需要的时间长。现代光纤陀螺仪包括干涉式陀螺仪和谐振式陀螺仪两种，它们都是根据塞格尼克理论发展起来的。

　　（2）材料技术。传感器材料是传感器技术的重要基础，随着材料科学的进步，人们可制造出各种新型传感器。高分子聚合物能随周围环境的相对湿度大小成比例地吸附和释放水分子。将高分子电介质做成电容器，测定电容容量的变化，即可得出相对湿度。利用这个原理制成的等离子聚合法聚苯乙烯薄膜温度传感器，具有测湿范围宽、温度范围宽、响应速度快、尺寸小、可用于小空间测湿、温度系数小等特点。陶瓷电容式压力传感器是一种无中介液的干式压力传感器，采用先进的陶瓷技术、厚膜电子技术，其技术性能稳定，年漂移量的满量程误差不超过 0.1%，温漂小，抗过载能力更可达量程的数百倍。光导纤维的应用是传感材料的重大突破，光纤传感器与传统传感器相比有许多特点：灵敏度高、结构简单、体积小、耐腐蚀、电绝缘性好、光路可弯曲、便于实现遥测等。而光纤传感器与集成光路技术的结合，加速了光纤传感器技术的发展。将集成光路器件代替原有光学元件和无源光器件后，光纤传感器又具有了高带宽、低信号处理电压、高可靠性、低成本等特点。

（3）制造工艺。由于敏感机理、敏感材料不同，加之工业现场环境、使用场景不同，以及被检测介质与个性化参数、结构复杂等特点，传感器一直处于多品种、小批量生产状态。受工艺技术的分散性、复杂性影响和设备装置价格昂贵等因素制约，业界称其生产过程为制造"工业工艺品"，且我国整体工艺技术水平与国外先进水平差距较大。中国制造强国梦的实现需要精益求精的工匠精神，使中国制造不仅有价格竞争力，更有质量竞争力。工匠精神是中国制造孜孜以求的精神特质，也是未来工程师应该具备的专业品质。我们专业的学生作为未来的工程师，是中国制造强国建立过程中的一颗螺丝钉，要肩负起时代赋予的光荣使命，用科学的眼光、辩证的思维全面看待问题，要具有大国工匠的大局观。

综上所述，我国传感器产业已由仿制、引进逐步走向自主设计、创新发展阶段。当前，我国政策与市场对传感器产业发展开始大力扶持，国内传感器市场前景可期，面对产品在性能、可靠性、先进性等方面的差距，唯有技术创新可解发展之忧。

▶ 思考与练习

1. 什么是测量误差？在测量误差的表示方法中，绝对误差、相对误差和引用误差是如何定义的？

2. 根据误差的性质，可将误差分为哪几种？它们是如何定义的？

3. 试举例说明系统误差可分为几类。在测量数据中是否所有的系统误差都能通过检测被发现？如何减小和消除系统误差？

4. 如何减小随机误差对测量结果的影响？

5. 等精度测量和非等精度测量是如何定义的？

6. 为什么测量结果的随机误差要用均方根误差 σ 表示？均方根误差有几种表示形式？如何计算？分别说明它们的含义。

第2篇

传感器的项目应用

项目3 喷涂机器人

项目描述

喷涂机器人又叫喷漆机器，是可进行自动喷漆或喷涂其他涂料的工业机器人，被广泛应用于汽车、仪表、电器等生产部门。

本项目通过喷口压力要求、常见压力传感器分类及应用、压力传感器选型与维护等知识与技能操作来了解机器人喷涂技术。

通过本项目的学习，让学生了解和掌握机器人喷涂技术，了解国内外该技术发展现状，培养其爱国主义精神、爱岗敬业精神和大国工匠精神。

学习目标

◆ **知识目标**

1. 了解喷口压力要求；

2. 了解常见压力传感器分类；

3. 了解常见压力传感器基本工作原理。

◆ **能力目标**

1. 能进行压力传感器选型；

2. 能进行压力传感器常规检测工作；

3. 能对喷涂机器人常见故障进行维护。

◆ **素质目标**

1. 具有良好的学习习惯、生活习惯、工作习惯和自我管理能力；

2. 具有爱国主义精神和民族自豪感；

3. 具有乐观积极、不畏困难、勇于担当的精神，有较强的团队合作意识。

◆ **思政目标**

1. 具备认识和实践过程中循序渐进和厚积薄发的意识；

2. 认识到事物发展前进性和曲折性统一的辩证思维；

3. 形成理论联系实际的思维方式和综合集成创新的实践意识；

4. 具备复兴祖国的爱国主义抱负和百折不挠的共产主义勇气。

知识图谱

```
                              ┌─── 喷涂机器人的应用
              ┌─ 了解喷涂机器人 ─┤
              │                └─── 喷口压力要求
              │
              │                ┌─── 压阻式压力传感器
              │                ├─── 压电式压力传感器
  喷  ┤─ 压力传感器分类及其应用 ─┤
  涂  │                        ├─── 电容式压力传感器
  机  │                        └─── 霍尔式压力传感器
  器  │
  人  │                ┌─── 电阻式传感器
              ┤─ 电阻式传感器知识 ─┤
              │                └─── 压阻式传感器
              │
              │                ┌─── 喷口压力传感器的选用
              └─ 压力传感器选型与维护 ─┤
                               └─── 喷口压力传感器的检修与维护
```

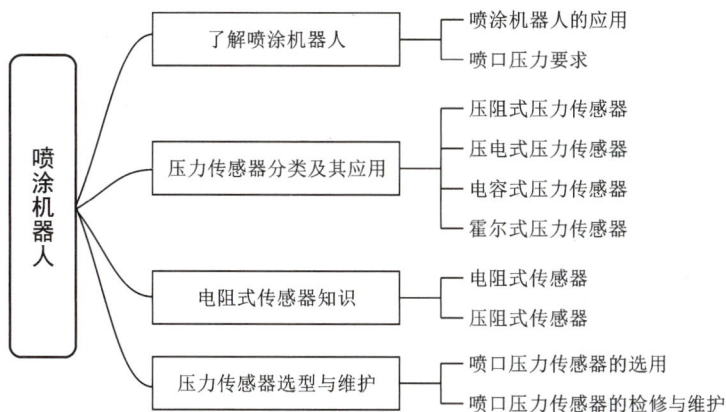

3.1　了解喷涂机器人

3.1.1　喷涂机器人的应用

喷漆机器人(图 3-1)主要由机器人本体、计算机和相应的控制系统组成,机体多为 5 或 6 自由度关节式结构,手臂有较大的运动空间,并可做复杂的轨迹运动,其腕部一般有 2~3 个自由度,可灵活运动,并完成各种复杂的喷涂工作。喷漆机器人具有动作速度快、防爆性能好、喷漆效率高、效果好、利用率高等优点。

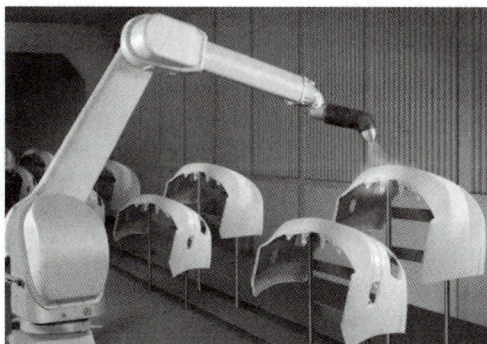

图 3-1　喷涂机器人

3.1.2　喷口压力要求

由于喷漆机器人在工作过程中几乎是全自动的,因此需要事先进行相关参数的设定,并通过控制设备对工作过程进行测量和监控,以便根据实际情况进行调节,确保其始终处于最佳的喷涂状态。其中最重要的是利用压力传感器对喷漆时的压力进行测量，喷口气体压力的大小直接影响喷涂的质量。

若压力过小，则会导致原料浪费且容易因过喷导致漆料横流而破坏喷漆图案。若压力过大，则会因为喷漆飞溅而产生浪费，在近距离查看时，喷涂表面会有很强的颗粒感，影响喷涂美观效果。

通过压力传感器对喷口气体压力的实时测量，并将测量数据发送给控制系统；通过与系统预设值进行比较进而判断压力过大或过小，并以此对压力大小进行调节，使压力值一直处于合适的范围内。这样，通过对压力的控制和调节，既节省了原料、提高了利用率，又使得喷涂的质量得到了保证。

3.2　压力传感器分类及其应用

按照压力类型，可以将压力传感器划分为绝压、表压、差压三种类型。

绝压（absolut pressure）：绝对压力，指作用于物体表面积上的全部压力，其零点以绝对真空为基准，又称总压力或全压力。

表压（gauge pressure）：指作用于物体表面积上的全部压力，其零点以当地大气压为参考。

差压（differential pressure）：任意两个压力之差称为差压。如静压式液位计和差压式流量计就是利用测量差压的大小来测量液位和流体量的大小。

大多情况下，普通压力表测的是表压，常见测量管路中的压力都使用表压来表示。

按测量压力的原理进行分类，常见的有压阻式压力传感器、压电式压力传感器、电容式压力传感器、霍尔式压力传感器。

3.2.1　压阻式压力传感器

压阻式压力传感器是利用单晶硅的压阻效应，采用单晶硅片（置于传感器腔内）作为弹性元件，在单晶硅膜片上利用集成电路的工艺，在单晶硅的特定方向扩散一组等值电阻，并将电阻接成桥路而制成，当压力发生变化时，单晶硅产生应变，使直接扩散在上面的应变电阻产生与被测压力成正比的变化，再由桥式电路获得相应的电压输出信号。

压阻式压力传感器体积小，结构比较简单，动态响应好，灵敏度高，能测出十几 Pa 的微压，长期稳定性好，滞后和蠕变小，频率响应高，便于生产，成本低；但也存在测量准确度受到非线性和温度的影响等缺点。目前广泛使用的智能型扩散硅压阻式压力传感器可利用微处理器对输出的非线性和温度漂移进行补偿。

图 3-2 为扩散型压阻式压力传感器的结构简图，采用 N 型单晶硅作为传感器的弹性元件，在它上面直接蒸镀半导体电阻应变薄膜。传感器的硅

膜片两边有两个压力腔。一个是和被测压力相连接的高压腔，另一个是低压腔，通常和大气相通。

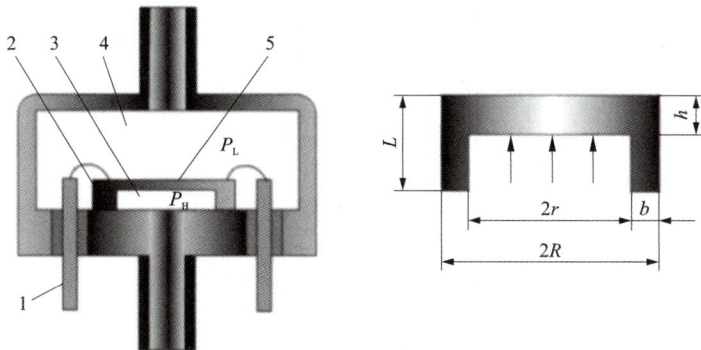

(a) 扩散型压阻式压力传感器结构图　　　　(b) 硅杯示意图

1—引线；2—硅杯；3—高压腔；4—低压腔；5—硅膜片。

图 3-2　扩散型压阻式压力传感器的结构简图

在测量时，被测压力引入高压腔，压力膜片两边存在压力差，膜片会产生变形，膜片上各点产生应力。四个电阻在应力作用下，阻值发生变化，电桥失去平衡，输出相应的电压，电压与膜片两边的压力差成正比。

由于固态压阻式压力传感器具有频率响应高、体积小、精度高、灵敏度高等优点，所以它在航空、航海、石油、化工、动力机械、兵器工业以及医学等方面得到了广泛的应用。在机械工业中，压阻式压力传感器可用于测量冷冻机、空调机、空气压缩机的压力和气流流速，以监测机器的工作状态。在航空工业中，压阻式压力传感器可用来测量飞机发动机的中心压力。在进行飞机风洞模型实验时，可以将微型压阻式压力传感器安装在模型上，以取得准确的实验数据。在兵器工业中，可用压阻式压力传感器测量枪炮膛内的压力，也可对爆炸压力及冲击波进行测量。压阻式压力传感器还广泛用于医疗事业中，目前已有各种微型传感器用来测量心血管、颅内、尿道、眼球内的压力。随着微电子技术以及电子计算机的发展，固态压阻式压力传感器的应用将会越来越广泛。

3.2.2　压电式压力传感器

某些电介质，当沿着一定方向对其施力而使它变形时，其内部就会产生极化现象，同时在它的两个表面上产生符号相反的电荷，当外力去掉后，其又恢复到不带电状态，当作用力方向改变时，电荷的极性也随之改变，这种现象称为压电效应。

基于压电效应的压力传感器种类和型号繁多，按弹性敏感元件和受力机构的形式可分为膜片式和活塞式两类。如图 3-3 所示为膜片式压力传感器，主要由本体、膜片和压电元件组成。

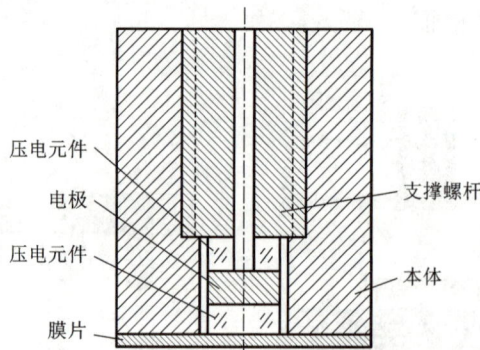

图 3-3   膜片式压力传感器

压电元件支撑于本体上，由膜片将被测压力传递给压电元件，再由压电元件输出与被测压力呈一定关系的电信号（见压电式压力传感器）。这种传感器的特点是体积小、动态特性好、耐高温等。现代测量技术对传感器的性能提出了越来越高的要求。例如用压力传感器测量绘制内燃机示功图，在测量中不允许用水冷却，并要求传感器能耐高温和体积小。压电材料最适合研制这种压力传感器。比较有效的办法是选择适合高温条件的石英晶体切割方法，例如 $XY\delta(+20° \sim +30°)$ 割型的石英晶体可耐 350 ℃的高温。而 $LiNbO_3$ 单晶的居里点高达 1210 ℃，是制造高温传感器的理想压电材料。

3.2.3   电容式压力传感器

电容器是电子技术的三大类无源元件（电阻、电感和电容）之一，利用电容器的原理，将非电量转换成电容量，进而实现非电量到电量的转化的器件或装置，称为电容式压力传感器，它实质上是一个具有可变参数的电容器。

电容式压力传感器可分为单电容式压力传感器和差动电容式压力传感器。

单电容式压力传感器（图 3-4）：它由圆形薄膜与固定电极构成。薄膜在压力的作用下变形，从而改变电容器的容量，其灵敏度大致与薄膜的面积和压力成正比，而与薄膜的张力和薄膜到固定电极的距离成反比。另一种形式的固定电极取凹形球面状，膜片为周边固定的张紧平面，膜片可用塑料镀金属层的方法制成。这种形式适于测量低压，并有较高的过载能力，还可以采用带活塞动极膜片制成测量高压的单电容式压力传感器，可减小膜片的直接受压面积，以便采用较薄的膜片提高灵敏度。它还与各种补偿和保护部件以及放大电路封装在一起，以提高抗干扰能力。这种传感器适于测量动态高压和对飞行器进行遥测。单电容式压力传感器还有传声器式（即话筒式）和听诊器式等形式。

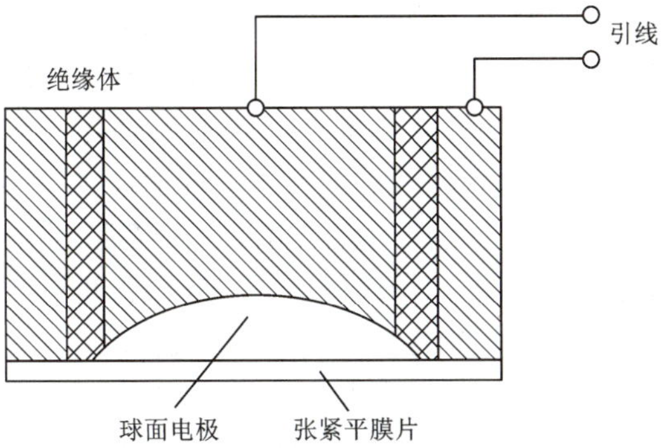

图 3-4　单电容式压力传感器

差动电容式压力传感器(图 3-5)：它的受压膜片电极位于两个固定电极之间，构成两个电容器。在压力的作用下一个电容器的容量增大而另一个则相应减小，测量结果由差动式电路输出。它的固定电极是在凹曲的玻璃表面上镀金属层制成的。过载时膜片受到凹面的保护而不致破裂。差动电容式压力传感器比单电容式的灵敏度高、线性度好，但加工较困难(特别是难以保证对称性)，而且不能实现对被测气体或液体的隔离，因此不宜工作在有腐蚀性或杂质的流体中。

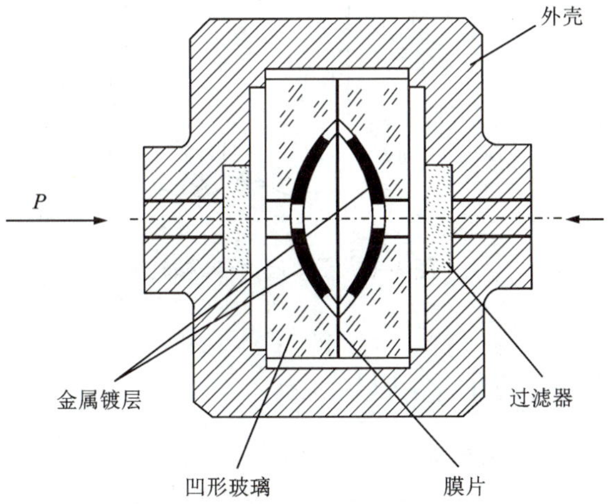

图 3-5　差动电容式压力传感器

3.2.4　霍尔式压力传感器

在置于磁场中的导体或半导体内通入电流，若电流与磁场垂直，则在与磁场和电流都垂直的方向上会出现一个电势差，这种现象称为霍尔效应。

霍尔式压力传感器是基于某些半导体材料的霍尔效应制成的。当磁场为一交变磁场时，霍尔电势也为同频率的交变电动势，建立霍尔电势的时间极短，一般只要 $10^{-12} \sim 10^{-4}$ s，故其响应频率高，可达 100 MHz。

霍尔元件为四端元件，两端用于输入激励电流，两端用于输出霍尔电势。理想霍尔元件的材料要求有较高的电阻率及载流子迁移率，以便获得较大的霍尔电势。常用霍尔元件的材料大都是半导体，包括 N 型硅(Si)、锑化铟(InSb)、砷化铟(InAs)、锗(Ge)、砷化镓(GaAs)及多层半导体质结构材料，N 型硅的霍尔系数、温度稳定性和线性度均较好，砷化镓温漂小。

由于霍尔片对温度变化比较敏感，当使用环境温度偏离仪表规定的使用温度时要考虑温度附加误差，采取恒温措施(或温度补偿措施)。此外还应保证直流稳压电源具有恒流特性，以保证电流恒定。

任何非电量只要能转换成位移量的变化，均可转换成霍尔电势；被测压力由弹簧管的固定端引入，弹簧管的自由端与霍尔片相连，在霍尔片上、下方设有两对垂直放置的磁极，使其处于两对磁极的非均匀磁场中。从霍尔片的四个端面引出四条导线，其中与磁铁平衡的两根导线加入直流电，另外两根作为输出信号。当 P 改变时，霍尔片的位置随着变形而移动，所对应的磁感应强度也随之改变，其霍尔电势也随着磁感应强度的改变而改变(图 3-6)。

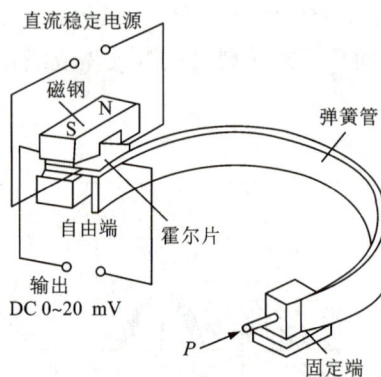

图 3-6   霍尔压力传感器

3.3   电阻式传感器知识

电阻式传感器是利用电阻应变片将应变转换为电阻变化的传感器，由在弹性元件上粘贴电阻应变敏感元件构成。当被测物理量作用在弹性元件上时，弹性元件的变形引起应变敏感元件的阻值变化，通过转换电路将其转换成电量输出，电量变化的大小反映了被测物理量的大小。

3.3.1   电阻式传感器

1) 电阻应变效应

电阻应变片的工作原理是基于应变效应，即在导体产生机械变形时，它的电阻值发生相应变化。一根金属电阻丝如图 3-7 所示，在其未受力时，

原始电阻值为

$$R = \frac{\rho L}{S} \qquad (3-1)$$

式中：R 为金属电阻丝的电阻；ρ 为金属电阻丝的电阻率；L 为金属电阻丝的长度；S 为金属电阻丝的截面积。

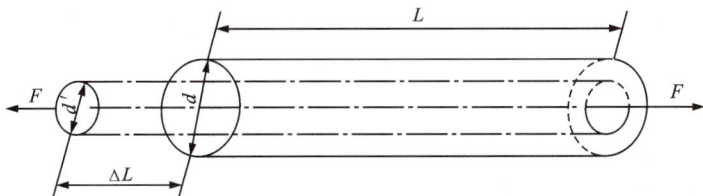

图 3-7　金属电阻丝力变形情况

当电阻丝受到拉力 F 作用时，将伸长 ΔL，截面积相应减小 ΔS，电阻率将因晶格发生变形等因素影响而改变 $\Delta \rho$，故引起电阻值相对变化量为

$$\frac{\Delta R}{R} = \frac{\Delta L}{L} - \frac{\Delta S}{S} + \frac{\Delta \rho}{\rho} \qquad (3-2)$$

式中：$\Delta L / L$ 为电阻丝的长度相对变化量，用应变 ε 表示；$\Delta S / S$ 为圆形电阻丝的截面积相对变化量；$\Delta \rho / \rho$ 为圆形电阻丝的电阻率相对变化量。

$$\varepsilon = \frac{\Delta L}{L} \qquad (3-3)$$

$$\frac{\Delta S}{S} = \frac{2 \Delta r}{r} \qquad (3-4)$$

由材料力学可知，在弹性范围内，金属电阻丝受拉力时，沿轴向伸长，沿径向缩短，那么轴向应变和径向应变的关系可表示为

$$\frac{\Delta r}{r} = -\mu \frac{\Delta L}{L} = -\mu \varepsilon \qquad (3-5)$$

式中：μ 为电阻丝材料的泊松比，负号表示应变方向相反。

将式(3-3)、式(3-5)代入式(3-2)，可得

$$\frac{\Delta R}{R} = (1 + 2\mu) \varepsilon + \frac{\Delta \rho}{\rho} \qquad (3-6)$$

通常把单位应变能引起的电阻变化称为电阻丝的灵敏度系数。其物理意义是单位应变所引起的电阻相对变化量，其表达式为

$$K = 1 + 2\mu + \frac{\frac{\Delta \rho}{\rho}}{\varepsilon} \qquad (3-7)$$

金属材料电阻丝灵敏度系数主要取决于受力后材料几何尺寸的变化，即 $(1 + 2\mu)$；半导体材料电阻丝灵敏度系数主要取决于受力后材料的电阻率发生的变化，即 $(\Delta \rho / \rho) / \varepsilon$。大量实验证明，在电阻丝拉伸极限内，电阻的

相对变化与应变成正比，即 K 为常数。

用应变片测量应变或应力时，根据上述特点，在外力作用下，被测对象产生微小机械变形，应变片随之发生相同的变化，同时应变片电阻值也发生相应变化。当测得应变片电阻值变化量 ΔR 时，便可得到被测对象的应变值。根据应力与应变的关系，得到应力 σ 为

$$\sigma = E \cdot \varepsilon \tag{3-8}$$

式中：σ 为试件的应力；ε 为试件的应变；E 为试件材料的弹性模量。

由此可知，应力 σ 正比于应变 ε，而试件应变 ε 正比于电阻值的变化，所以应力 σ 正比于电阻值的变化，这就是利用应变片测量应变的基本原理。

2）电阻应变片的结构与特征

（1）电阻应变片的结构。

电阻应变片（简称应变片或应变计）种类繁多，形式多样，但其基本构造大体相似。现以常见的丝绕式应变片为例进行说明。

图 3-8 为丝绕式应变片的结构示意图。它由敏感栅、基底、覆盖层和引线等部分组成，图中：l 称为应变片的标距或基长，它是敏感栅沿轴向测量变形的有效长度；宽度 b 指最外两敏感栅外侧之间的距离。

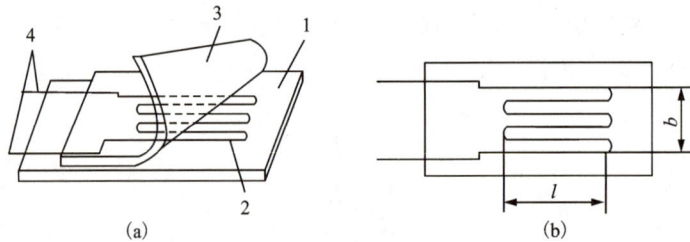

1—基底；2—敏感栅；3—覆盖层；4—引线。

图 3-8　丝绕式应变片的结构示意图

敏感栅是以直径为 0.01～0.05 mm 的高电阻率的合金电阻丝绕成的。敏感栅是应变片的核心部分，其作用是敏感应变的大小，敏感栅粘贴在绝缘的基底上，其上再粘贴起保护作用的覆盖层，两端焊接引出导线。敏感栅常用的材料有铜镍合金（俗称康铜）、镍铬合金及镍铬改良型合金、铁铬铝合金、镍铬铁合金及铂金。

基底的作用是固定敏感栅，并使敏感栅与弹性元件相互绝缘，基底要将被测体的应变准确地传递到敏感栅上，因此它很薄，一般为 0.03～0.06 mm，使它与被测体及敏感栅能牢固地黏接在一起。对基底材料的要求是挠性好，具有一定的机械强度、黏接性能和绝缘性能好、蠕变和滞后小、不吸潮、热稳定性能好等，常用的基底材料有纸、胶膜和玻璃纤维布等。

覆盖层的作用是保护敏感栅，使其避免受到机械损伤或防止高温氧化及防潮、防蚀、防损等，保护片的材料常采用做基底的胶膜或浸含有机液（例如环氧树脂、酚醛树脂等）的玻璃纤维布，也可以用在敏感栅上涂覆制

片时所用的胶黏剂作为保护层。引线是连接敏感栅和测量电路的丝状或带状金属导线，一般要求引线具有低的、稳定的电阻率及小的电阻温度系数。一般采用焊接方便的镀锡软铜线。

（2）电阻应变片的种类。

金属电阻应变片有丝式、箔式和薄膜式三种（图 3-9）。

①丝式应变片。丝式应变片是将金属电阻丝按照图示形状弯曲后用黏合剂贴在衬底上而成，基底可分为纸基、胶基和纸浸胶基等。电阻丝两端焊有引出线，使用时只要将应变片贴于弹性体上就可以构成应变式传感器。

②箔式应变片。箔式应变片是利用光刻、腐蚀等工艺制成的一种很薄的金属箔栅，其厚度一般在 0.003~0.01 mm。其优点是散热条件好，允许通过的电流较大，可制成各种所需的形状，便于批量生产。

③薄膜式应变片。薄膜式应变片是采用真空蒸发或真空沉淀等方法在薄的绝缘基片上形成 0.1 μm 以下的金属电阻薄膜的敏感栅，最后再加上保护层。它的优点是应变灵敏度系数大，允许电流密度大，工作范围广。

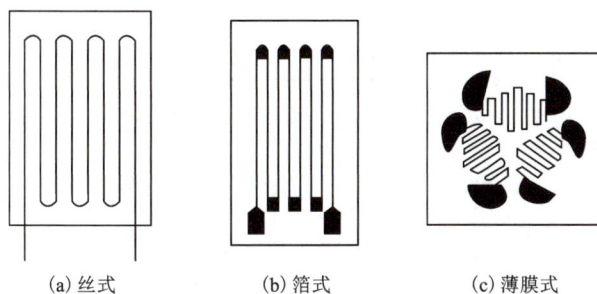

(a) 丝式　　　　(b) 箔式　　　　(c) 薄膜式

图 3-9　金属电阻应变片的种类

（3）横向效应。

当将如图 3-10 所示的应变片粘贴在被测试件上时，由于其敏感栅是由 n 条长度为 l_1 的直线段和 $(n-1)$ 个半径为 r 的半圆组成的，若该应变片承受轴向应力而产生纵向拉应变 ε_x，则各直线段的电阻将增加，但在半圆弧段则受到从 $+\mu\varepsilon_x$ 到 $-\mu\varepsilon_x$ 之间变化的应变，圆弧段电阻的变化将小于沿轴向安放的同样长度电阻丝电阻的变化。

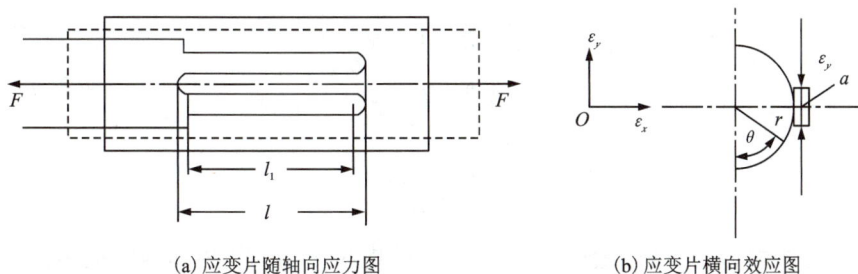

(a) 应变片随轴向应力图　　　　(b) 应变片横向效应图

图 3-10　应变片轴向受力及横向效应

综上所述,将直的电阻丝绕成敏感栅后,虽然长度不变,应变状态相同,但由于应变片敏感栅的电阻变化较小,因此其灵敏系数 K 较电阻丝的灵敏系数 K_0 小,这种现象称为应变片的横向效应。当实际使用应变片的条件与其灵敏系数 K 的标定条件不同时,如 $\mu \neq 0.285$ 或受非单向应力状态,由于横向效应的影响,实际 K 值改变,如仍按标称灵敏系数进行计算,可能造成较大误差。当不能满足测量精度要求时,应进行必要的修正。为了减小横向效应产生的测量误差,现在一般采用箔式应变片。

(4)电阻式应变传感器的测量电路。

应变片将应变转换为电阻的变化,由于电阻的变化在数量上很小,既难以直接精确测量,又不便直接处理,因此,必须通过信号调理电路将应变片电阻的变化转换为电压或电流的变化,其方法一般是采用测量电桥。应变式传感器多采用不平衡电桥电路。电桥的供电采用直流电源供电或交流电源供电,分别称为直流电桥和交流电桥。下面主要介绍直流电桥,直流电桥的基本形式如图 3-11 所示。R_1、R_2、R_3 和 R_4 为电桥的 4 个桥臂,R_L 为其负载(可以是测量仪表内阻或其他负载)。

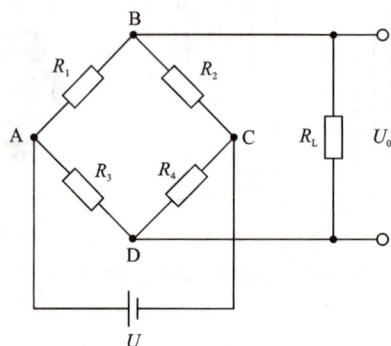

图 3-11　直流电桥的基本形式

其输出电压 U_0 为

$$U_0 = E\left(\frac{R_1}{R_1 + R_2} - \frac{R_3}{R_3 + R_4}\right) \qquad (3-9)$$

当电桥平衡时,$U_0 = 0$,则有

$$\frac{R_1}{R_1 + R_2} = \frac{R_3}{R_3 + R_4} \qquad (3-10)$$

$$R_1 R_4 = R_2 R_3 \qquad (3-11)$$

或

$$\frac{R_1}{R_2} = \frac{R_3}{R_4} \qquad (3-12)$$

上式称为电桥平衡条件。这说明欲使电桥平衡,其相邻两臂电阻的比值应相等,或相对两臂电阻的乘积应相等。

（5）电阻应变片的温度误差及补偿方法。

①温度误差及其产生的原因。由于测量现场环境温度的改变而给测量带来的附加误差，称为应变片的温度误差，温度变化所引起的应变片电阻变化与测量应变时应变片电阻的变化几乎有相同的数量级，如果不采取必要的措施，克服温度的影响，测量精度将无法保障。

②温度补偿方法。温度补偿的方法通常有桥路补偿法和应变片自补偿法两大类。

桥路补偿法：

应变片通常是作为平衡电桥的一个臂测量应变的。图 3-12 中，R_1 为工作应变片，它粘贴在被测试件表面上；R_2 为补偿应变片，它粘贴在与被测试件材料完全相同的补偿块上。在工作过程中，补偿块不承受应变。当温度变化时，R_1 和 R_2 的阻值都发生变化，由于它们感受到相同的温度变化，R_1 与 R_2 又为同类应变片，且粘贴在相同的材料上，因此温度变化引起的电阻变化在桥路中相互抵消（即 $\Delta R_1 = \Delta R_2$），这样就起到了温度补偿的作用。

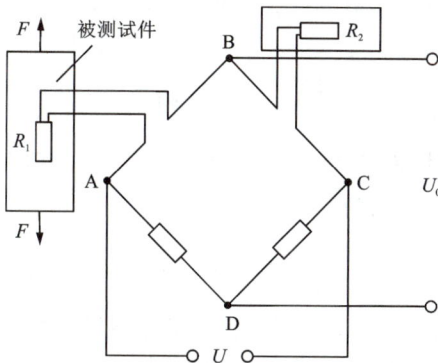

图 3-12　桥路补偿法

应变片自补偿法：

选择式自补偿应变片。实现温度自补偿的条件：当温度变化时，产生的附加应变为零或相互抵消。所以，被测试件的材料选定后，只要选择合适的应变片敏感栅材料，使其温度系数 a 与试件材料及敏感栅材料的线膨胀系数匹配，就可达到温度自补偿的目的。这种方法的缺点是一种 a 值的应变片只能在一种材料上使用，因此局限性较大。

双金属敏感栅自补偿应变片。即制作应变片时，敏感栅采用两种金属材料，它们的温度系数不同，一个为正，另一个为负，将两者串联绕制，如图 3-13 所示。R_1、R_2 为两段不同材料的敏感栅，这样，当温度变化时，产生的电阻变化一个为正、另一个为负，若使其大小相等，则相互抵消。

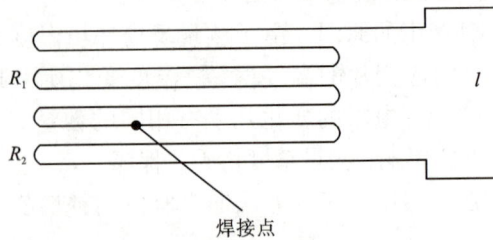

图 3-13　双金属敏感栅自补偿应变片

3.3.2　压阻式传感器

固体受到作用力后，电阻率就会发生变化，这种效应称为压阻效应。半导体材料的压阻效应特别强，即半导体材料在某一轴向受外力作用时，其电阻率 ρ 发生的变化较大。

（1）半导体压阻效应原理。

半导体应变片是用半导体材料制成的一种纯电阻性元件，其工作原理是基于半导体材料的压阻效应。半导体应变片受轴向力作用时，其电阻相对变化为

$$\frac{\Delta R}{R} = (1+2\mu)\,\varepsilon + \frac{\Delta \rho}{\rho} \qquad (3-13)$$

式中：$\Delta\rho/\rho$ 为半导体应变片的电阻率相对变化量。其值与半导体敏感元件在轴向所受的应变力关系为

$$\frac{\Delta \rho}{\rho} = (1+2\mu+E\pi)\,\varepsilon \qquad (3-14)$$

式中：π 为半导体材料的压阻系数，它与半导体材料种类及应力方向与晶轴方向之间的夹角有关；E 为半导体材料的弹性模量，与晶轴方向有关。

将式（3-14）代入式（3-13）得：

$$\frac{\Delta \rho}{\rho} = \sigma\pi = E\pi\varepsilon \qquad (3-15)$$

实验证明，对半导体材料而言，πE 比（$1+2\mu$）大上百倍，所以（$1+2\mu$）可以忽略，因此

$$\frac{\Delta R}{R} = \frac{\Delta \rho}{\rho} = E\pi\varepsilon \qquad (3-16)$$

（2）半导体应变片的灵敏系数。

可见，半导体材料的电阻值变化主要是由电阻率变化引起的，而电阻率的变化是由应变引起的。所以，半导体应变片的灵敏系数 K_s 为

$$K_s = \frac{\dfrac{\Delta R}{R}}{\varepsilon} = E \qquad (3-17)$$

半导体应变片的突出优点是灵敏度高，比金属电阻应变片高 50~80 倍，

且其尺寸小、横向效应小、动态响应好；但它有温度系数大、应变时非线性比较严重等缺点。

（3）压阻式传感器的结构。

按照结构划分，压阻式传感器主要有三种类型：体型半导体、薄膜型半导体、扩散型半导体应变片。

①体型半导体应变片。体型半导体应变片是一种将半导体材料硅或锗晶体按一定方向切割成的片状小条，经腐蚀压焊粘贴在基片上而成的应变片，其结构如图 3-14 所示。

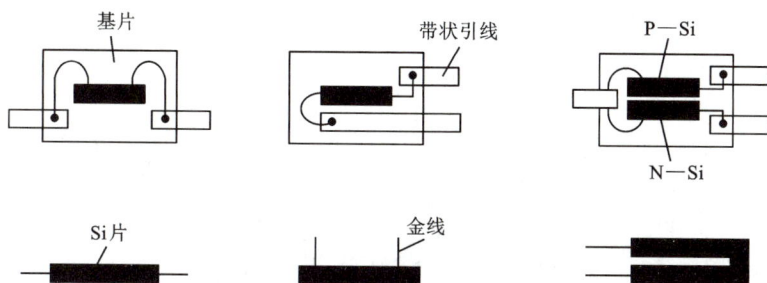

图 3-14　体型半导体应变片结构

②薄膜型半导体应变片。薄膜型半导体应变片是利用真空沉积技术，将半导体材料沉积在带有绝缘层的试件上而制成的，其结构如图 3-15 所示。

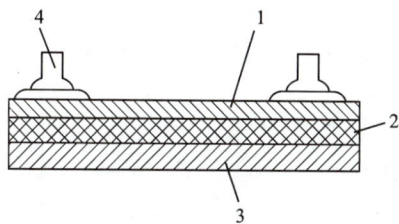

1—锗膜；2—绝缘层；3—金属箔基底；4—引线。

图 3-15　薄膜型半导体应变片

③扩散型半导体应变片。将 P 型杂质扩散到 N 型硅单晶基底上，形成一层极薄的 P 型导电层，形成四个阻值相等的电阻条，再通过超声波和热压焊法接上引出线就形成了扩散型半导体应变片。图 3-16 为扩散型半导体应变片示意图，这是一种应用很广的半导体应变片。

（4）压阻式传感器的测量电路。

因为半导体材料对温度很敏感，其温度稳定性和线性度比金属电阻应变片差得多。因此，压阻式传感器的温度误差较大，必须要有温度补偿。

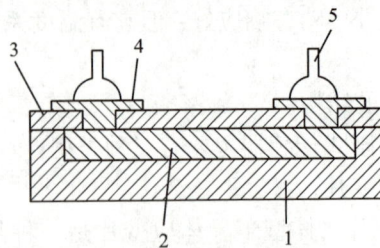

1—N 型硅；2—P 型硅扩散层；3—二氧化硅绝缘层；4—铝电极；5—引线。

图 3-16 扩散型半导体应变片

压阻式传感器的测量电路使用平衡电桥。由于制造、温度等影响，电桥存在失调、零位温漂、灵敏度温度系数和非线性等问题，影响传感器的准确性，因此必须采取减少与补偿误差的措施。

①恒流源供电电桥。恒流源供电的全桥差动电路如图 3-17 所示。

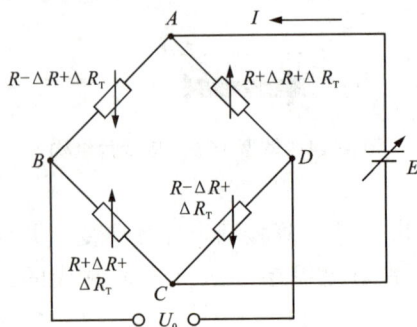

图 3-17 恒流源供电的全桥差动电路

假设 ΔR_T 为温度引起的电阻变化，而有

$$I_{ABC} = I_{ADC} = \frac{1}{2}I \tag{3-18}$$

所以，电桥的输出为

$$U_0 = U_{BD} = \frac{1}{2}I(R+\Delta R+\Delta R_T) - \frac{1}{2}I(R-\Delta R+\Delta R_T) = I\Delta R$$

可见，电桥的输出电压与电阻变化成正比，与恒流源电流成正比，但与温度无关，因此测量不受温度的影响。

②零点与灵敏度温度补偿。由于温度变化，将引起零漂和灵敏度漂移。零漂产生的原因是扩散电阻的阻值随温度变化而变化。灵敏度漂移是因为压阻系数随温度的变化而变化。

采用如图 3-18 所示的零漂和灵敏度漂移补偿电路，可以有效地解决零漂和灵敏度漂移问题。

并联电阻 R_p、R_2，串联电阻 R_s、R_1 用于抑制零位温漂，串联电阻 R_s 起调零作用，并联电阻 R_p 起补偿作用。串联二极管 VD，用于灵敏度的温漂补偿。

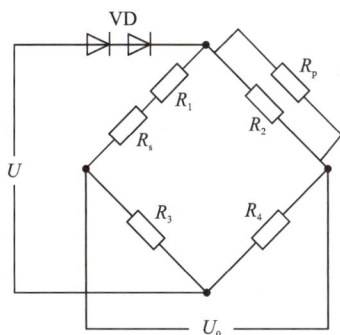

图 3-18 零漂和灵敏度漂移补偿电路

3.4 压力传感器选型与维护

3.4.1 喷口压力传感器的选型

如图 3-19 所示为机器人静电自动喷枪的基本组成，空气调节中心需要实现包括压力监测和压力调节等功能，负责提供稳定且合适的压缩空气。常见的喷涂所需气压条件见表 3-1。

表 3-1 常见的喷涂所需气压条件

控制流体对象	干燥空气
工作气压范围/MPa	0.3~0.6
压力控制精度/MPa	0.05
工作环境温度/℃	15~25

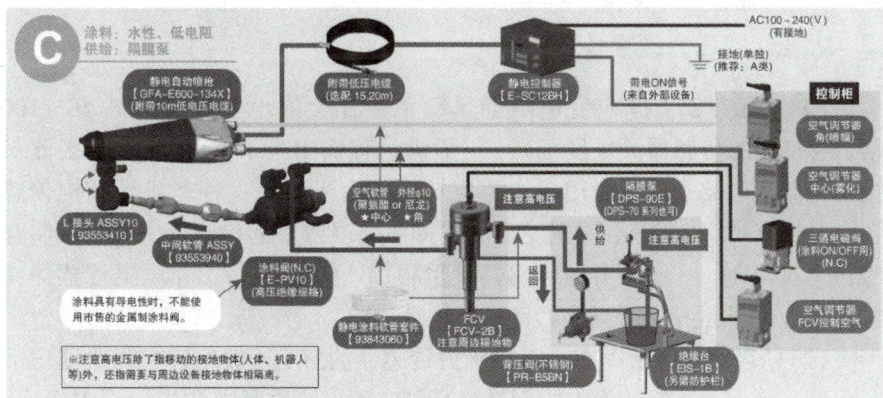

图 3-19 机器人静电自动喷枪的基本组成

1.压力传感器的选用原则

（1）测量介质：一般来讲，黏性液体（如原油）、煤浆、泥浆及其他沉淀物等往往会堵住压力接口，影响传感器的正常工作，这种情况需要采用隔离膜（即平膜结构）传感器直接与介质接触，进行压力测量。当溶剂中含有腐蚀性物质时，要选用与这些介质兼容的材质做隔离膜片，否则会影响产品的使用寿命。

（2）额定压力范围：额定压力范围是满足标准规定值的压力范围，也就是在最高和最低压力之间传感器输出符合规定工作特性的压力范围；在实际应用时传感器所测压力在该范围之内。通常会选用一个具有比测量的最大值还要大 1.5 倍左右压力量程的传感器。

（3）最大压力范围：最大压力范围是指传感器能长时间承受且不引起输出特性永久性改变的最大压力，特别是半导体压力传感器，为提高线性和温度特性，一般都大幅减小额定压力范围，因此，即使在额定压力以上连续使用也不会被损坏，一般最大压力是额定压力最高值的 2~3 倍。

（4）损坏压力：损坏压力是指能够施加在传感器上且不使传感器元件或传感器外壳损坏的最大压力。

（5）测量精度：测量精度主要是指线性度、压力迟滞、重复性等。线性度：线性度是指在工作压力范围内，传感器输出与压力之间线性关系的最大偏离。压力迟滞：在室温下及工作压力范围内，从最小工作压力和最大工作压力趋近某一压力时，传感器输出之差。重复性：在相同条件下，对同一输入在短时间内多次连续测量所得值之间的代数差。一般情况下，压力传感器的精度越高，产品的成本也越高，销售价格也就越高，所以，在选用传感器时不能单纯地追求高精度，而应该根据实际测量的需求进行合理的选择。

（6）温度范围：压力传感器的温度范围分为补偿温度范围和工作温度范围。补偿温度范围是由于施加了温度补偿，使精度进入额定范围的温度范围。工作温度范围是保证压力传感器能正常工作的温度范围。

2.压阻式压力传感器优点

（1）灵敏度高：硅应变电阻的灵敏系数比金属电阻应变片高 50~100 倍，故相应的传感器灵敏度很高，一般满量程输出为 100 mV 左右，因此对接口电路无特殊要求，应用成本相应较低。由于它是一种非机械结构传感器，因此分辨率极高，国外称之无限，即主要受外界的检测读出仪表限制及噪声干扰限制，一般均可达传感器满量程的十万分之一。硅压阻传感器在零点附近的低量程段无死区，且线性优良。

（2）精度高：由于固态压阻式压力传感器的感受、敏感转换和检测三部分由同一个元件实现，没有中间转换环节，所以不重复性和迟滞误差极小；同时由于硅单晶本身刚度很大，形变很小，保证了良好的线性，因此综合静态精度很高。

（3）体积小、质量小、动态频响高：由于芯体采用集成工艺，又无传动部件，因此体积小、质量小。小尺寸芯片加上硅极高的弹性模数，敏感元件的固有频率很高。在动态应用时，动态精度高，使用频带宽，合理选择设计传感器外型，使用带宽可以从零频至 100 kHz。

（4）性能稳定、可靠性高：由于工作弹性形变低至微应变数量级，弹性薄膜最大位移在亚微米数量级，因此无磨损、无疲劳、无老化，其寿命为 10^7 压力循环次以上。

（5）温度系数小：由于微电子技术的进步，四个应变电阻的一致性可很高，加之激光修调技术、计算机自动补偿技术的进步，硅压阻传感器的零位与灵敏度温度系数可达 $10^{-5}/$ ℃数量级，即在压力传感器领域已超过温度系数小的应变式传感器的水平。

（6）适应介质广：由于硅的优良化学防腐性能与硅油的良好可兼容性，使得隔离式结构易于实现，即使非隔离型的压阻式压力传感器，也有相当程度适应各种介质的能力。

（7）安全防爆：由于其低电压、低电流的低功耗特点，它是本质安全防爆型设备，可广泛用于各种化工工业检测控制等领域，具有最优性价比。

压阻式、压电式、电容式、霍尔式压力传感器都可用于测量喷涂机器人的喷口压力，鉴于压阻式压力传感器应用最广、种类最多且价格最便宜，因此，选用压阻式压力传感器用于喷口压力的测量最合适。

3. 喷涂压力传感器的选型

根据喷涂所需气压的条件进行如下分析。

（1）喷枪的压力控制中心远离喷涂口，因此，压力传感器接触的都是干燥空气，无须使用耐腐蚀的特殊传感器。

（2）喷涂气压范围为 0.3~0.6 MPa，精度为 0.05 MPa，建议选用量程为 1.0 MPa 左右、测量精度为 0.01 MPa 左右的传感器。

（3）喷涂环境温度为 15~25 ℃，需要选择温度补偿区间为 15~25 ℃的传感器。

依据上述分析和压力传感器参数选用原则，挑选出以下两款压力控制器，同时具备压力检测和压力调节功能。

方案一：选用 SMC 公司生产的 GS40 系列数字式压力控制器，控制器实现压力表和压力开关一体化，内置半导体压阻元件和微型计算机，配置有压力设置的数显 LCD 屏幕和异常警报 LED 灯，其具体参数见表 3-2。

表 3-2　GS40 系列数字式压力控制器具体参数

型号	GS40-M5
适用流体	空气及惰性气体
精度	±3%F. S（5~40 ℃）、±5%F. S（-5~60 ℃）

续表3-2

型号	GS40-M5
使用电压	DC 12~24 V（波动±10%以内）
输出	开路集电极 30 V、80 mA 以下
最高使用压力/MPa	0.98
使用温度范围/ ℃	−5~60（未冻结）
参考售价	200 元

方案二：选用 Panasonic 公司生产的 DP-100 系列数字式压力控制器，该控制器不仅配置了电压输出，还配置了电流输出，适用于模拟输出的长距离传输，内置半导体压阻元件和微型计算机，配置双画面的三色显示，并配置了反接保护电路，其具体参数见表3-3。

表3-3　DP-100 系列数字式压力控制器具体参数

型号	DP-100
适用流体	非腐蚀性气体
精度	±1%F.S 以内（以 20 ℃ 为基准）
使用电压	DC 12~24 V（波动±10%以下）
输出	开路集电极 30 V、100 mA 以下
最高使用压力/MPa	1
使用温度范围/ ℃	−10~50（未冻结）
参考售价	220 元

鉴于 DP-100 系列数字压力控制器具有信号传输距离远、精度更高、显示更直观，具备反接保护的优势，更适合用于工业机器人的喷涂工作，并且仅比 GS40 系列增加较少的成本，因此，选择方案二更合适。

3.4.2　喷口压力传感器的检修与维护

1. 压力传感器常见故障

压力传感器容易出现的故障主要有以下几种。

（1）压力变化时，压力传感器输出无变化。此种情况，应先检查压力接口是否漏气或者被堵住，如果确认不是，检查接线方式和电源，如电源正常则进行简单加压看输出是否变化，或者查看传感器零位是否有输出，若无变化则说明传感器已损坏，可能是仪表损坏或者整个系统的其他环节的问题。

（2）压力传感器输出信号不稳。这种故障有可能是压力源的问题。压力源本身是一个不稳定的压力，也有可能是仪表或压力传感器抗干扰能力不强、传感器本身故障。

（3）压力传感器零点漂移。所谓零点漂移，是指当放大器的输入端短路时，在输入端产生不规律的、变化缓慢的电压的现象。产生零点漂移的主要原因是温度的变化对晶体管参数的影响以及电源电压的波动等。零点漂移的调节手段很多，可根据厂家的条件或生产需求决定，大多数厂家对零点漂移都控制得很好。

2. 故障检测

检查现场出现的故障，绝大多数是由压力传感器使用和安装方法不当引起的，归纳起来有以下几个方面。

（1）传感器接线不正确或仪表接线端子连接处接触不良。

（2）电源电压过高或过低。

（3）没有严格按照技术要求安装，安装方式和现场环境不符合技术要求。

3. 压力传感器故障预防

使用和购买压力传感器都需要对它有一定的了解，特别是在使用的时候，如果没有了解注意事项，很容易导致机器发生故障或者损坏传感器，又或者导致测量精确度下降甚至数据有误。使用压力传感器时应注意以下几点。

（1）传感器不要超量程使用，施加超过额定耐压力的压力可能引起破损。

（2）使用时请不要超过使用电压范围。若施加了超过使用电压范围的电压，则可能引起破裂或烧毁。

（3）要避免传感器跟具有腐蚀性和温度过高的介质接触以免损坏。

（4）使用者在接线的时候，要把电缆穿过防水接头或者挠性管，然后将密封螺帽拧紧，这样可以防止液体等经过电缆渗漏到传感器的壳体内。

思政园地

20 世纪 70 年代初期，我国第一个国产化扩散硅压力传感器专业化研究所成立了，这是中国第一只国产化压力传感器诞生地，但出于保密需要，对外宣称是某晶体管厂。研究所的建立主要服务于火箭发动机技术的各项参数采集。当时我们国家有两项重要科研任务：第一项是卫星上天，第二项是给原子弹"安腿"。当时生产用的光刻机是上海生产的，于 1972 年自行研制成功，那时荷兰光刻机巨头 ASML 还没诞生！

说到压力传感器，就不得不提到一个叫史密斯的英国人，他发现了扩散硅材料的压阻效应，为压力传感器的生产奠定了理论基础。而说到扩散硅压力传感器，我们不得不说到惠斯通电桥，这个被简单地描述成几个电阻的东西，从事压力传感器行业的年轻人都知道，但是没有几个人能够一睹它的庐山真面目。

当时我国生产扩散硅压力传感器的企业很少，这种状况延续多年。20世纪90年代初，随着改革开放的深入，各种信息都告诉我们，这种原始的生产方式必然会受到严峻的考验。那时国外已经大量生产大直径的晶圆产品了，相比我们来说，他们的生产效率及工艺技术领先了不少。这种用于生产压力传感器的晶圆，每个芯片仅约 1 mm^2，每个晶圆可生产的芯片约百十片，显然生产效率极高，能有效地降低成本。我们生产的芯片是单件小批量的，而且生产工艺相对落后较多，显然在质量上也无法与之抗衡。

然而要实现大片晶圆的生产，第一个面临的难题就是在哪里找高质量的光刻机。国产的光刻机显然不能满足要求，然而国外的高端光刻机有钱也不卖给你，国家也意识到了这个问题。"八五"及"九五"计划中也有这样的项目，且拨发了足够的专项资金，国内的研发也取得了一定的进展，但是核心部件还是能看到国外的标签，最后在总体质量上也没法满足基本的生产需求。

在此之后，国外芯体大量涌入我国。最早的瑞士 KELLER，然后是精量，还有摩托罗拉等，都想从中国的市场中分得一杯羹。国外芯体起初的价格为一千多元人民币，随着国产芯体的出现价格逐渐回落，直到现在价格已相差无几。实际上，我们的传感器芯体质量较国外还有很大差距，如芯片质量、工艺。方便实用的压力传感器芯体后来受到"做不如买"思想的影响，加之国家在此方面没有多少立项和投入，使人们多倾向于购买光刻机。随着市场的逐渐扩大，越来越多的企业加入到这个行业中，不难发现高端市场已被 EJA 横河、ROSEMOUNT、Honeywell 等外资企业有条不紊地瓜分，游走于中低端市场的本土企业争得头破血流。

现在，国内生产传感器芯体的企业，能代表核心技术的压力硅片基本来自国外。也有一些有实力的企业在这方面做出过努力，生产出了压力晶圆，但质量上和国外产品还是有一定的差距，多用于低端产品。我们在这方面还有很长的路要走！无论是飞机发动机技术还是光刻机生产技术，其所涵盖的技术层面较多，任何一点或一面的瓶颈都会形成很大的制约。

从前我们曾自豪地说我们的优势是研发，然而现在只能说我们的优势是应用，因为对生产工艺技术的了解，所以比别人更能用得好，但产品的核心技术被别人所把持还谈什么研发？

近些年来，国家已经充分意识到自主可控关键器件的重要性，对于关乎国际民生的关键卡脖子技术提出自主可控的要求。对于芯片卡脖子的光刻机，上海微电子研究所已经研制出能生产主流的可用于量产中低端芯片的光刻机。有了这些关键可控技术，基于半导体技术的压力传感器以及其他高端传感器也有了充分的技术保障。

思考与练习

1. 简述压力传感器喷口基本要求。
2. 简述压力传感器选用原则和适用领域。
3. 简述压力传感器选型。

项目4　分拣机器人

项目描述

　　分拣机器人（sorting robot），是一种具备传感器、物镜和电子光学系统的机器人，被广泛应用于物流、家禽、化工、矿石等行业。

　　本项目通过对物料接近检测要求、接近传感器分类及其应用、接近传感器的选型与维护等知识与技能操作，来了解机器人分拣技术。

　　通过本项目的学习，让学生了解和掌握机器人分拣技术，了解国内外该技术发展现状，培养其创新精神和工匠精神。

学习目标

◆ **知识目标**

1. 了解物料接近检测要求；

2. 了解常见接近传感器分类；

3. 了解常见接近传感器基本工作原理。

◆ **能力目标**

1. 能进行接近传感器选型；

2. 能进行接近传感器常规检测工作；

3. 能对分拣机器人常见故障进行维护。

◆ **素质目标**

1. 激发学生学习兴趣，培养学生吃苦耐劳、一丝不苟的严谨工作作风；

2. 培养学生与人相处的团队意识及与人沟通的能力；

3. 具备良好的质量意识、环保意识、安全意识、信息素养、工匠精神、创新思维。

◆ **思政目标**

1. 具备钻研科学的坚定精神和反复实践的工匠精神；

2. 具备认识事物的批判性思维和辩证思维；

3. 形成解决具体问题的系统思维和全局意识。

知识图谱

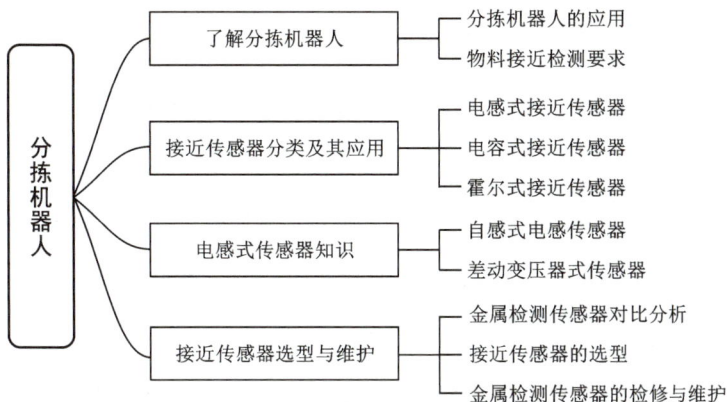

4.1　了解分拣机器人

4.1.1　分拣机器人的应用

早期的机械臂分拣系统都是预先设定好分拣小型工件的坐标点和分拣结束位置的坐标点，以提前设置固定分拣动作的控制方式进行工作。这种预先设置分拣动作的工作方式只是机械式地进行分拣，并未做到适应实际条件下的灵活分拣。这样的工作方式只能分拣固定位置的小型工件，导致分拣小型工件的速度跟不上企业的分拣速度需求，影响整个分拣环节的工作效率。一旦小型工件的位置未在设定的坐标点出现，则需要对小型工件进行二次分拣，影响整个生产过程的效率。但当今时代的工业需求已经远远不是简单的搬运，智能化生产线要求其具备类似人脑的工作方式。整个生产线应增加类似人脑的分析功能，判断小型工件的各项指标，如小型工件具体为何种颜色、小型工件是否生产为所需形状、小型工件按材质分类分拣等。

分拣机器人可以快速进行货物分拣(图 4-1)。通常，在食品、化工、包

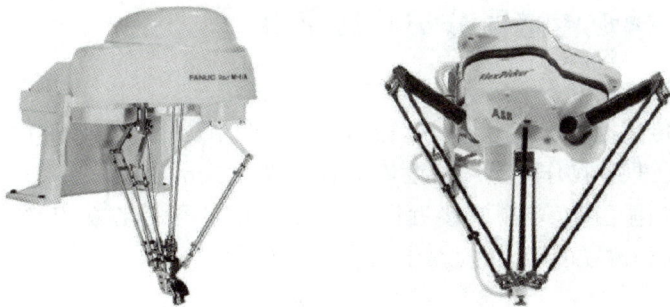

图 4-1　并联结构式分拣机器人

装领域承担着许多分拣、搬运、装箱等小型工件的流水线工序中，会采用并联机构的机器人，以实现高速、高精度的分拣作业。

4.1.2　物料接近检测要求

常见的分拣机器人系统利用机器视觉技术代替人眼，图像处理软件作为人脑去分析和判断所要处理的问题，机器人本体则作为执行机构代替人工进行分拣。

机器视觉可以用于颜色、形状、透光度等特征的区分，并获取工件的实时位置，对颜色、形状类似但材质不同的工件进行分拣时，还需要在流水线中增加接近检测的传感器，用于检测工件到达指定工位时触发分拣机器人视觉识别与抓取。

设定本节的分拣要求为：在混合着同样尺寸的塑胶圆片与金属（金属包含黑色金属与有色金属）圆片中，圆片直径为 30 mm、厚度为 2 mm，挑选出所有金属圆片并整齐堆叠（图 4-2）。

图 4-2　塑胶圆片与金属圆片

▶4.2　接近传感器分类及其应用

接近传感器可以在不与目标物实际接触的情况下检测靠近传感器的金属目标物。根据操作原理，接近传感器大致可以分为以下三类：利用电磁感应的高频振荡型（电感式接近传感器）、利用电容变化型（电容式接近传感器）和使用磁铁的磁力型（霍尔式接近传感器）。

4.2.1　电感式接近传感器

电感式接近传感器属于无触点型开关(即开关型传感器),一般应用在对定位要求精度高、使用寿命长、响应速度快、安装便捷的机械自动控制设备中,主要用作限位、复位、行程定位、计数、自动保护、替代微动开关等。电感式接近传感器的检测物体必须为金属物体,对于非金属物体,电感式接近传感器则无动作,其具有防水、防震、防油、防尘、耐腐蚀等特点,对恶劣环境的适应性强。

电感式接近传感器用于金属物体的低成本非接触检测,当金属物体移向或移出接近传感器时,信号会自动变化,从而达到检测的目的。

电感式接近传感器由三大部分组成:振荡器、开关电路及放大输出电路。振荡器产生一个交变磁场,当金属物体接近这一磁场,并达到感应距离时,在金属物体内产生涡流,从而导致振荡衰减,以致停振。振荡器振荡及停振的变化被后级放大电路处理并转换成开关信号,触发驱动控制器件,从而达到非接触式检测目的。

电感式接近传感器,无须与运动部件进行机械接触,感应面能自动感应到目标动作,从而产生驱动,直接产生指令。

电感式接近传感器(图 4-3)能很好地用于一般的行程控制,其高使用寿命、高定位精度,操作频率、安装调整的方便性,以及对恶劣环境的适用能力,是一般机械开关所不能比的。因此它能够被广泛地应用于轻纺、机床、印刷、冶金、化工等行业。

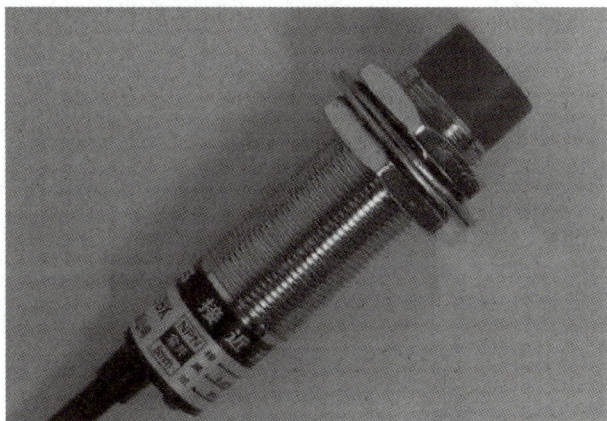

图 4-3　电感式接近传感器

因被检测物的形状、大小、材质不同而存在差异,当被检测物体小于标准检测物体或被检测物体经过电镀或其他处理时,检测距离也会因处理的程度不同而发生变化,需特别注意。

4.2.2　电容式接近传感器

电容式接近传感器(图 4-4)的测量头通常是构成电容器的一个极板,而另一个极板是传感器的外壳。传感器的外壳在测量过程中通常接地或与设备的机壳相连接。当有物体接近传感器时,不论它是否为导体,由于它的接近,总要使电容的介电常数发生变化,从而使电容量发生变化,使得和测量头相连的电路状态也随之发生变化,由此便可控制传感器的接通或断开。这种接近传感器检测的对象不限于导体,可以是绝缘的液体或粉状物等。

图 4-4　电容式接近传感器

电容式接近传感器不仅能检测金属,还能检测非金属物质如塑料、玻璃、水、油等。在检测非金属物体时,相应的检测距离因受检测物体的导电率、介电常数、体积吸水率等参数影响而有所不同,对接地的金属导体有最大的检测距离。在实际应用中,主要用电容式接近传感器检测非金属物质。

电容式接近传感器的工作原理就是当电源接通时,RC 振荡器不振荡,当一目标朝着电容器的电极靠近时,电容器的容量增加,振荡器开始振荡。通过后级电路的处理,将不振荡和振荡两种信号转换成开关信号。电容式接近传感器的感应面由两个同轴金属电极构成,很像"打开的"电容器电极,两个电极构成一个电容,串接在 RC 振荡回路内,从而起到检测有无物体存在的作用。该传感器能检测金属物体,也能检测非金属物体,对金属物体可以获得最大的动作距离,对非金属物体的动作距离取决于材料的介电常数,材料的介电常数越大,可获得的动作距离越大。

4.2.3　霍尔式接近传感器

霍尔式接近传感器是根据霍尔效应原理制成的新型自动化开关器件,是以永磁体或导磁体作为触发媒介的无触点电子开关,通过霍尔效应元件接收磁力线的信号,经放大、整形后控制输出状态的通断。其由霍尔开关电路、保护器、状态指示灯、防水外壳等组成，可将磁信号转换成数字电压输出，是实现位置控制、状态控制、测速、计数、方向鉴别、自动保护的优选品种，其检测对象须是磁性物体。

霍尔式接近传感器是利用霍尔效应与集成电路技术制成的一种磁敏传感器，它能感知一切与磁信息有关的物理量，并以开关信号形式输出。图 4-5 所示为其内部组成框图。当有磁场作用在霍尔式接近传感器上时，霍尔元件输出霍尔电压 U_H，一次磁场强度发生变化，使传感器完成一次开关动作。

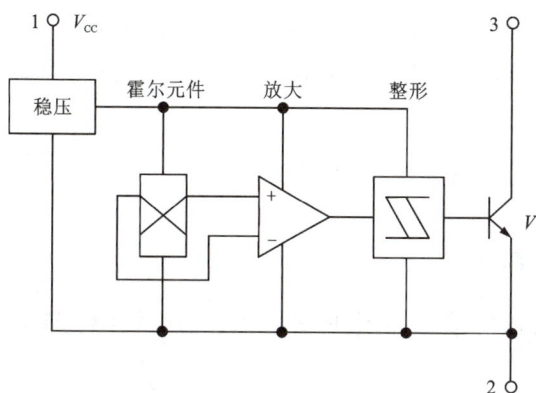

图 4-5　霍尔式接近传感器内部框图

霍尔式接近传感器具有使用寿命长、无触点磨损、无火花干扰、无转换抖动、工作频率高、温度特性好、能适应恶劣环境等优点。常见霍尔式接近传感器型号有 UGN-3020、UGN-3030、UGN-3075（图 4-6）。霍尔式接近传感器常用于点火系统、保安系统、转速测量、里程测量、机械设备限位开关、按钮开关、电流的测量和控制、位置及角度的检测等。

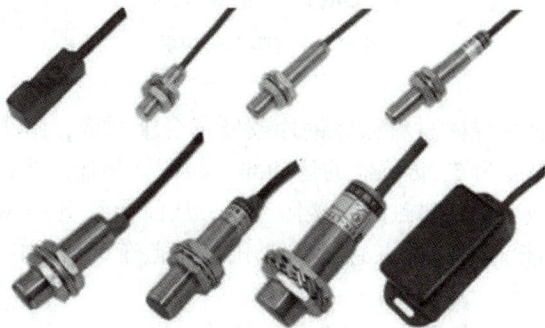

图 4-6　霍尔式接近传感器

4.3   电感式传感器知识

利用电磁感应原理将被测非电量如位移、压力、流量、振动等转换成线圈自感量 L 或互感量 M，再由测量电路转换为电压或电流的变化量输出，这种装置称为电感式传感器。

电感式传感器具有结构简单、工作可靠、测量精度高、零点稳定、输出功率较大等一系列优点，其主要缺点是灵敏度、线性度和测量范围相互制约，传感器自身频率响应低，不适用于快速动态测量。这种传感器能实现信息的远距离传输、记录、显示和控制，在工业自动控制系统中被广泛采用。

4.3.1   自感式电感传感器

1. 气隙型传感器

气隙型传感器的结构如图 4-7 所示，它由线圈、铁芯和衔铁三部分组成。

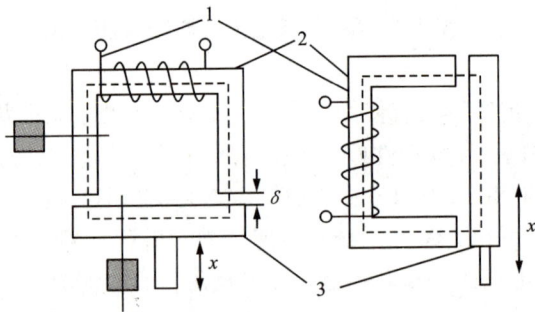

1—线圈；2—铁芯；3—衔铁。

图 4-7   气隙型传感器

铁芯和衔铁由导磁材料如硅钢片或坡莫合金制成，在铁芯和衔铁之间有气隙，气隙厚度为 δ，传感器的运动部分与衔铁相连。当衔铁移动时，气隙厚度 δ 发生改变，引起磁路中磁阻变化，从而导致电感线圈的电感值变化，因此只要能测出这种电感量的变化，就能确定衔铁位移量的大小和方向。

根据电感定义，线圈中电感量可由下式确定

$$L=\frac{\psi}{I}=\frac{\varpi\varphi}{I} \tag{4-1}$$

式中：ψ 为线圈总磁链；I 为通过线圈的电流；ϖ 为线圈的匝数；φ 为穿过线圈的磁通量。

由磁路欧姆定律得

$$\varphi = \frac{\varpi I}{R_m} \qquad (4-2)$$

式中：R_m 为磁路总磁阻。

对于气隙型传感器，因为气隙很小，所以可以认为气隙中的磁场是均匀的。若忽略磁路磁损，则磁路总磁阻为

$$R_m = \frac{L_1}{\mu_1 S_1} + \frac{L_2}{\mu_2 S_2} + \frac{2\delta}{\mu_0 S_0} \qquad (4-3)$$

式中：μ_1 为铁芯材料的导磁率；μ_2 为衔铁材料的导磁率；L_1 为磁通通过铁芯的长度；L_2 为磁通通过衔铁的长度；S_1 为铁芯的截面积；S_2 为衔铁的截面积；μ_0 为空气的导磁率；S_0 为气隙的截面积；δ 为气隙的厚度。通常气隙的磁阻远大于铁芯和衔铁的磁阻，即

$$\frac{2\delta}{\mu_0 S_0} \gg \frac{L_1}{\mu_1 S_1} \quad \frac{2\delta}{\mu_0 S_0} \gg \frac{L_2}{\mu_2 S_2} \qquad (4-4)$$

则式（4-3）可近似为

$$R_m = \frac{2\delta}{\mu_0 S_0} \qquad (4-5)$$

联立式（4-1）、式（4-2）及式（4-5），可得

$$L = \frac{\varpi^2}{R_m} = \frac{\varpi^2 \mu_0 S}{2\delta} \qquad (4-6)$$

上式表明，当线圈匝数为常数时，电感 L 仅仅是磁路中磁阻 R_m 的函数，改变 δ 或 S 均可导致电感变化。因此，气隙型传感器又分为变气隙厚度 δ 的变间隙式传感器和变气隙面积 S 的变面积式传感器。因为变化的都是磁阻，所以气隙型传感器又称为变磁阻式传感器。

目前，使用最广泛的是变气隙厚度 δ 的变间隙式传感器。

2. 螺管型传感器

螺管型传感器主要有单线圈和差动式两种结构形式。单线圈螺管型传感器的主要元件为一只螺管线圈和一根圆柱形铁芯，如图 4-8 所示。传感器工作时，铁芯在线圈中伸入长度的变化，引起螺管线圈自感值的变化。当用恒流源激励时，线圈的输出电压与铁芯的位移量有关。

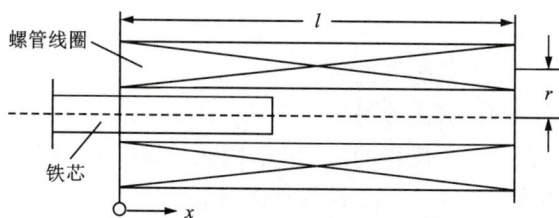

图 4-8　单线圈螺管型传感器结构图

螺管线圈中，铁芯在开始插入（$x=0$）或几乎离开线圈时的灵敏度，比铁芯插入线圈的 1/2 长度时的灵敏度小得多，如图 4-9 所示。这说明，只有在线圈中段才可能获得较高的灵敏度，并且有较好的线性特性。

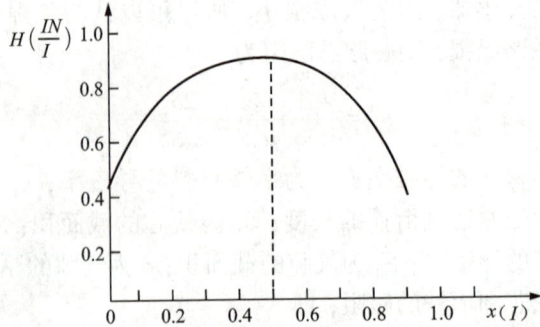

图 4-9　螺管线圈内磁场分布曲线

若被测量与 Δl 成正比，则 ΔL 与被测量也成正比。实际上由于磁场强度分布不均匀，输入量与输出量之间的关系是非线性的。

为了提高灵敏度与线性度，常采用差动螺管型传感器，如图 4-10 所示。图 4-10(b) 中 $H=f(x)$ 曲线表明：为了得到较好的线性，铁芯长度取 $0.6l$ 时，铁芯工作在曲线的拐点处，此时 H 变化小。这种差动螺管型传感器的测量范围为 5~50 mm，非线性误差在 0.5% 左右。

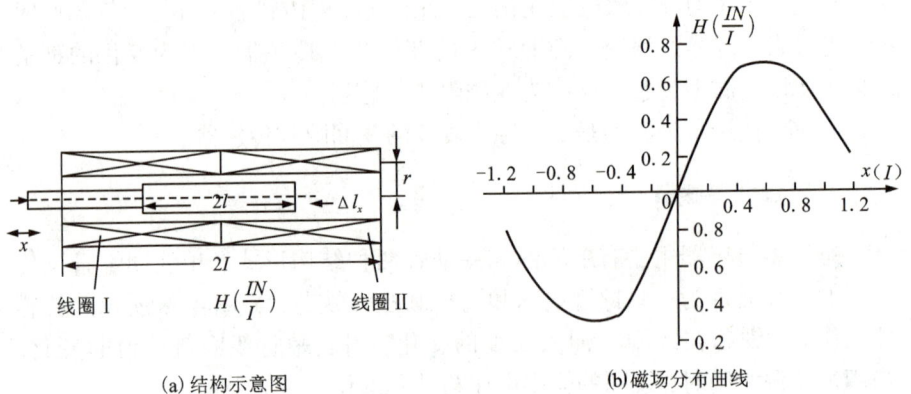

(a) 结构示意图　　　　　　　　(b) 磁场分布曲线

图 4-10　差动螺管型传感器

综上所述，螺管型传感器的特点：

①结构简单，制造装配容易。

②由于空气间隙大，磁路的磁阻高，因此灵敏度低，但线性范围大。

③由于磁路大部分为空气，易受外部磁场干扰。

④由于磁阻高，为了达到某一自感量，需要的线圈匝数多，因此线圈分布电容大。

⑤要求线圈框架尺寸和形状必须稳定，否则影响其线性和稳定性。

3. 自感式传感器的测量电路

电感式传感器的测量电路有交流电桥式、交流变压器式以及谐振式等几种形式。

（1）交流电桥式测量电路。

图 4-11 为交流电桥式测量电路，其把传感器的两个线圈作为电桥的两个桥臂 Z_1 和 Z_2，另外两个相邻的桥臂用纯电阻代替，对于高 Q 值（$Q = \omega L/R$）的差动式电感传感器，其输出电压

$$U_0 = \frac{U_{AC}}{2} \frac{\Delta Z_1}{Z_1} = \frac{U_{AC}}{2} \frac{J\omega \Delta L}{R_0 + J\omega L_0} \approx \frac{U_{AC}}{2} \frac{\Delta L}{L_0} \tag{4-7}$$

式中：L_0 为衔铁在中间位置时单个线圈的电感；ΔL 为单线圈电感的变化量。

将 $\dfrac{\Delta L}{L_0} = \dfrac{\Delta \delta}{\delta_0}$ 代入式（4-7）得

$$U_0 = \frac{U_{AC}}{2} \frac{\Delta \delta}{\delta_0} \tag{4-8}$$

可见，电桥输出电压是 $\Delta \delta$ 的函数，并且呈线性关系。

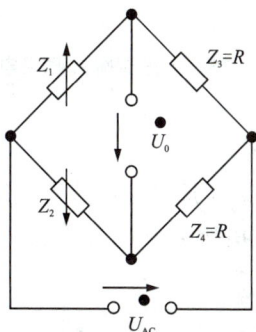

图 4-11　交流电桥式测量电路

（2）交流变压器式测量电路。

交流变压器式测量电路如图 4-12 所示，电桥两臂 Z_1、Z_2 为传感器线圈阻抗，另外两桥臂为交流变压器次级线圈的 1/2 阻抗。

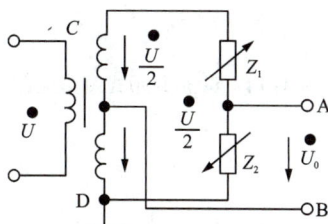

图 4-12　交流变压器式测量电路

（3）谐振式测量电路。

谐振式测量电路有谐振调幅式和调频式电路两种，分别如图 4-13 和图 4-14 所示。

①谐振调幅式测量电路。

图 4-13（a）中，传感器电感 L 与电容 C、变压器原边串联在一起，接入交流电源，变压器副边将有电压 U_0 输出，输出电压的频率与电源频率相同，而幅值随着电感 L 的变化而变化。

如图 4-13（b）所示为输出电压 U_0 与电感 L 的关系曲线，其中 L_0 为谐振点的电感值，此电路灵敏度很高，但线性差，适用于线性要求不高的场合。

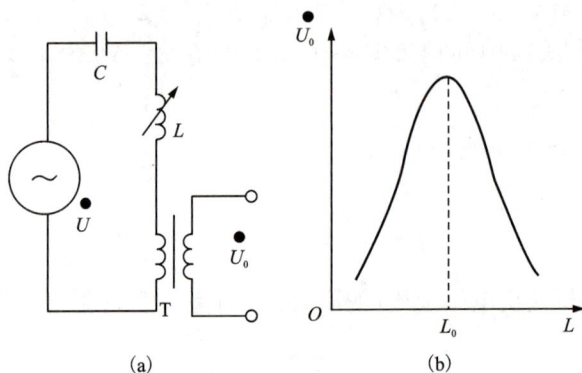

图 4-13 谐振调幅式测量电路

②谐振调频式测量电路。

谐振调频式测量电路的基本原理是传感器电感 L 的变化引起输出电压频率的变化。一般是把传感器电感 L 和电容 C 接入一个振荡回路中，如图 4-14（a）所示。

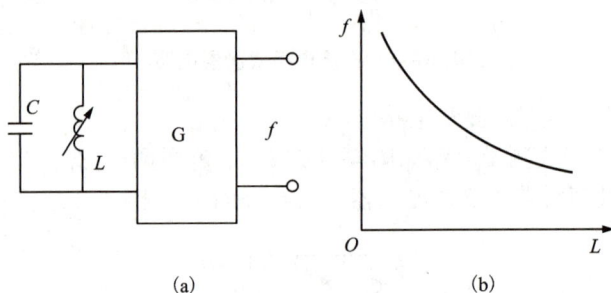

图 4-14 谐振调频式测量电路

此时，其振荡频率为

$$f = \frac{1}{2\pi\sqrt{LC}} \tag{4-9}$$

当 L 变化时，振荡频率随之变化，根据 f 的大小即可测出被测量的值。图 4-14(b)表示 f 与 L 的特性，具有明显的非线性关系。

4.3.2　差动变压器式传感器

把被测的非电量变化转换为线圈互感量变化的传感器称为互感式传感器。这种传感器是根据变压器的基本原理制成的，并且次级绕组都用差动形式连接，故也称差动变压器式传感器。差动变压器式传感器结构形式较多，有变隙式、变面积式和螺线管式等，但其工作原理基本一样。在非电量测量中，应用最多的是螺线管式差动变压器，它可以测量 1～100 mm 的机械位移，并具有测量精度高、灵敏度高、结构简单、性能可靠等优点。

1.差动变压器式传感器工作原理

螺线管式差动变压器结构如图 4-15 所示，它由初级绕组，两个次级绕组和插入绕组中央的圆柱形铁芯等组成。

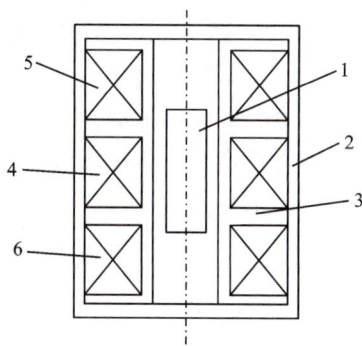

1—活动衔铁；2—导磁外壳；3—骨架；4—初级绕组 W_1；
5—次级绕组 W_{2a}；6—次级绕组 W_{2b}。

图 4-15　螺线管式差动变压器结构

螺线管式差动变压器按绕组排列的方式不同可分为一节式、二节式、三节式、四节式和五节式等类型。一节式灵敏度高，三节式零点残余电压较小，采用较多的是二节式和三节式。

差动变压器式传感器的两个次级绕组反向串联，在忽略铁损、导磁体磁阻和绕组分布电容的理想条件下，其等效电路如图 4-16 所示。

当初级绕组 W_1 加以激励电压 U_1 时，根据变压器的工作原理，在两个次级绕组 W_{2a} 和 W_{2b} 中便会产生感应电势 E_{2a} 和 E_{2b}。

如果工艺上保证变压器结构完全对称，则当活动衔铁处于初始平衡位置时，必然使两互感系数 $M_1=M_2$。根据电磁感应原理，将有

$$E_{2a}=E_{2b} \tag{4-10}$$

由于变压器两次级绕组反向串联，因此

$$U_2 = E_{2a} - E_{2b} = 0 \qquad\qquad (4\text{-}11)$$

即差动变压器输出电压为零。

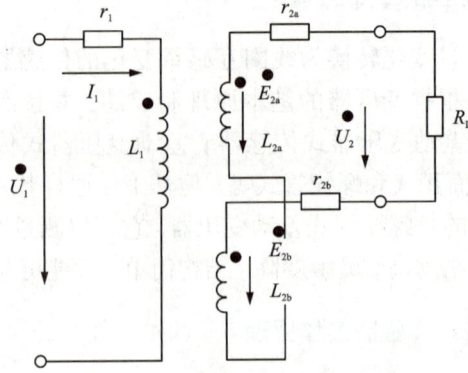

图 4-16　差动变压器等效电路

活动衔铁向上移动时，由于磁阻的影响，W_{2a} 中磁通将大于 W_{2b}，使 $M_1 > M_2$，因此 E_{2a} 增加，而 E_{2b} 减小；反之，E_{2b} 增加，E_{2a} 减小。因为

$$U_2 = E_{2a} - E_{2b} = 0 \qquad\qquad (4\text{-}12)$$

所以当 E_{2a}、E_{2b} 随着活动衔铁位移 x 变化时，U_2 也必将随 x 变化。因此，通过差动变压器输出电动势的大小和相位可以知道活动衔铁位移量的大小和方向。

图 4-17 给出了变压器输出电压 U_2 与活动衔铁位移 x 的关系曲线。

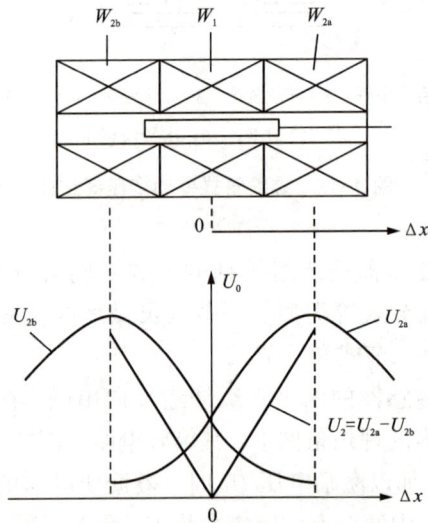

图 4-17　差动变压器输出电压特性曲线

实际上，当活动衔铁位于中心位置时，差动变压器输出电压并不等于零，我们把差动变压器在零位移时的输出电压称为零点残余电压，记作 U_x，

它的存在使传感器的输出特性不过零点，造成实际特性与理论特性不完全一致。零点残余电压主要是由传感器的两次级绕组的电气参数与几何尺寸不对称，以及磁性材料的非线性等问题引起的。零点残余电压的波形十分复杂，主要由基波和高次谐波组成。

基波产生的主要原因为：传感器的两次级绕组的电气参数和几何尺寸不对称，导致它们产生的感应电势的幅值不等、相位不同，因此不论怎样调整活动衔铁位置，两绕组中感应电势都不能完全抵消。高次谐波中起主要作用的是三次谐波，产生的原因是磁性材料磁化曲线的非线性（磁饱和、磁滞）。零点残余电压一般在几十毫伏以下，在实际使用时，应设法减小 U_x，否则将会影响传感器的测量结果。

2. 消除零点残余电压的方法

为了减小零点残余电压可以采取以下方法：

①尽可能保证传感器几何尺寸、线圈电气参数和磁路的对称。磁性材料要经过处理，消除内部的残余应力，使其性能均匀稳定。

②选用合适的测量电路，如采用相敏整流电路，既可判别活动衔铁移动方向，又可以改善输出特性，减小零点残余电压。

③采用补偿线路，减小零点残余电压。如：在差动变压器二次侧，串、并联适当数值的电阻电容元件，当调整这些元件时，可使零点残余电压减小。

3. 差动变压器式传感器测量电路

差动变压器输出的是交流电压，若用交流电压表测量，只能反映活动衔铁位移的大小，而不能反映移动方向；另外，其测量值中将包含零点残余电压。为了达到辨别移动方向及消除零点残余电压的目的，在实际测量时，常常采用差动整流电路和相敏检波电路。

（1）差动整流电路。

这种电路是把差动变压器的两个次级输出电压分别整流，然后将整流的电压或电流的差值作为输出，几种典型电路形式如图 4-18 所示。

图 4-18 中（a）、图 4-18（c）适用于交流负载阻抗，图 4-18（b）、图 4-18（d）适用于低负载阻抗，电阻 R_0 用于调整零点残余电压。

（2）相敏检波电路。

相敏检波电路如图 4-19 所示。VD_1、VD_2、VD_3、VD_4 为四个性能相同的二极管，以同一方向串联成一个闭合回路，形成环形电桥。

输入信号 U_2（差动变压器式传感器输出的调幅波电压）通过变压器 T_1 加到环形电桥的一条对角线。参考信号 U_0 通过变压器 T_2 加入环形电桥的另一条对角线。输出信号 U_L 从变压器 T_1 与 T_2 的中心抽头引出。平衡电阻 R 起限流作用，避免二极管导通时变压器 T_2 的次级电流过大。R_L 为负载电阻。U_0 的幅值要远大于输入信号 U_2 的幅值，以便有效控制四个二极管的导通状态,且 U_0 和差动变压器式传感器激磁电压 U_1 由同一振荡器供电,保证两者同频、同相(或反相)。

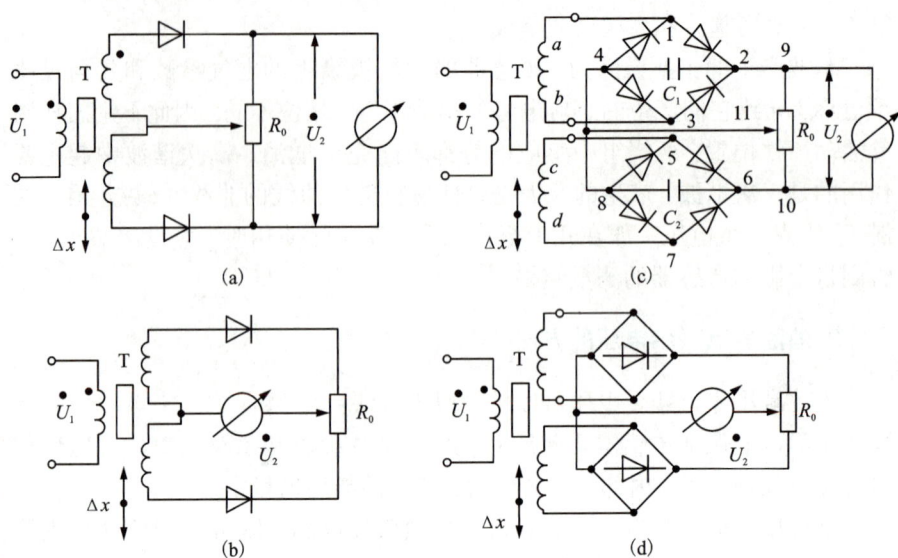

图 4-18   几种典型电路形式

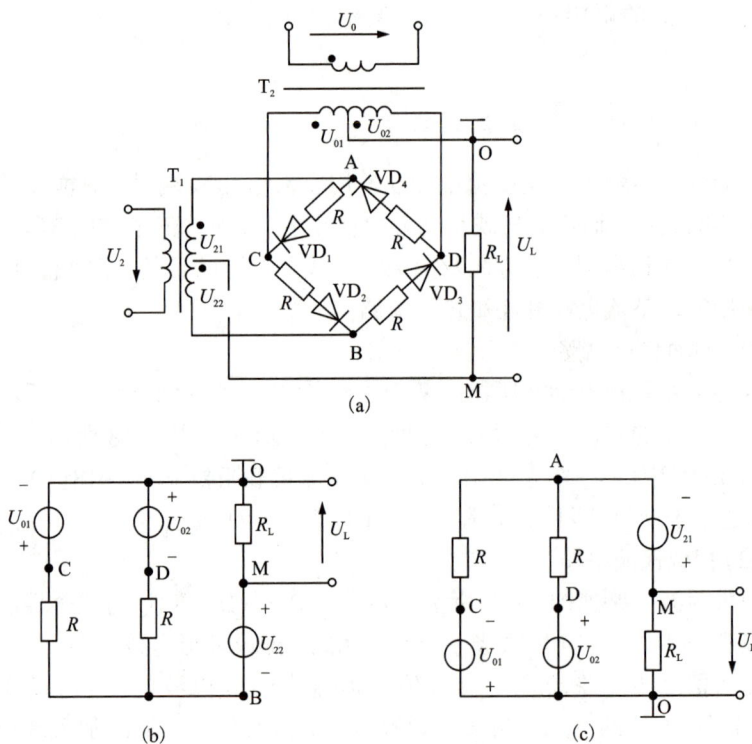

图 4-19   相敏检波电路

4. 电涡流式传感器

根据法拉第电磁感应原理，块状金属导体置于变化的磁场中或在磁场中做切割磁力线运动时，导体内将产生涡旋状的感应电流，此电流叫电涡流，以上现象称为电涡流效应。根据电涡流效应制成的传感器称为电涡流式传感器。按照电涡流在导体内的贯穿情况，此传感器可分为高频反射式和低频透射式两类，但从基本工作原理上来说仍是相似的。电涡流式传感器最大的特点是能对位移、厚度、表面温度、速度、应力、材料损伤等进行非接触式连续测量，另外还具有体积小、灵敏度高、频率响应宽等特点，应用极其广泛。

（1）工作原理。

电涡流式传感器的原理如图 4-20 所示，由传感器线圈和被测金属导体组成一个线圈/导体系统。

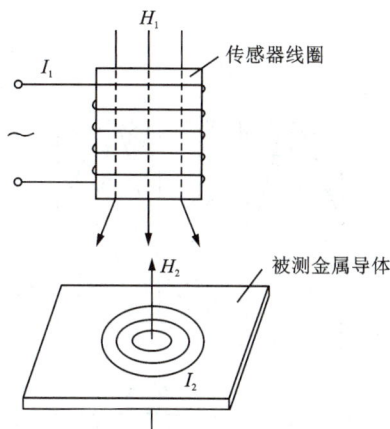

图 4-20　电涡流式传感器的原理

根据法拉第电磁感应原理，当传感器线圈通以正弦交变电流 I_1 时，线圈周围空间必然产生正弦交变磁场 H_1，使置于此磁场中的被测金属导体中感应电涡流为 I_2，I_2 又产生新的交变磁场 H_2。根据楞次定律，H_2 的作用将反抗原磁场 H_1，导致传感器线圈的等效阻抗发生变化。

由上可知，线圈阻抗的变化完全取决于被测金属导体的电涡流效应，而电涡流效应既与被测体的电阻率 ρ、磁导率 μ 以及几何形状有关，又与线圈几何参数、线圈中激磁电流频率有关，还与线圈与导体间的距离 x 有关。

因此，传感器线圈受电涡流影响时的等效阻抗 Z 的函数关系式为

$$Z = f(\rho, \mu, \gamma, f, x) \tag{4-13}$$

式中：γ 为线圈与被测体的尺寸因子。

如果保持上式中其他参数不变，而只改变其中一个参数，传感器线圈阻抗 Z 就仅是这个参数的单值函数。通过与传感器配用的测量电路测出阻

抗 Z 的变化量, 即可实现对该参数的测量。

（2）电涡流形成范围。

线圈/导体系统产生的电涡流密度既是线圈与导体间距离 x 的函数, 又是沿线圈半径方向 r 的函数。当 x 一定时, 电涡流密度 J 与半径 r 的关系曲线如图 4-21 所示。

由图 4-21 可知, 当图中 J_0 为金属导体表面电涡流密度, 即电涡流密度最大值; J_r 为半径 r 处的金属导体表面电涡流密度。可以得出以下结论:

①电涡流径向形成的范围大约在传感器线圈外径 r_{as} 的 $1.8 \sim 2.5$ 倍, 且分布不均匀。

②电涡流密度在短路环半径 $r=0$ 处为零。

③电涡流的最大值在 $r=r_{as}$ 附近的一个狭窄区域内。

④可以用一个平均半径为 r_{as} 的短路环来集中表示分散的电涡流（图中阴影部分）。

$$r_{as} = \frac{r_i + r_a}{2}$$

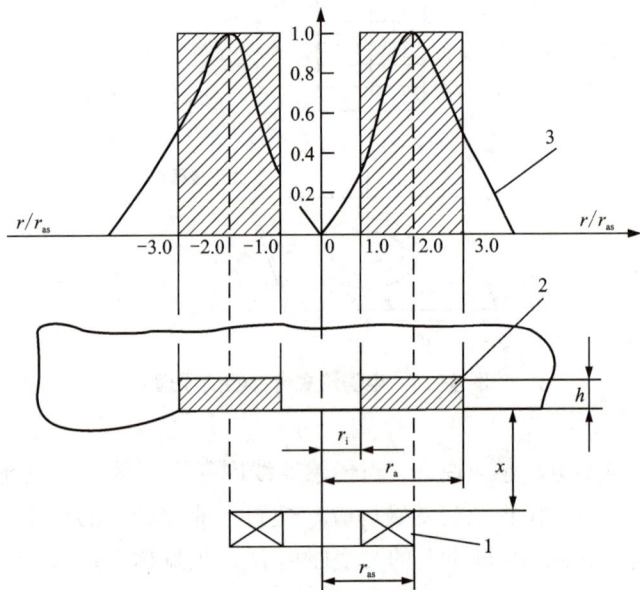

图 4-21　电涡流密度 J 与半径 r 的关系曲线

（3）电涡流强度与距离的关系。

理论分析和实验都已证明, 当 x 改变时, 电涡流密度发生变化, 即电涡流强度随距离 x 的变化而变化。根据线圈/导体系统的电磁作用, 可以得到金属导体表面的电涡流强度为

$$I_2 = I_1 \frac{1-x}{\sqrt{x^2 + r_{as}^2}} \tag{4-14}$$

式中：I_1 为线圈激励电流；I_2 为金属导体中等效电流；x 为线圈到金属导体表面距离；r_{as} 为线圈外径。根据上式作出的归一化曲线如图 4-22 所示。

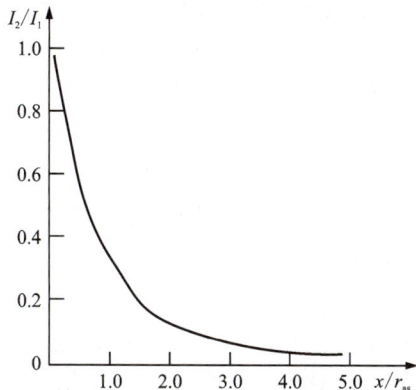

图 4-22　电涡流强度与距离归一化曲线

以上分析表明：

①电涡流强度与距离 x 呈非线性关系，且随着 x/r_{as} 的增加而迅速减小。

②当利用电涡流式传感器测量位移时，只有在 x/r_{as} 取 $0.05 \sim 0.15$ 时，才能得到较好的线性和较高的灵敏度。

4.4　接近传感器选型与维护

图 4-23 为分拣机器人通过视觉采集位置并进行抓取的控制过程，输入的控制信号需要由金属检测传感器进行发送，本节设定的检测条件见表 4-1。

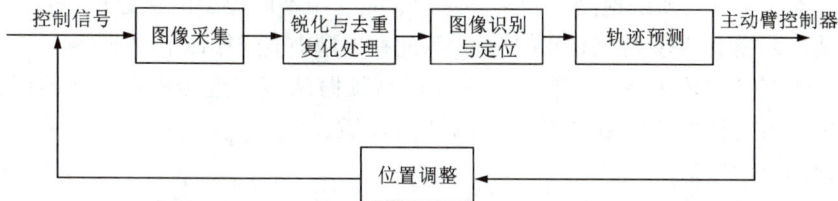

图 4-23　分拣机器人通过视觉采集位置与并进行抓取的控制过程

表 4-1　本节设定的检测条件

检测对象材质	金属（包括黑色金属与有色金属）、塑料
传感器与工件距离	$2 \sim 4$ mm
检测频率	>300 次/min
工作环境温度	$-5 \sim 40$ ℃
检测目标	挑选出所有金属材质工件

4.4.1　金属检测传感器对比分析

电涡流式传感器也叫电感式接近传感器，它是利用导电物体在接近这个能产生电磁场的接近传感器时，使物体内部产生涡流的原理工作的。这个涡流反作用于接近传感器，使开关内部电路参数发生变化，由此识别出有无导电物体移近，进而控制传感器的通或断。这种接近传感器所能检测的物体必须是导电体。当被测对象是导电体或是可以固定在一块金属物上的物体时，一般都选用涡流式传感器，因为它的响应频率高、抗环境干扰性能好、应用范围广、价格较低。

电容式接近传感器的测量头通常是构成电容器的一个极板，而另一个极板是开关的外壳。这个外壳在测量过程中通常是接地或与设备的机壳相连接。当有物体移向接近传感器时，不论它是否为导体，由于它的接近，总要使电容的介电常数发生变化，从而使电容量发生变化，使得和测量头相连的电路状态也随之发生变化，由此便可控制传感器的接通或断开。这种接近传感器检测的对象，不限于导体，也可以是绝缘的液体或粉状物等。若所测对象是非金属(或金属)、液位高度、粉状物高度、塑料、烟草等，则应选用电容式接近传感器。这种传感器的响应频率低，但稳定性好，安装时应考虑环境因素的影响。

霍尔式接近传感器用于检测黑色金属时，常需在传感器背面放置一块磁铁，利用黑色金属工件经过传感器前方时，黑色金属受到磁场磁化，感应出磁性，导致通过霍尔传感器表面的磁通量增加，磁场强度增大，最终引起霍尔式接近传感器的输出电压变化。这种检测方式灵敏度高，频响范围宽，不受油污等介质影响，但仅能用于黑色金属的检测。

4.4.2　接近传感器的选型

对于不同材质的检测体和检测距离，应选用不同类型的接近传感器，以使其在系统中具有高的性能价格比，为此在选型中应遵循以下原则：

①当检测体为金属材料时：应选用高频振荡型接近传感器，该类型接近传感器对铁镍、A3 钢类检测体检测最灵敏；对铝、黄铜和不锈钢类检测体检测灵敏度低。

②当检测体为非金属材料时：应选用电容式接近传感器，如木材、纸张、塑料、玻璃和水等。

③当检测体为金属且灵敏度要求不高时：可选用价格低廉的磁性接近传感器或霍尔式接近传感器。

接近传感器选型的要素：

①检测类型：放大器内藏型、放大器分离型。

②外形：圆形、方形、凹槽型。

③检测距离：以 mm 为单位。

④检测物体：铁、钢、铜、铝、塑料、水、纸等。

⑤工作电源：直流、交流、交直流通用。

⑥输出形态：常开（NO）、常闭（NC）。

⑦输出方式：两线式、三线式（NPN、PNP）。

⑧屏蔽、非屏蔽。

⑨导线引出型、接插件式、接插件中继式。

⑩应答频率：一秒内能检测几个物体。

根据金属检测条件，进行如下分析：

①需检测的金属包括黑色金属与有色金属，存在部分金属能被磁化、部分金属不能被磁化的情况，使用霍尔式接近传感器无法识别所有金属材质工件。

②检测过程为从金属与塑料的混合工件中，挑选出金属工件，电容式和电涡流式金属传感器都能实现，由于电涡流式传感器具有响应频率高、抗环境干扰性能好、应用范围广、价格较低等优势，综合来看，电涡流式金属检测传感器最适用于本节的分拣要求。

③多种材质工件的检测距离为 2~4 mm，建议使用传感器最大检测距离的 50%~70%，因此，需金属检测传感器对所有金属的最大检测距离 ≥8 mm 最为合适。

根据上述分析，挑选出以下两款金属检测传感器。

方案一：选用基恩士公司生产的 ED 系列独立型金属接近传感器，其检测距离为传统传感器的两倍，内置稳定工作指示灯，配置软性连接线，其具体参数见表 4-2。传感器实物与特性曲线如图 4-24、图 4-25 所示，I/O 电路连接如图 4-26 所示。

表 4-2　ED 系列独立型所有金属接近传感器具体参数

型号	ED-130M
可检测物体	所有金属（检测黑色金属时距离会短）
检测距离	11 mm（±15%）
标准目标物（铝，$t=1$ mm）	30 mm×30 mm
温度波动	在 0~50 ℃时，最大为检测距离的±20%
使用温度范围	-5~60 ℃（未冻结）
操作模式	NO（常开）
参考售价	220 元

方案二：选用欧姆龙公司生产的 E2E 系列接近传感器，其拥有超长检测距离，能有效避免误动作而导致的碰撞磨损，配置高亮度的 360°LED 指示灯，可轻松确认检测状态，其具体参数见表 4-3。传感器实物与特性曲线分别如图 4-27、图 4-28 所示，I/O 电路连接如图 4-29 所示。

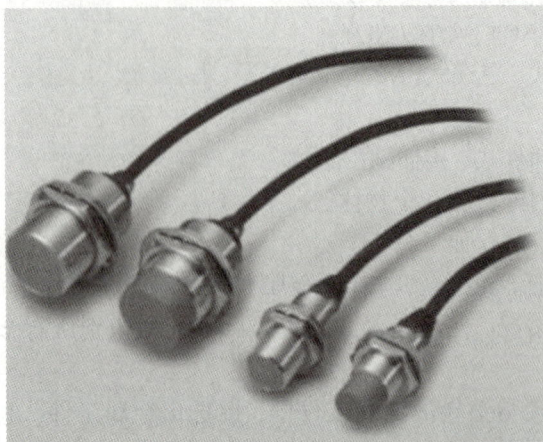

图4-24　ED系列独立型所有金属接近传感器

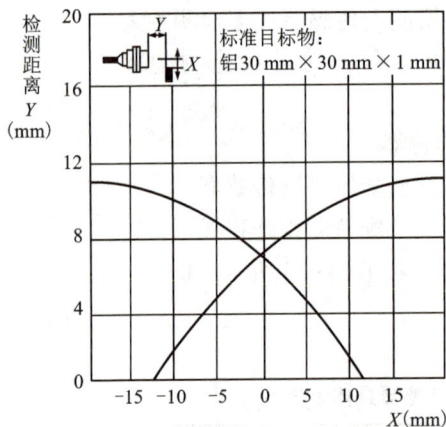

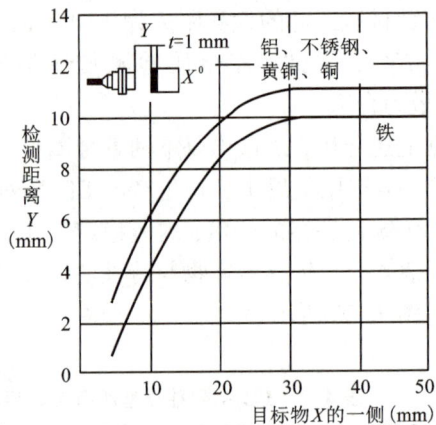

（a）检测范围（典型）　　　　　　　　（b）检测距离对于目标物材料与大小（典型）

图4-25　传感器特性曲线图

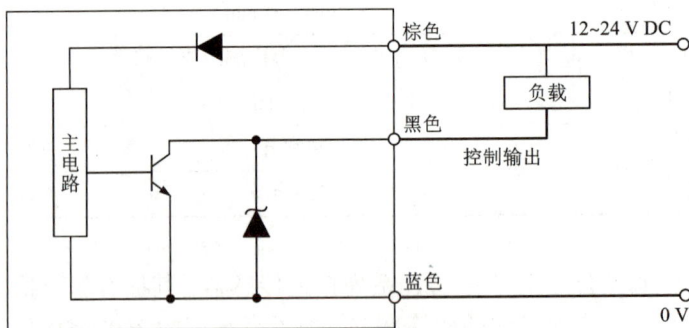

图4-26　I/O电路连接图

表 4-3   E2ENEXT 系列接近传感器具体参数

型号	E2E-X10MD
可检测物体	磁性金属(非磁性金属距离会短)
检测距离	10 mm 的±10%以内
标准目标物(铁, $t=1$ mm)	30 mm×30 mm
温度波动	在 23 ℃时, 检测距离的±10%以内
环境温度	−25~70 ℃, 无冻结
操作模式	NO(常开)、NC(常闭)
参考售价	270 元

图 4-27   E2 系列接近传感器

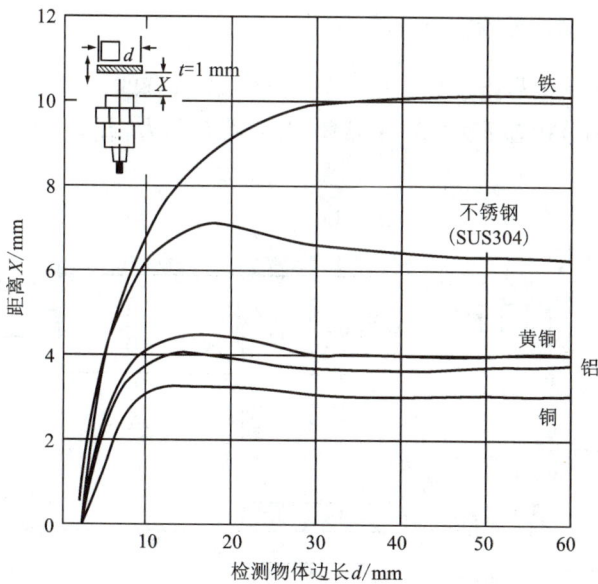

图 4-28   检测距离与目标物材料和大小的关系

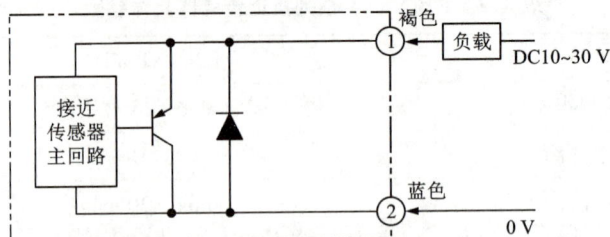

注：负载可连接在+侧或0 V侧任意一侧

图4-29　E2E系列接近传感器I/O电路连接图

两线制接近传感器：

两线制接近传感器安装简单，接线方便；应用比较广泛，但有残余电压和漏电流大的缺点。

直流三线式：

直流三线式接近传感器的输出型有NPN和PNP两种，20世纪70年代日本产品绝大多数是NPN输出，西欧各国NPN、PNP两种输出型都有。PNP输出接近传感器一般应用在PLC或计算机作为控制指令较多，NPN输出接近传感器用于控制直流继电器较多，在实际应用中要根据控制电路的特性选择其输出形式。

鉴于ED系列金属检测传感器属于三线式传感器，且存在检测非磁性金属表现好、售价更为便宜的优势，因此，选择方案一更为合适。

4.4.3　金属检测传感器的检修与维护

1. 金属检测传感器常见故障

正常情况下信号指示灯是反映开关的工作状态的一种表现方式（图4-30）：常开（NO）状态下为"灭"；常闭（NC）状态下为"开"。

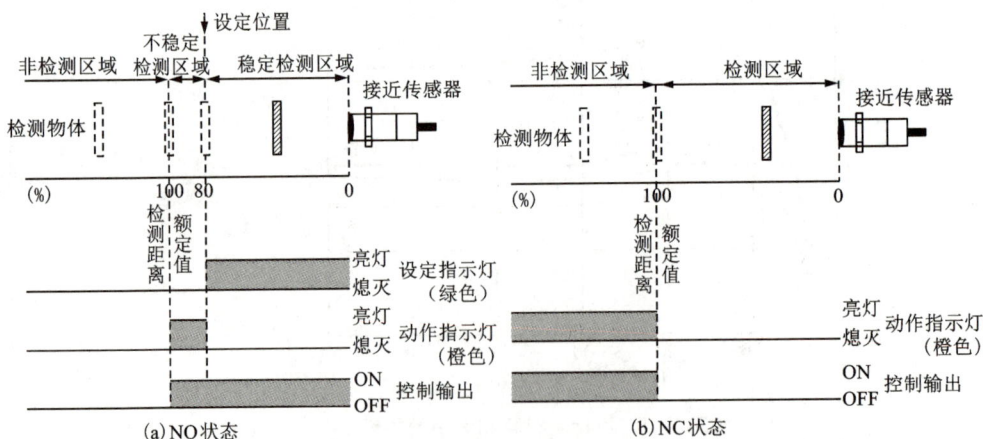

图4-30　NO、NC状态

当信号指示灯与反馈信号不一致时，表示存在异常或不良现象，其常见原因如下：

①传感器与设备接线错误、工作电压错误、设备短路等导致传感器内部电路烧毁、损坏、击穿等直接性不良。

②设备电路存在接触不良或不稳定性短路现象，使传感器内部非破坏性损坏。

③传感器本身无保护功能，一旦连接错误或出现短路等不良现象直接导致传感器无法使用。

④工作电压过高、瞬时短路电流、电压过高、长时间短路导致输出管击穿，信号灯有变化，但无信号输出。

⑤信号灯闪烁，无信号变化，设备和连接处有短路现象，长时间未处理，开关可能直接损坏或处于饱和状态。

2. 故障检测

接近传感器出现故障时，常从以下几个方面进行故障排除：

①使用稳定电源给接近传感器单独供电，排查传感器电源不稳导致的故障。

②检查传感器的检测频率，确保传感器的响应频率在额定范围内。

③观察物料在检测区域内的运动状态，确认是否存在因抖动导致超出检测区域的情况。

④多个传感器安装位置较近时，排查传感器间的互相干扰。

⑤检查传感器探头周围的检测区域内是否有其他被测物体。

⑥检查接近传感器的周围是否有大功率设备而存在电气干扰。

3. 金属检测传感器故障预防

结合上述金属检测传感器的故障检测，在使用金属检测传感器时，应注意以下几点：

①传感器的供电电源要稳定可靠。

②检测频率不能超过传感器规定的最大值。

③检测距离应根据具体材料进行选择，并保证检测时工件不发生过大的距离偏差。

④传感器应尽量避免相隔较近安装，并保证安装位置周围无电气干扰源。

▶ 思政园地

MEMS 传感器基于芯片技术，目前我国芯片技术的发展迎来难得的机遇，国家加大投入，企业奋起直追。

我们都知道陀螺仪是飞行器姿态检测最重要的仪表。其中，iPhone 4 率先采用了三轴陀螺仪，即 MEMS 陀螺仪。信息社会的基础是芯片，而 MEMS 将传感器与芯片结合在一起，为未来的传感器发展指明了方向。因此我们要把握机遇，追上发展的脚步。

(1) 微机电系统 (micro-electro-mechanical system, MEMS) 是在微电子技术基础上发展起来的多学科交叉的前沿研究领域。经过五十多年的发展，已成为世界瞩目的重大科技领域之一。它涉及电子、机械、材料、物理学、化学、生物学、医学等多种学科与技术，具有广阔的应用前景。截至 2010 年，全世界有大约 600 家单位从事 MEMS 的研制和生产工作，已研制出包括微型压力传感器、加速度传感器、微喷墨打印头和数字微镜显示器在内的几百种产品，其中 MEMS 传感器占相当大的比例。MEMS 传感器是采用微电子和微机械加工技术制造出来的新型传感器。与传统的传感器相比，它具有体积小、质量小、成本低、功耗低、可靠性高、适于批量化生产、易于集成和实现智能化的特点。同时，微米量级的特征尺寸使得它可以实现某些传统机械传感器所不能实现的功能。

(2) 我国的 MEMS 传感器现状。我国 MEMS 的研究始于 20 世纪 90 年代初，起步并不晚，在"八五""九五"期间还得到了科技部、教育部、中国科学院、国家自然科学基金委和原国防科工委的支持。经过多年发展，我国在多种微型传感器、微型执行器和若干微系统样机等方面已有一定的基础和技术储备，并在微型惯性器件和惯性测量组合、机械量微型传感器和制动器、微流量器件和系统、生物传感器和生物芯片、微型机器人和微操作系统、硅和非硅制造工艺等方面取得了一定成果，现有的技术条件已初步形成 MEMS 设计、加工、封装、测试的一条龙体系，为我国 MEMS 技术的进一步发展提供了较好的平台。但是，历史原因造成的条块分割力量分散，再加上投入严重不足，尽管已有不少成果，但在质量、性价比及商品化等方面与国外差距还很大。因此，我们既要看到已取得的成绩，也要认识到差距和不足，砥砺前行。

(3) 我国的发展战略。针对国际 MEMS 发展趋势和未来的产业化前景，结合我国社会经济发展的需要和国家竞争前的核心技术发展战略，以支撑我国 MEMS 产业化发展的应用基础为切入点，掌握 MEMS 材料、设计、制造检测、工艺、装备与系统集成等方面的具有自主知识产权的关键技术。建立我国的 MEMS 研发体系和产业化基地，围绕医疗、消费电子、家电等行业，开发出若干小批量、多品种、高质量 MEMS 器件及微系统，推动 MEMS 的可持续发展和未来产业化的形成打下良好基础，宏图已经绘制、号角已经吹响，接下来就要靠我们丢掉浮躁的心态，潜心积淀，努力奋斗。

国家 MEMS 重大专项的实施，使我们在基础研究、技术攻关、工艺与装备、应用系统等层面上实现了若干重点技术的突破，拥有一批具有自主知识产权的关键技术，具备了 MEMS 设计、开发、工程应用和产业化的能力，培养出一支高素质的 MEMS 人才队伍，建立和完善了我国 MEMS 技术创新体系。我国 MEMS 的研究与开发一定能在国际上占有一席之地。

思考与练习

1. 简述接近传感器的基本类型。
2. 简述接近传感器选用原则和适用领域。
3. 简述金属检测传感器的常见故障。

项目 5　切割机器人

　　激光切割机器人是用聚焦镜将 CO_2 激光束聚焦在材料表面使材料熔化，同时用与激光束同轴的压缩气体吹走被熔化的材料，并使激光束与材料沿一定轨迹做相对运动，从而形成一定形状切缝的工业切割机器人。激光切割技术广泛应用于金属和非金属材料的加工中，可大大减少加工时间，降低加工成本，提高工件质量。

　　本项目通过对切割头与工件距离的要求、位移传感器分类及其应用、位移传感器的选用与维护等知识与技能操作来了解机器人切割技术。

　　通过本项目的学习，让学生了解和掌握机器人切割技术，了解国内外该技术发展现状，培养其安全意识、信息素养、工匠精神、创新思维。

学习目标

◆ 知识目标

　　1. 了解切割头与工件距离要求；

　　2. 了解常见距离传感器分类；

　　3. 了解常见距离传感器基本工作原理。

◆ 能力目标

　　1. 能进行距离传感器选型；

　　2. 能进行距离传感器常规检测工作；

　　3. 能对切割机器人常见故障进行维护。

◆ 素质目标

　　1. 具有勇于奋斗、乐观向上、吃苦耐劳、踏实肯干的精神；

　　2. 具有自我管理能力，有较强的集体意识和团队合作精神。

◆ 思政目标

　　1. 具备从理论到实践的创新精神和实践过程中的工匠精神；

　　2. 形成工程师自身价值实现的责任感和自信心；

　　3. 形成基于民族创新的自豪感和自信心。

知识图谱

```
                                    ┌─ 激光切割工艺介绍
                 ┌─ 了解切割机器人 ─┤
                 │                  └─ 切割头与工件距离的要求
                 │
                 │                     ┌─ 电容式距离传感器
                 ├─ 距离传感器分类及其应用 ─┼─ 电涡流距离传感器
                 │                     └─ 激光距离传感器
    ┌──────┐     │
    │ 切   │     │                  ┌─ 电容式传感器的工作原理
    │ 割   │     │                  ├─ 变极距式电容传感器
    │ 机   ├─────┼─ 电容式传感器知道 ─┼─ 变面积式电容传感器
    │ 器   │     │                  ├─ 变介质式电容传感器
    │ 人   │     │                  └─ 电容式传感器的测量电路
    └──────┘     │
                 │                     ┌─ 距离传感器对比分析
                 └─ 距离传感器选型与维护 ─┼─ 距离传感器的选型
                                       └─ 电容传感器的检修与维护
```

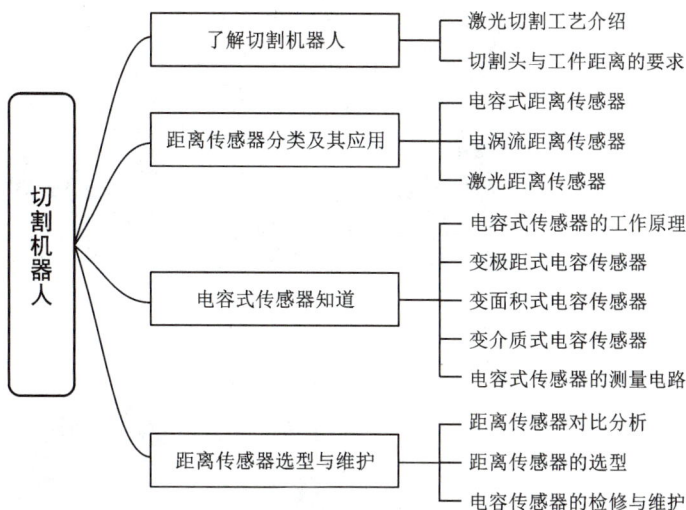

5.1　了解切割机器人

5.1.1　激光切割工艺介绍

激光切割是以经过聚焦的具有极高能量密度的细小光束,对处于焦点面上的材料进行照射,使其迅速熔融、蒸发,并有光束同轴喷出的辅助气体帮助燃烧、吹扫熔渣,实现切断的一种高速、高精度的切割方法。

激光切割机器人是利用工业机器人灵活快速的动作性能,根据加工工件尺寸的大小不同,选择将机器人正装或者吊装,并对不同产品、不同轨迹进行示教编程或离线编程,机器人第六轴装载激光切割头对不规则工件进行切割。

光纤激光切割头配上随动装置和光路传输装置,利用光纤将激光传输到切割头上,再利用聚焦系统进行聚焦,针对不同材料厚度的板材开发出不同工艺参数,对金属板进行多方位切割,满足生产需求,如图5-1、图5-2所示。

切割机器人在工业机器人应用领域中占有很高的比例,随着制造业的高速发展,切割工艺的质量、工作量和复杂程度等技术要求都在不断提高,而切割机器人设备在各行各业的应用说明了其在改善产品质量、提高生产效率、降低生产成本等方面有重要作用。切割机器人也正在由平板、型材切割向三维曲面切割、柔性切割等更复杂的工艺发展,成为化工业、造船业等保持其产品在行业内有竞争力的不可或缺的关键技术。

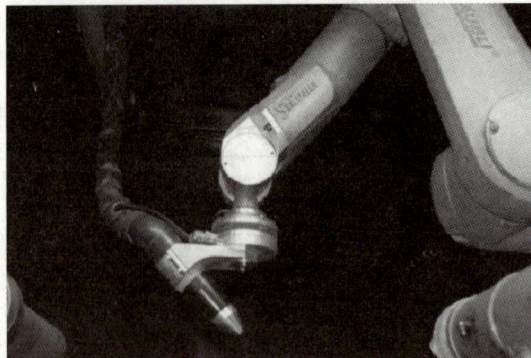

图 5-1　激光切割机器人

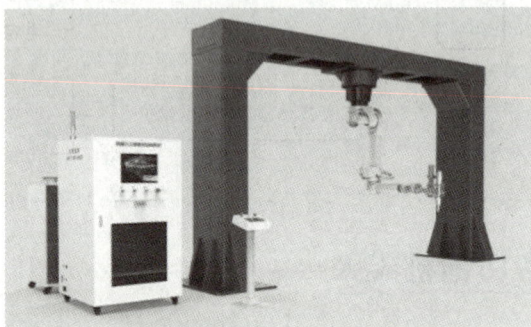

图 5-2　激光切割机器人工作站

5.1.2　切割头与工件距离的要求

在激光切割过程中，喷嘴到工件的距离间隙变化对切割质量有很大影响。如果距离太小，巨大的反冲压力会作用在透镜上，致使透镜被熔渣微粒撞击或附着，造成透镜损坏。另外，喷嘴端部非常容易受到熔渣的侵蚀，影响喷嘴孔的圆度，破坏切割方向的均匀性，过小的工作间距将使气流以过膨胀的超音速流动，喷嘴间隙处容易产生激波。当间距过小时，激波发生区域向喷嘴外径方向扩大，气体压力会波动，压力的非均匀性将使气体密度发生变化，形成密度梯度场。而当喷嘴间隙过大时，气体喷嘴会离工件太远，喷嘴间隙中的气压将减小，导致工件表面过热，熔融区加大，切缝加宽。因此，需要在切割头上安装一些专门的传感器，以保证其能产生稳定一致的切割质量，并能够提高过程安全性。

图 5-3 为激光切割头在工件形状发生变化，以及表面出现凹凸不平的障碍时，位移传感器自动检测到变化，并根据变化自动调节高度，使其始终与工件表面的距离保持一致，这样可以提高加工速度，而不必持续监督。

用功率为 1200 W 的激光切割 2 mm 厚的低碳钢板，切割速度可达 600 cm/min；切割 5 mm 厚的聚丙烯树脂板，切割速度可达 1200 cm/min。因此，激光头位移传感器的动态响应性要求非常高。

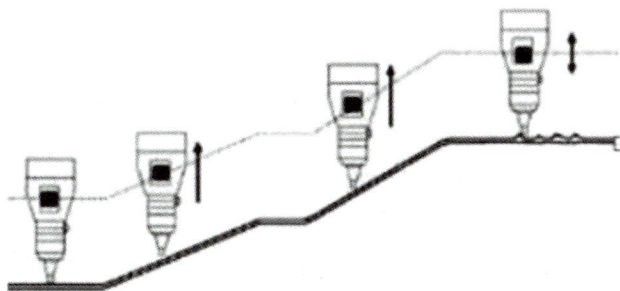

图 5-3　激光切割头随工件形状的变化而变化

▶ 5.2　距离传感器分类及其应用

5.2.1　电容式距离传感器

电容式距离传感器是一种非接触电容式原理的精密测量仪器，除具有一般非接触式仪器所共有的无摩擦、无损磨和无惰性特点外，还具有信噪比大、灵敏度高、零漂小、频响宽、非线性小、精度稳定性好、抗电磁干扰能力强和使用操作方便等优点。

电容式距离传感器(图 5-4)的电容器极板多为金属材料，极板间衬物多为无机材料，如空气、玻璃、陶瓷、石英等，因此可以在高温、低温、强磁场、强辐射下长期工作，尤其可用于高温、高压环境下的检测。该传感器还可与控制室中的二次仪表或控制器相连，在线、连续、实时地检测各种数据，然后直接显示、远程控制和报警，实现数据存储、计算、传输和控制功能。

图 5-4　电容式距离传感器

电容式距离传感器尤其适合缓慢变化或微小量的测量。电容式距离传感器的这些性能必然促使其应用范围越来越广泛。

5.2.2　电涡流距离传感器

电涡流距离传感器能静态或动态地非接触、高线性度、高分辨率地测量被测金属导体距探头表面的距离。它是一种非接触的线性化计量工具。电涡流距离传感器能准确测量被测体（必须是金属导体）与探头端面之间静态和动态的相对位移变化。在高速旋转机械和往复式运动机械状态分析及振动研究、分析测量中，对非接触的高精度振动、位移信号，能连续准确地采集到转子振动状态的多种参数，如轴的径向振动、振幅以及轴向位置。电涡流距离传感器以其长期工作可靠性好、测量范围宽、灵敏度高、分辨率高等优点，在大型旋转机械状态的在线监测与故障诊断中得到广泛应用。

电涡流距离传感器系统的工作机理是电涡流效应。当接通传感器系统电源时，在前置器内会产生一个高频电流信号，该信号通过电缆送到探头的头部，在头部周围产生交变磁场 H_1。如果在磁场 H_1 的范围内没有金属导体材料接近，则发射到这一范围内的能量会全部释放；反之，如果有金属导体材料接近探头头部，则交变磁场 H_1 将在导体的表面产生电涡流场，该电涡流场也会产生一个方向与 H_1 相反的交变磁场 H_2。由于 H_2 的反作用，就会改变探头头部线圈高频电流的幅度和相位，即改变了线圈的电感。这种变化既与电涡流效应有关，又与静磁学效应有关，即与金属导体的电导率、磁导率、几何形状、线圈几何参数、激励电流频率及线圈到金属导体的距离等参数有关。假定金属导体是均质的，其性能是线性和各向同性的，则线圈与金属导体系统的物理性质通常可由金属导体的磁导率 μ、电导率 σ、尺寸因子 r、线圈与金属导体距离 d、线圈激励电流强度 I 和频率 w 等参数来描述。因此，线圈的电感可用函数 $L = F(\mu, \sigma, r, I, w, d)$ 来表示。图 5-5 为电涡流作用原理图。

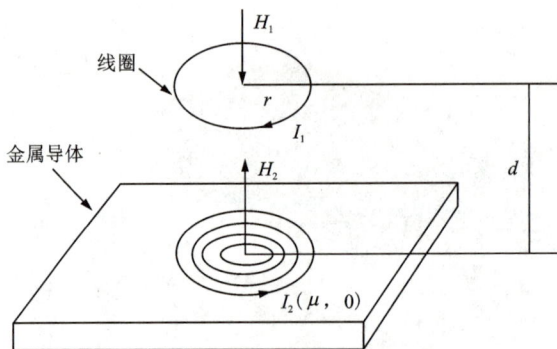

图 5-5　电涡流作用原理图

探头正对被测体表面，能精确地探测出被测体表面相对于探头端面间隙的变化。通常探头由线圈、头部、壳体、高频电缆、高频接头组成，其典型结构如图 5-6 所示。

图 5-6 中标注：

线圈　头部　壳体　锁紧螺母　铠装（可选）　高频电缆　高频接头

锁口加强　无螺纹部分　螺纹部分　扳手平面

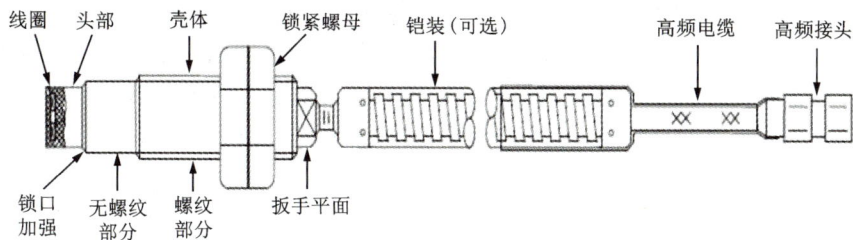

图 5-6　探头典型结构

线圈是探头的核心，它是整个传感器系统的敏感元件，线圈的物理尺寸和电气参数决定传感器系统的线性量程以及探头的电气参数稳定性。

探头头部采用耐高低温的工程塑料，通过"二次注塑"工艺将线圈密封其中。这项技术增强了探头头部的强度和密封性，在恶劣环境中可以保护头部线圈可靠工作。头部直径取决于其内部线圈直径，由于线圈直径决定传感器系统的基本性能——线性量程，因此我们通常用头部直径来分类和表征各型号探头，一般情况下传感器系统的线性量程大致是探头头部直径的 1/4~1/2，最常用的有 $\phi5$、$\phi8$、$\phi11$、$\phi14$、$\phi25$、$\phi50$ 六种直径。探头壳体用于支撑探头头部，并作为探头安装时的装夹结构。壳体采用不锈钢制成，一般上面刻有标准螺纹，并配有锁紧螺母。为了适应不同的应用和安装场合，探头壳体具有不同的型式和不同的螺纹及尺寸规格。

高频电缆用于连接探头头部到前置器（有时中间带有延伸电缆转接），这种电缆是用氟塑料绝缘的射频同轴电缆，通常电缆长度有 0.5 m、1 m、5 m、9 m 四种选择，当选择 0.5 m 和 1 m 时必须用延伸电缆以保证系统的总的电缆长度为 5 m 或 9 m，至于选择 5 m 还是 9 m 应该考虑是否满足将前置器安装在设备机组的同一侧。根据探头的应用场合和安装环境，探头所带电缆可以配有不锈钢软管铠装（可选择），以保护电缆不被损坏。对于现场安装探头电缆无管道布置的情况，应该选择铠装。

5.2.3　激光距离传感器

激光距离传感器是距离传感器中的一种，适用于长距离检测，因而逐渐取代了拉线位移传感器，一般在工业自动化、交通、钢铁、建筑、码头等需要进行自动距离位移测量和位置控制中应用。

激光距离传感器是利用激光技术进行测量的传感器。它由激光器、激光检测器和测量电路组成。激光距离传感器是新型测量仪表，能够精确非接触测量被测物体的位置、位移等变化。它可以快速、准确地测量传感器到目标地的距离，测量结果可以通过各种接口传输到设备上，以便进行检测、控制等应用，同时激光距离传感器的控制也可通过计算机或其他与其相连的设备来完成。激光有直线度好的优良特性，激光距离传感器相对我们已知的超声波传感器有更高的精度。但是，激光的产生装置相对比较复杂且体积较大，因此，对激光距离传感器的应用范围要求较高。

一般激光距离传感器采用的基本原理是光学三角法（图5-7）：半导体激光器被镜片聚焦到被测物体；反射光被镜片收集，投射到线性CMOS阵列上；信号处理器通过三角函数计算陈列上的光点位置得到传感器距物体的距离。

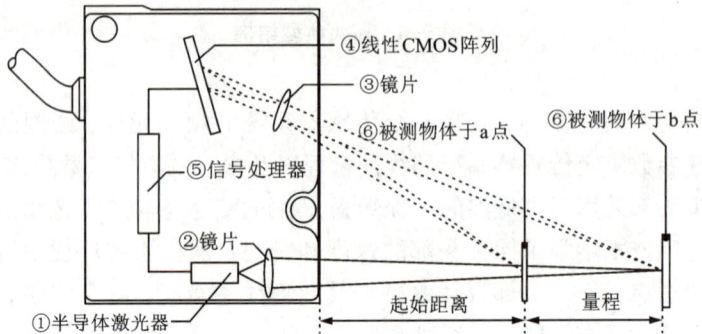

④线性CMOS阵列
③镜片
⑥被测物体于a点　⑦被测物体于b点
⑤信号处理器
②镜片
①半导体激光器
起始距离　量程

图5-7　激光距离传感器原理图

按照测量原理，激光距离传感器分为激光三角测量法和激光回波分析法。激光三角测量法一般适用于高精度、短距离的测量，而激光回波分析法则用于远距离测量。下面分别介绍激光三角测量原理和激光回波分析原理。

（1）激光三角测量法原理。

激光发射器通过镜头将可见红色激光射向被测物体表面，经物体反射的激光通过接收器镜头，被内部的CCD线性相机接收，根据不同的距离，CCD线性相机可以在不同的角度"看见"这个光点。根据这个角度及已知的激光和相机之间的距离，数字信号处理器就能计算出传感器和被测物体之间的距离。

同时，光束在接收元件的位置通过模拟和数字电路处理，并通过微处理器分析，计算出相应的输出值，然后在用户设定的模拟量窗口内，按比例输出标准数据信号。如果使用开关量输出，则在设定的窗口内导通、窗口外截止。另外，模拟量与开关量输出可独立设置检测窗口。

采取三角测量法的激光距离传感器最高线性度可达1 μm，分辨率更是达到0.1 μm。比如ZLDS100类型的传感器，它可以达到0.01%高分辨率、0.1%高线性度、9.4 kHz高响应，可适应恶劣环境。

（2）激光回波分析原理。

激光距离传感器采用回波分析原理来测量距离以达到一定程度的精度，传感器内部由处理器单元、回波处理单元、激光发射器、激光接收器等部分组成。激光距离传感器通过激光发射器每秒发射100万个激光脉冲到检测物并返回至接收器，处理器计算激光脉冲遇到检测物并返回至接收器所需的时间，以此计算出距离，该输出值是上千次测量结果的平均输出，即用所谓的脉冲时间法测量。激光回波分析法适合长距离检测,但测量精度相对于激光三角测量法要低,最远检测距离可达 250 m。

5.3　电容式传感器知识

电容器是电子技术的三大类无源元件(电阻、电感和电容)之一。利用电容器的原理,将非电量转换成电容量,进而实现非电量到电量的转化的器件或装置称为电容式传感器,它实质上是一个具有可变参数的电容器。由于材料、工艺,特别是测量电路及半导体集成技术等方面已达到了相当高的水平,因此寄生电容的影响得到了较好的解决,使电容式传感器的优点得以充分发挥。它的优点是测量范围大、灵敏度高、结构简单、适应性强、动态响应时间短、易实现非接触测量等,可以广泛地应用在力、压力、压差、振动、位移、厚度、加速度、液位、物位、湿度和成分含量等测量之中。

5.3.1　电容式传感器的工作原理

一个由绝缘介质分开的两个平行金属板组成的平板电容器,如图 5-8 所示,如果不考虑边缘效应,其电容量为

$$C = \frac{\varepsilon A}{d} \qquad (5-1)$$

式中:ε 为电容极板间介质的介电常数,$\varepsilon = \varepsilon_0 \cdot \varepsilon_r$,其中 ε_0 为真空介电常数,ε_r 为极板间介质相对介电常数;A 为两平行板所覆盖的面积;d 为两平行板之间的距离。

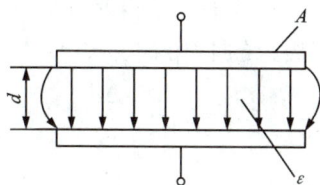

图 5-8　电容式传感器的原理

当被测参数变化使得式(5-1)中的 A、d 或 ε 发生变化时,电容量 C 也随之变化。如果保持其中两个参数不变,仅改变其中一个参数,就可把该参数的变化转换为电容量的变化,通过测量电路就可转换为电量输出。这就是电容传感器的基本工作原理。

5.3.2　变极距式电容传感器

(1)变极距式电容传感器的工作原理。

保持面积和介质两个参数不变,仅改变极距一个参数,就可把极距的

变化转换为电容量的变化，通过测量电路就可转换为电量输出，这就是变极距式电容传感器的基本工作原理。图 5-9(a)为变极距式电容传感器的原理图。

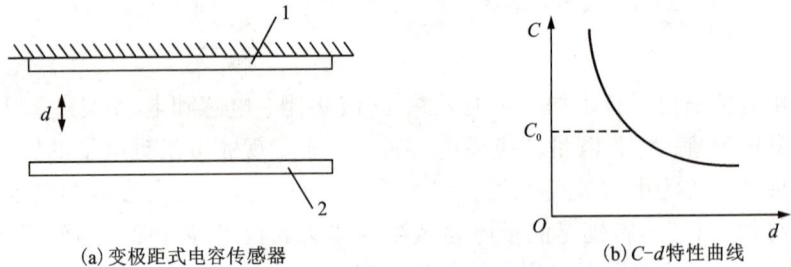

(a) 变极距式电容传感器　　　　　　(b) C-d 特性曲线

图 5-9　变极距式电容传感器

当传感器的 ε_r 和 A 为常数，初始极距为 d_0 时，由式(5-1)可知其初始电容量 C_0 为

$$C_0 = \frac{\varepsilon_0 \varepsilon_r A}{d_0} \tag{5-2}$$

若电容器极板间距离由初始值 d_0 缩小 Δd，电容量增大 ΔC，则有

$$C = C_0 + \Delta C = \frac{\varepsilon_0 \varepsilon_r A}{d_0 - \dfrac{\Delta d}{d_0}} = \frac{C_0\left(1 + \dfrac{\Delta d}{d_0}\right)}{1 - \dfrac{(\Delta d)^2}{d_0^2}} \tag{5-3}$$

由式(5-3)可知，传感器的输出特性 $C = f(d)$ 不是线性关系，而是如图 5-9(b)所示的双曲线关系。此时 C 与 Δd 呈近似线性关系，所以变极距式电容传感器只有在 $\Delta d / d_0$ 很小时，才能近似线性输出。

当保证最大位移小于极距的 1/10 时，式(5-3)可以表示为

$$C \approx C_0 + C_0 \frac{\Delta d}{d_0} \tag{5-4}$$

电容值相对变化量为

$$\frac{\Delta C}{C_0} \approx \frac{\Delta d}{d_0} \tag{5-5}$$

可见，C 与 Δd 的关系呈近似线性关系。

此时，灵敏度为

$$k_d = \frac{\Delta C}{\Delta d} \approx \frac{C_0}{d_0} \tag{5-6}$$

因此，对于一个变极距式电容传感器，其灵敏度是与其初始极距大小和初始电容量相关的近似常数。

(2)变极距式电容传感器的结构。

①差动式结构变极距式电容传感器(图 5-10)。

为了提高传感器灵敏度，减小非线性误差，实际应用中大都采用差动式结构。电容传感器做成差动式之后，灵敏度提高了一倍。

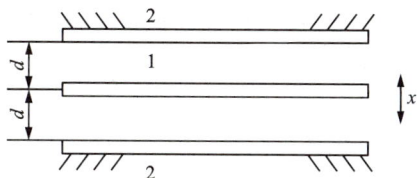

图5-10　差动式结构变极距式电容传感器

②保护环结构变极距式电容式传感器。

为消除极板边缘效应的影响，可采用如图5-11所示保护环。保护环与极板具有同一电位，这就把电极板间的边缘效应移到了保护环与极板2的边缘，使得极板1与极板2之间的场强分布变得均匀了。

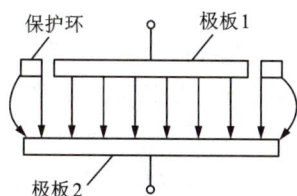

图5-11　加保护环消除极板边沿电场的不均匀性

③高介电常数的变极距式电容式传感器。

由式(5-5)、式(5-6)可以看出，在 d_0 较小时，对于同样的 Δd 变化所引起的 ΔC 可以增大，从而使传感器灵敏度提高。但 d_0 过小，容易引起电容器击穿或短路。为此，极板间可采用高介电常数的材料(云母、塑料膜等)作介质，此时电容 C 变为

$$C = \frac{A}{\dfrac{d_g}{\varepsilon_0 \varepsilon_g} + \dfrac{d_0}{\varepsilon_0}} \tag{5-7}$$

式中：ε_g 为云母片的相对介电常数，$\varepsilon_g = 7$；ε_0 为空气的介电常数，$\varepsilon_0 = 1$；d_0 为空气隙厚度；d_g 为云母片的厚度。云母片的相对介电常数是空气的7倍，其击穿电压不小于 1000 kV/mm，而空气的击穿电压仅为 3 kV/mm，因此有了云母片，极板间起始距离可大大减小。同时，式(5-7)中的 $d_g/\varepsilon_0\varepsilon_g$ 项是恒定值，它能使传感器输出特性的线性度得到改善。一般地，变极距式电容传感器的起始电容为 20～100 pF，而将极板间距离设定为 25～200 μm，最大位移应小于极距的1/10，故在微位移测量中应用最广。

5.3.3　变面积式电容传感器

保持极距和介质两个参数不变，仅改变面积一个参数，就可把面积的

变化转换为电容量的变化，通过测量电路就可转换为电量输出，这就是变面积式电容传感器的基本工作原理。图 5-12 为变面积式电容传感器原理图。根据面积变化方式的不同，通常划分为平板形变面积式电容传感器、旋转形变面积式电容传感器、圆柱形变面积式电容传感器。

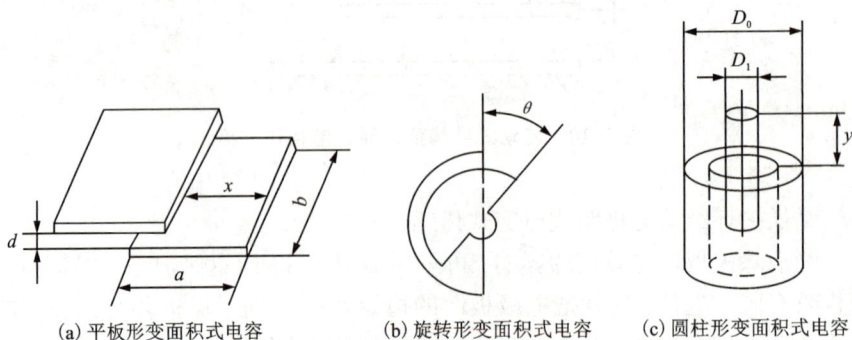

(a) 平板形变面积式电容   (b) 旋转形变面积式电容   (c) 圆柱形变面积式电容

图 5-12 变面积式电容传感器原理图

(1) 平板形变面积式电容传感器。

平板形变面积式电容传感元件结构原理如图 5-12(a) 所示。平板形位移 x 后，电容量由初始值 C_0 变为 C_x

$$C_x = C_0 - \Delta C = \varepsilon_0 \varepsilon_r \frac{b(a-x)}{d} = \left(1 - \frac{x}{a}\right) C_0 \qquad (5-8)$$

电容量变化

$$\Delta C = C_x - C_0 = -\frac{x}{a} C_0 \qquad (5-9)$$

可见，传感器电容量变化量 ΔC 与位移距离 x 呈线性关系。其灵敏度为

$$k_x = \frac{\Delta C}{x} = -\frac{C_0}{a} = -\frac{\varepsilon b}{d} \qquad (5-10)$$

因此，对于一个特定的平板形变面积式电容传感器，其灵敏度是与其几何结构和介电常数相关的常数。

(2) 旋转形变面积式电容传感器。

旋转形变面积式电容传感元件结构原理如图 5-12(b) 所示。设旋转形传感器两片极板全重合（$\theta = 0$）时的电容量为 C_0，动片转动角度 θ 后，电容量 C_θ 变为

$$C_\theta = C_0 - \Delta C = \varepsilon_0 \varepsilon_r \frac{r(\pi - \theta)}{d} = \left(1 - \frac{\theta}{\pi}\right) C_0 \qquad (5-11)$$

电容量变化

$$\Delta C = C_\theta - C_0 = -\frac{\theta}{\pi} C_0 \qquad (5-12)$$

可见，传感器电容量变化量 ΔC 与角位移 θ 呈线性关系。其灵敏度为

$$k_\theta = \frac{\Delta C}{\theta} = -\frac{C_0}{\pi} \qquad (5-13)$$

因此，对于一个特定的旋转形变面积式电容传感器，其灵敏度是与其几何结构和初始电容量相关的常数。

（3）圆柱形变面积式电容传感器。

圆柱形变面积式电容传感元件结构原理如图 5-12（c）所示。设内外电极长度为 L，起始电容量为 C_0，则动极向上位移 y 后，电容量变为 C_y

$$C_y = C_0 - \Delta C \approx \left(1 - \frac{y}{L}\right) C_0 \qquad (5-14)$$

电容量变化

$$\Delta C = C_y - C_0 = -\frac{y}{L} C_0 \qquad (5-15)$$

可见，传感器电容量变化量 ΔC 与位移长度 y 呈线性关系。其灵敏度为

$$k_y = \frac{\Delta C}{y} = -\frac{C_0}{L} \qquad (5-16)$$

因此，对于一个特定的圆柱形变面积式电容传感器，其灵敏度是与其几何结构和初始电容量相关的常数。

（4）变面积式电容传感器的结构。

如图 5-13 所示是变面积式差动电容结构原理，传感器输出和灵敏度均提高了一倍。

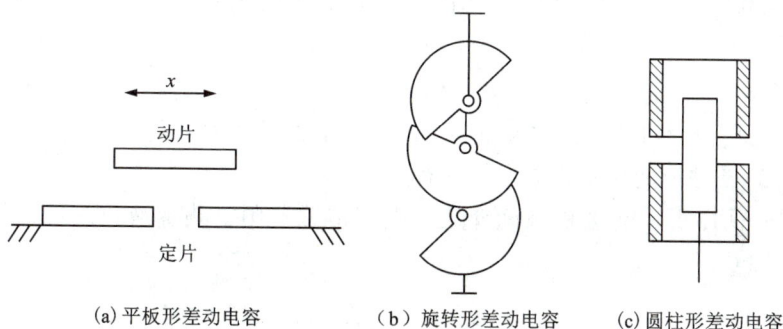

(a) 平板形差动电容　　　(b) 旋转形差动电容　　(c) 圆柱形差动电容

图 5-13　变面积差动电容结构原理图

5.3.4　变介质式电容传感器

（1）变介质式电容传感器工作原理。

保持面积和极距两个参数不变，仅改变介质一个参数，就可把介质的变化转换为电容量的变化，通过测量电路就可转换为电量输出，这就是变介质式电容传感器的基本工作原理。变介质式电容传感器有较多的结构型式，可以用来测量纸张、绝缘薄膜等的厚度，也可用来测量粮食、纺织品、木材或煤等非导电固体介质的湿度。

（2）平板形变介质式电容传感器。

图 5-14 是一种比较常用的结构型式。图中两个平行电极固定不动，极距为 d_0，宽度为 b_0，相对介电常数为 ε_{r1}，原始电容量为 C_0。当一个介电常数为 ε_{r2} 的电介质以不同深度插入电容器时，就改变了两种介质的极板覆盖面积。此时，传感器总电容量 C_ε 为

$$C_\varepsilon = C_1 + C_2 = \varepsilon_0 b_0 \frac{\varepsilon_{r1}(L_0 - L) + \varepsilon_{r2} L}{d_0} \tag{5-17}$$

式中：L_0、b_0 为极板长度、宽度；L 为第二种介质进入极间的长度。

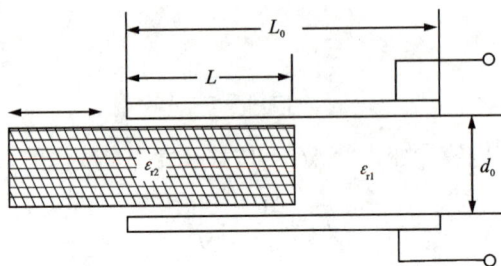

图 5-14   平板形变介质式电容式传感器

若电介质 $\varepsilon_{r1} = 1$，当 $L = 0$ 时，传感器初始电容 C_0 为

$$C_0 = \frac{\varepsilon_0 \varepsilon_{r1} L_0 b_0}{d_0} = \frac{\varepsilon_0 L_0 b_0}{d_0} \tag{5-18}$$

当介质 ε_{r2} 进入极间 L 后，引起电容的相对变化为

$$\frac{\Delta C}{C_0} = \frac{C - C_0}{C_0} = \frac{(\varepsilon_{r2} - 1) L}{L_0} \tag{5-19}$$

可见，电容的变化与电介质 ε_{r2} 的移动量 L 呈线性关系。

（3）圆柱形变介质式电容传感器。

图 5-15 是一种变极板间介质的电容传感器用于测量液位高低的结构原理图。

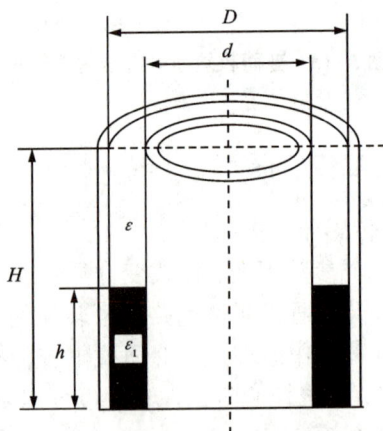

图 5-15   圆柱形变介质式电容传感器

设被测介质的介电常数为 ε_1，液面高度为 h，传感器总高度为 H，内筒外径为 d，外筒内径为 D，则此时传感器电容值为

$$C=\frac{2\pi\varepsilon_1 h}{\ln\dfrac{D}{d}}+\frac{2\pi\varepsilon(H-h)}{\ln\dfrac{D}{d}}=\frac{2\pi\varepsilon_1 h}{\ln\dfrac{D}{d}}+\frac{2\pi h(\varepsilon_1-\varepsilon)}{\ln\dfrac{D}{d}}=c_0+\frac{2\pi h(\varepsilon_1-\varepsilon)}{\ln\dfrac{D}{d}} \quad (5-20)$$

式中：ε 为空气介电常数；C_0 为由传感器的基本尺寸决定的初始电容值。

$$C_0=\frac{2\pi\varepsilon H}{\ln\dfrac{D}{d}} \quad (5-21)$$

由此可见，此传感器的电容增量正比于被测液位高度 h。

5.3.5　电容式传感器的测量电路

电容式传感器中电容值以及电容变化值都十分微小，这样微小的电容量不能直接为目前的显示仪表所显示，也很难为记录仪所接收，不便于传输。这就必须借助于测量电路检出这一微小电容增量，并将其转换成与其呈单值函数关系的电压、电流或者频率。电容转换电路有交流电桥测量电路、调频测量电路、运算放大器式电路、二极管双 T 型交流电桥、脉冲宽度调制电路等。

（1）交流电桥测量电路。

将电容式传感器接入交流电桥的一个臂（另一个臂为固定电容）或两个相邻臂，另两个臂可以是电阻或电容或电感，也可以是变压器的两个二次线圈。其中另两个臂是紧耦合电感臂的电桥，具有较高的灵敏度和稳定性，且寄生电容影响极小，大大简化了电桥的屏蔽和接地，适合于高频电源下工作。而变压器式电桥使用元件最少，桥路内阻最小，因此目前较多采用。

①普通交流电桥。

如图 5-16 所示为由电容 C、C_0 和阻抗 Z、Z' 组成的普通交流电桥测量电路，其中 C 为电容传感器的电容，Z' 为等效配接阻抗，C_0 和 Z 分别为固定电容和阻抗。

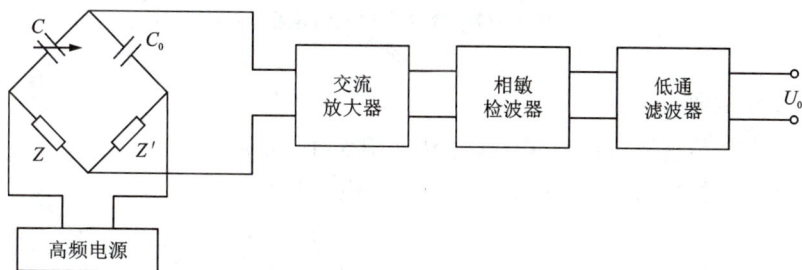

图 5-16　普通交流电桥测量电路

电桥初始状态调至平衡，当传感器电容 C 变化时，电桥失去平衡而输

出电压，此交流电压的幅值随 C 而变化。电桥的输出电压为

$$U_0 = \frac{\Delta Z}{Z} U \frac{1}{1 + \frac{1}{2}\left(\frac{Z'}{Z} + \frac{Z}{Z'}\right) + \frac{Z+Z'}{Z}} \tag{5-22}$$

式中：Z 为电容臂阻抗；ΔZ 为传感器电容变化时对应的阻抗增量；Z' 为电桥输出端放大器的输入阻抗。这种交流电桥测量电路要求提供幅度和频率很稳定的交流电源，并要求电桥放大器的输入阻抗 Z' 很高。为了改善电路的动态响应特性，一般要求交流电源的频率为被测信号最高频率的 3 ~ 10 倍。

②紧耦合电感臂电桥。

如图 5-17 所示为用于电容传感器测量的紧耦合电感臂电桥。该电路的特点是两个电感臂相互为紧耦合，它的优点是抗干扰能力强、稳定性高。

电桥的输出电压表达式为

$$U_0 = \frac{\Delta Z}{Z} \frac{\frac{1+A}{1+B}}{1 + \frac{1}{2}\left(A + \frac{1}{B}\right) + \frac{Z}{Z_L}(1+A)} \tag{5-23}$$

式中：$Z = \frac{1}{j\omega C}$；$\Delta Z = \frac{\Delta C}{j\omega C^2}$；$A = \frac{Z_{12}(1-K)}{Z}$，$B = \frac{Z_{12}(1+K)}{Z}$，其中 $Z_{12} = j\omega L$；$K = 1 - \frac{j\omega(L+M)}{j\omega L}$；$Z_L$ 为电桥负载阻抗。

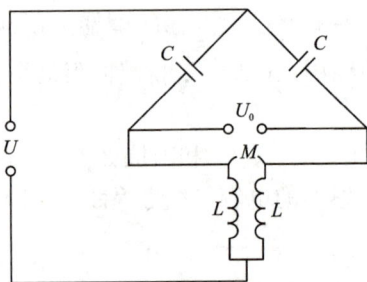

图 5-17 紧耦合电感臂电桥

③变压器电桥。

电容式传感器所用的变压器电桥如图 5-18 所示。

当负载阻抗为无穷大时，电桥的输出电压为

$$U_0 = \frac{U}{2} \frac{Z_2 - Z_1}{Z_2 + Z_1} \tag{5-24}$$

将 $Z_1 = \frac{1}{j\omega C_1}$、$Z_2 = \frac{1}{j\omega C_2}$ 代入式（5-24），可得

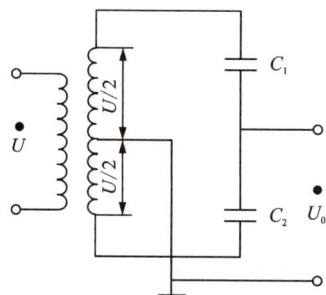

图 5-18　变压器电桥

$$U_0 = \frac{U}{2} \cdot \frac{C_1 - C_2}{C_2 + C_1} \tag{5-25}$$

式中：C_1、C_2 为差动电容式传感器的电容量。设 C_1、C_2 为变间隙式电容传感器，则有 $C_1 = \dfrac{\varepsilon A}{d - \Delta d}$、$C_2 = \dfrac{\varepsilon A}{d + \Delta d}$，代入式（5-25），可得

$$U_0 = \frac{U}{2} \cdot \frac{\Delta d}{d} \tag{5-26}$$

可见，在放大器输入阻抗极大的情况下，输出电压与位移呈线性关系。

④交流电桥测量电路的特点。

a. 高频交流正弦波供电。

b. 电桥输出调幅波，要求其电源电压波动极小，需采用稳幅、稳频等措施。

c. 通常处于不平衡工作状态，所以传感器必须工作在平衡位置附近，否则电桥非线性增大，且在要求精度高的场合应采用自动平衡电桥。

d. 输出阻抗很高（几 MΩ 至几十 MΩ），输出电压低，必须后接高输入阻抗、高放大倍数的处理电路。

（2）调频测量电路。

调频测量电路把电容式传感器作为振荡器谐振回路的一部分。当输入量导致电容量发生变化时，振荡器的振荡频率就发生变化。虽然可将频率作为测量系统的输出量，用以判断被测非电量的大小，但此时系统是非线性的，不易校正，因此加入鉴频器，将频率的变化转换为振幅的变化，经过放大就可以用仪器指示或记录仪记录下来。调频测量电路原理框图如图 5-19 所示。

①工作原理。

图 5-19 中调频振荡器的振荡频率为

$$f = \frac{1}{2\pi \sqrt{LC}} \tag{5-27}$$

式中：L 为振荡回路的电感；C 为振荡回路的总电容，$C = C_1 + C_2 + C_0 \pm \Delta C$，其

中，C_1 为振荡回路固有电容，C_2 为传感器引线分布电容，$C_0 \pm \Delta C$ 为传感器的电容。

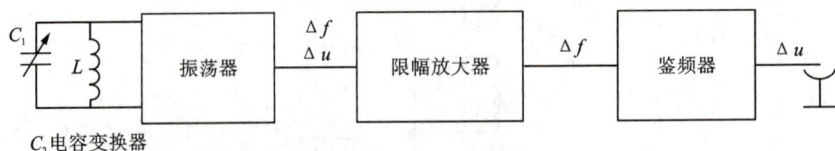

图 5-19   调频测量电路原理图

当被测信号为 0 时，$\Delta C = 0$，则 $C = C_1 + C_2 + C_0$，所以振荡器有一个固有频率 f_0（一般选在 1 MHz 以上）

$$f_0 = \frac{1}{2\pi \sqrt{L(C_0 + C_2 + C_2)}} \tag{5-28}$$

当被测信号不为 0 时，$\Delta C \neq 0$，振荡器频率有相应变化，此时频率为

$$f = \frac{1}{2\pi \sqrt{L(C_0 + C_2 + C_2)}} = f_0 \pm \Delta f \tag{5-29}$$

②使用结论。

振荡器输出的高频电压是一个受被测信号调制的调制波，其频率由式（5-29）决定。调频电容传感器测量电路具有较高灵敏度，可以测至 0.01 μm 级位移变化量。频率输出易于用数字仪器测量和与计算机通信，抗干扰能力强，可以发送、接收以实现遥测遥控。

（3）运算放大器式电路。

运算放大器的放大倍数 K 非常大，而且输入阻抗 Z_i 很高。运算放大器的这一特点可以使其作为电容式传感器的比较理想的测量电路。

①工作原理。

图 5-20 是运算放大器式电路原理图。设 C_x 为电容式传感器，U_i 是交流电源电压，U_0 是输出信号电压，Σ 是虚地点。由运算放大器工作原理可得

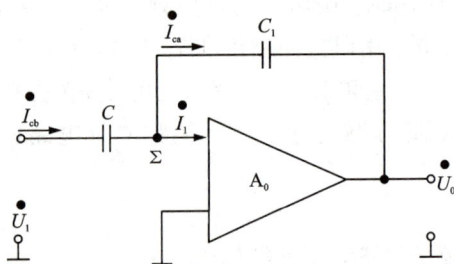

图 5-20   运算放大器式电路原理图

$$U_0 = -\frac{C}{C_x}U_i \qquad (5-30)$$

如果传感器是一只平板电容,则

$$C_x = \frac{\varepsilon A}{d} \qquad (5-31)$$

将式(5-31)代入式(5-30),有

$$U_0 = -U_i \frac{C}{\varepsilon A}d \qquad (5-32)$$

式中:"$-$"表示输出电压 U_0 的相位与电源电压反相。

②使用结论。

式(5-32)说明运算放大器的输出电压与极板间距离 d 呈线性关系。运算放大器电路解决了单个变极距式电容传感器的非线性问题,但要求 Z_i 及 K 足够大。为保证仪器精度,还要求电源电压的幅值和固定电容 C 值稳定。

(4)二极管双 T 型交流电桥。

二极管双 T 型交流电桥电路如图 5-21 所示。E 是高频电源,它提供幅值为 U_i 的对称方波,VD_1、VD_2 为特性完全相同的两个二极管,$R_1 = R_2 = R$,C_1、C_2 为传感器的两个差动电容。当传感器没有输入时,$C_1 = C_2$。

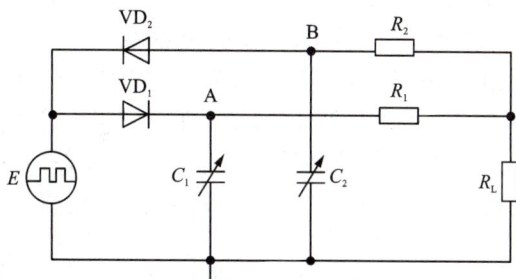

图 5-21　二极管双 T 型交流电桥电路

①工作原理。

电路工作原理如图 5-22 所示。

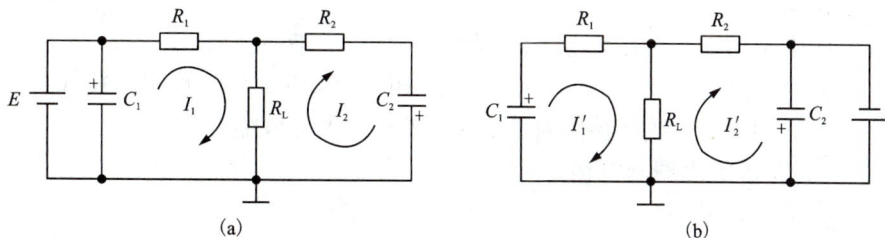

(a)　　　　　　　　　(b)

图 5-22　二极管双 T 型交流电桥电路工作原理图

当 E 为正半周时,二极管 VD_1 导通、VD_2 截止,于是电容 C_1 充电;在随后负半周出现时，电容 C_1 上的电荷通过电阻 R_1，负载电阻 R_L 放电，流过 R_L 的电流为 I_1。在负半周内，VD_2 导通、VD_1 截止，则电容 C_2 充电；在随后正半周出现时，C_2 通过电阻 R_2，负载电阻 R_L 放电，流过 R_L 的电流为 I_2。根据上面所给的条件，则电流 $I_1 = I_2$，且方向相反，在一个周期内流过 R_L 的平均电流为零。若传感器输入不为 0，则 $C_1 \neq C_2$，那么 $I_1 \neq I_2$，此时 R_L 上必定有信号输出，其输出在一个周期内的平均值为

$$U_0 = I_L R_L = R_L \frac{1}{T} \int_0^T \left[I_1(t) - I_2(t) \right] \mathrm{d}t \approx \frac{R(R+2R_L)}{(R+R_L)^2} R_L E f(C_1 - C_2)$$

$$(5\text{-}33)$$

式中：f 为电源频率。

当 R_L 已知时，设

$$M = \frac{R(R+2R_L)}{(R+R_L)^2} R_L \qquad (5\text{-}34)$$

则 M 为常数，从而有

$$U_0 = MEf(C_1 - C_2) \qquad (5\text{-}35)$$

②使用结论。

从式(5-35)可知，输出电压 U_0 不仅与电源电压的幅值和频率有关，而且与 T 型网络中的电容 C_1 和 C_2 的差值有关。

a. 当电源电压确定后，输出电压 U_0 是电容 C_1 和 C_2 的函数。

b. 该电路输出电压较高，当电源频率为 1.3 MHz，电源电压 E_i = 46 V 时，电容在 -7~+7 pF 变化，可以在 1 MΩ 负载上得到 -5~+5 V 的直流输出电压。

c. 电路的灵敏度与电源幅值和频率有关，故要求输入电源稳定。当 U_i 幅值较高，使二极管 VD_1、VD_2 工作在线性区域时，测量的非线性误差很小。

d. 电路的输出阻抗与电容 C_1、C_2 无关，而仅与 R_1、R_2 及 R_L 有关，其值为 1~100 kΩ。输出信号的上升时间取决于负载电阻。对于 1 kΩ 的负载电阻，上升时间为 20 μs 左右，故可用来测量高速的机械运动。

③线路特点。

a. 线路简单，可全部放在探头内，大大缩短了电容引线，减小了分布电容的影响。

b. 电源周期、幅值直接影响灵敏度，要求它们高度稳定。

c. 输出阻抗为 R，与电容无关，克服了电容式传感器高内阻的缺点。

d. 适用于具有线性特性的单组式和差动式电容传感器。

(5)脉冲宽度调制电路。

①工作原理。

脉冲宽度调制电路如图 5-23 所示。图中 C_1、C_2 为差动式电容传感器，电阻 $R_1 = R_2$，A_1、A_2 为比较器。当双稳态触发器处于某一状态，$Q = 1$，$Q_i = 0$，A 点高电位通过 R_1 对 C_1 充电，时间常数为 $\tau_1 = R_1 C_1$，直至 F 点电位高于参比电位 U_r，比较器 A_1 输出正跳变信号。与此同时，因 $Q_i = 0$，电容器

C_2 上已充电流通过 VD_2 迅速放电至零电平。A_1 正跳变信号激励触发器翻转，使 $Q=0$，$Q_i=1$，于是 A 点为低电位，C_1 通过 VD_1 迅速放电，而 B 点高电位通过 R_2 对 C_2 充电，时间常数为 $\tau_2=R_2C_2$，直至 G 点电位高于参比电位 U_r。比较器 A_2 输出正跳变信号，使触发器发生翻转，重复前述过程。

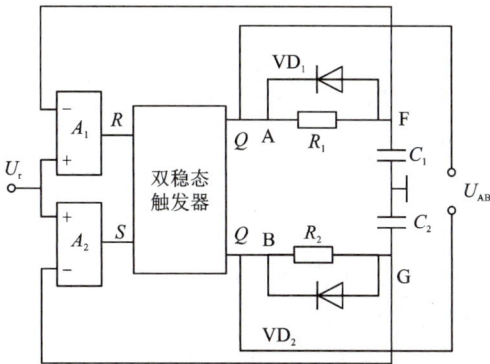

图 5-23　脉冲宽度调制电路

电路各点波形如图 5-24 所示，当差动电容器的 $C_1=C_2$ 时，其平均电压值为零。当差动电容 $C_1 \ne C_2$，且 $C_1 > C_2$ 时，则 $\tau_1 > \tau_2$。由于充放电时间常数变化，使电路中各点电压波形产生相应改变。

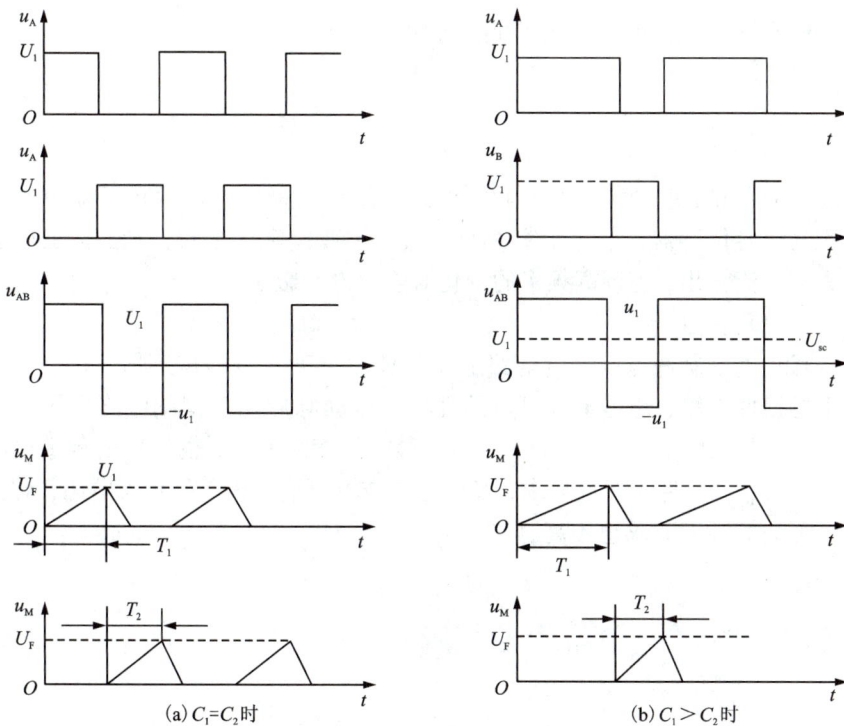

(a) $C_1=C_2$ 时　　　　(b) $C_1 > C_2$ 时

图 5-24　电路各点波形

如图 5-24（b）所示，此时 u_A、u_B 脉冲宽度不再相等，一个周期（T_1+T_2）时间内其平均电压值不为零。此 u_{AB} 电压经低通滤波器滤波后，可获得输出

$$u_{AB}=u_A-u_B=\frac{U_1(T_1-T_2)}{T_1+T_2} \tag{5-36}$$

式中：U_1 为触发器输出高电平；T_1、T_2 为 C_1、C_2 充放电至 U_r 所需时间。由电路知识可知

$$T_1=R_1C_1\ln\left(\frac{U_1(T_1-T_2)}{T_1+T_2}\right)；T_2=R_2C_2\ln\frac{U_2}{U_2-U_r} \tag{5-37}$$

将 T_1、T_2 代入式（5-36），得

$$u_{AB}=\frac{C_1-C_2}{C_1+C_2}U_1 \tag{5-38}$$

把平行板电容的公式代入式（5-38）：

a. 在变极板距离的情况下可得

$$u_{AB}=\frac{d_2-d_1}{d_1+d_2}U_1 \tag{5-39}$$

式中：d_1、d_2 分别为 C_1、C_2 极板间距离。

当差动电容 $C_1=C_2=C_0$，即 $d_1=d_2=d_0$ 时，$u_{AB}=0$；若 $C_1\neq C_2$，设 $C_1>C_2$，即 $d_1=d_0-d$，$d_2=d_0+\Delta d$，则

$$u_{AB}=\frac{\Delta d}{d}U_1 \tag{5-40}$$

b. 在变面积式电容传感器中，则有

$$u_{AB}=\frac{\Delta A}{A}U_1 \tag{5-41}$$

②使用结论。

由此可见，差动脉冲宽度调制电路适用于变极距式电容传感器以及变面积式电容传感器，并具有线性特性，且转换效率高，经过低通放大器就较大的直流输出，且调宽频率的变化对输出没有影响。

③电路特点。

可见差动脉冲宽度调制电路适用于任何差动式电容传感器，并具有理论上的线性特性，这是十分可贵的性质。差动脉冲宽度调制电路采用直流电源，其电压稳定度高，不存在稳频、波形纯度的要求，也不需要相敏检波与解调等；对元件无线性要求；经低通滤波器可输出较大的直流电压，对输出矩形波的纯度要求也不高。

5.4　距离传感器选型与维护

激光距离传感器需要使得切割头与工件表面之间的距离长期、可靠地保持稳定，响应速度达到毫秒量级。本节设定的检测条件如表 5-1 所示。

表 5-1　本节设定的检测条件

距离测量范围	0.1~10 mm
频率范围	0~100 Hz
响应时间	<2 ms
重复精度	±0.1 mm
温度范围	-10~+40 ℃

5.4.1　距离传感器对比分析

（1）电容式距离传感器是一种采用非接触电容式原理的精密测量仪器。

该传感器除具有一般非接触式仪器所共有的无摩擦、无损磨和无惰性特点外，还具有信噪比大、灵敏度高、零漂小、频响宽、非线性小、精度稳定性好、抗电磁干扰能力强和使用操作方便等优点。但也存在如量程比较小（一般只有几十毫米）、容易受外界干扰和分布参数的影响等缺点。

（2）电涡流距离传感器能静态和动态地非接触、高线性度、高分辨力地测量被测金属导体距探头表面距离。它是一种非接触的线性化计量工具。电涡流距离传感器能准确测量被测体（必须是金属导体）与探头端面之间静态和动态的相对位移变化。在高速旋转机械和往复式运动机械状态分析，振动研究、分析测量中，对非接触的高精度振动、位移信号，能连续准确地采集到转子振动状态的多种参数，如轴的径向振动、振幅以及轴向位置。其优点：体积更小、可靠性好、测量范围宽、灵敏度高、分辨率高；高分辨率和高采样率；可自行调整零位、增益和线性；可选择延长电缆、温度补偿等功能；可测铁磁和非铁磁所有金属材料；具有多传感器同步功能；不受潮气、灰尘的影响，对环境要求低；在大型旋转机械状态的在线监测与故障诊断中得到广泛应用。

（3）激光距离传感器是新型测量仪表，是利用激光技术进行测量的传感器。

因为激光距离传感器是通过发射激光来进行检测的，所以在使用过程中有很多事项需要注意：

①对准太阳或其他强光源物体测量会产生错误结果。

②在强反射环境中测量较差反射表面的物体也会产生错误结果。

③强反射表面会产生错误结果。

④透过透明物测量，如玻璃、光学滤光器、树脂玻璃，会产生不正确数据。

⑤迅速改变测量环境也会产生假数据。

5.4.2　距离传感器的选型

距离传感器选用的一般原则如下。

1. 根据测量对象与测量环境确定传感器的类型

要进行一个具体的测量工作，首先要考虑采用何种原理的传感器，这需要分析多方面的因素才能确定。

2. 灵敏度的选择

通常，在距离传感器的线性范围内，希望传感器的灵敏度越高越好。因为只有灵敏度高时，与被测量变化对应的输出信号的值才比较大，有利于信号处理。但要注意的是，传感器的灵敏度高，与被测量无关的外界噪声也容易混入，也会被放大系统放大，影响测量精度。因此，要求传感器本身应具有较高的信噪比，尽量减少从外界引入的干扰信号。

3. 线性范围

距离传感器的线性范围是指输出与输入成正比的范围。从理论上讲，在此范围内，灵敏度保持定值。传感器的线性范围越宽，则其量程越大，并且能保证一定的测量精度。在选择传感器时，当传感器的种类确定以后，首先要看其量程是否满足要求。

4. 频率响应特性

距离传感器的频率响应特性决定了被测量的频率范围，必须在允许频率范围内保持不失真的测量条件，实际上传感器的响应总有一定延迟，希望延迟时间越短越好。传感器的频率响应越高，可测的信号频率范围就越宽。

5. 精度

精度是传感器的一个重要的性能指标，它是整个测量系统测量精度的一个重要环节。传感器的精度越高，其价格越昂贵，因此，传感器的精度只要满足整个测量系统的精度要求就可以，不必选得过高。

6. 稳定性

传感器使用一段时间后，其性能保持不变的能力称为稳定性。影响传感器长期稳定性的因素除传感器本身结构外，主要是传感器的使用环境。因此，要使传感器具有良好的稳定性，传感器必须要有较强的环境适应能力。在选择传感器之前，应对其使用环境进行调查，并根据具体的使用环境选择合适的传感器，或采取适当的措施，减小环境的影响。在某些要求传感器能长期使用而又不能轻易更换或标定的场所，所选用的传感器稳定性要求更严格，要能够经受住长时间的考验。

根据激光头距离检测条件，进行如下分析：

（1）激光切割速度极快，需要具有高动态响应频率的传感器才能满足要求。

（2）切割时处于强光、强辐射等恶劣环境中，需要传感器具备极强的环境适应能力。

（3）切割头部温度变化大，需在外界温度变化较大时依然保持较好的测量精度和稳定性。

根据上述分析，电容式距离传感器的特点十分适合激光切割，因此，选择以下激光器距离式电容传感器。

激光器距离式电容传感器与喷嘴体复合，传感器由内、外两个不同金属锥形壳套在一起组成。内、外壳层中间为陶瓷绝缘介质，外壳层选择接地且与内层绝缘，传感器工作时起屏蔽作用。锥形尖端一侧内壳层下部连接一环形金属片与外层绝缘，此环形金属片与金属工件即构成一个电容传感器的两个极板。从内壳层中引出一通道与信号采集系统相连接，传感器工作时依次通过此通道，金属内壳层使发射极板(环形金属片)带电，整个探头上端与激光加工机连接，工作时激光束通过内层金属壳穿出，如图5-25所示。

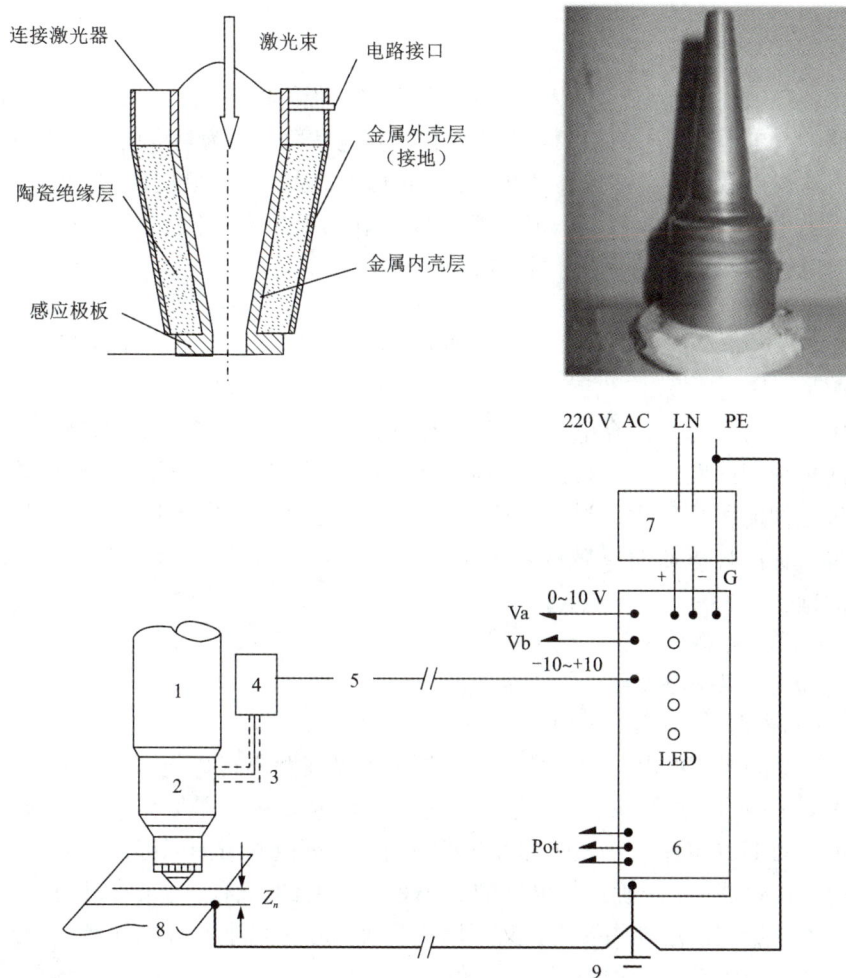

1—切割头；2—电容式传感器，ϕ54 mm×55 mm；3—电容电缆，300 mm；
4—前置放大器，45 mm×70 mm×32 mm；5—同轴电缆；6—控制盒，110 mm×125 mm×40 mm；
7—直流电源，80 mm×110 mm×32 mm；8—工件；9—接地点；Z_n—传感头与工件间距。

图5-25　激光器距离式电容传感器结构与工作示意图

5.4.3 电容式传感器的检修与维护

1. 电容式传感器常见问题

电容式传感器是将被测量的非电量变化转换为电容量变化的一种传感器，这种传感器具有阻抗高、功率小、动态范围大、动态响应较快、几乎没有零漂、结构简单和适应性强等优点。因此，电容式传感器在自动检测技术中占有很重要的地位，并得到广泛的应用。但它在使用过程中也存在一些问题。

（1）灵敏度的问题。

由两平行板组成的一个电容器，若忽略其边缘效应，其电容量可用下式表示

$$C = \frac{\varepsilon_0 \varepsilon_r}{d} = \frac{\varepsilon S}{d} \tag{5-42}$$

式中：S 为极板相互遮盖面积，m^2；d 为两平行板间的距离，m；ε 为极板间介质的介电常数；ε_r 为极板间介质的相对介电常数；ε_0 为真空的介电常数。从上式可以看出，当 d 减小时可使电容量增大，从而使灵敏度增加，但 d 过小容易引起电容器击穿，一般我们可以采取在极板间放置云母片来改善，此时电容 C 为两电容串联，可写成

$$C = \frac{S}{\dfrac{d-d_0}{\varepsilon_1} + \dfrac{d_0}{\varepsilon_2}} \tag{5-43}$$

式中：ε_1 为云母片的介电常数；ε_2 为空气的介电常数；d_0 为气隙宽度；d 为两极板间的距离。云母片的介电常数为空气的 7 倍，因此有了云母片，极板之间的距离可大大减小，还能使电容式传感器输出特性的线性得到改善。提高传感器的灵敏度除了采用加云母片的方法外，还可以采取以下措施：

①提高电源频率。

②减小极板厚度可削弱边缘效应。

（2）电容式传感器中一些量的变化范围。

变极间距离的电容式传感器，由于减小极间距离可以提高灵敏度，多用来测量微米级的位移，一般极板间距离不超过 1 mm，最大位移量应限制在极距的 1/10 内；变极板工作面积的传感器，可以测量厘米级的位移。在电容式传感器中，正确选择电容的大小是很重要的。合理的设计既可以使传感器满足测量范围的要求，又可以提高灵敏度，减小非线性误差。一般其电容的变化为 $10^3 \sim 10^4$ pF，相对值 $\Delta C/C$ 的变化则为 $10^{-6} \sim 1$。电容元件输出阻抗一般为 $10^6 \sim 10^8$ Ω，该数值还与所采用的交流电源频率有关。为了减小绝缘电阻的影响和提高灵敏度，电源频率一般在 50 kHz 以上，但是采用高频电源使信号放大、传输等问题比低频时复杂得多。

（3）分布电容的影响问题。

电容式传感器一个很关键的问题是分布电容，电容量与传感器电容量相比不仅不能忽略，而且影响还极其严重，其后果是传输效率降低、灵敏度下降、测量误差增加及稳定性变差。近几年来，对此问题有了新的解决途径，"整体屏蔽法"就是其中一种。以差动电容传感器为例，说明整体屏蔽法，在图 5-26 中，CX_1、CX_2 为差动电容，U 为电源，A 为放大器，整体屏蔽法是把整个电桥（包含电源电缆等）一起屏蔽起来，设计的关键点在于接地点的合理设置。把接地点放在两个平衡电阻 R_1、R_2 之间与整体屏蔽共地，这样，传感器公用极板与屏蔽之间的分布电容 C_1 与放大器的输入阻抗并联，从而把 C_1 视作放大器的输入电容。由于放大器的输入阻抗有极大值，C_1 的并联也不希望存在，但它只影响灵敏度而已，另外两个分布电容 C_3、C_4 并联在桥臂 R_1、R_2 上，会影响电桥的初始平衡和整体灵敏度，并不影响电桥的正常工作。因此，分布参数对传感器电容的影响基本消除，整体屏蔽法是解决电容式传感器分布电容问题很好的方法，缺点是结构复杂。

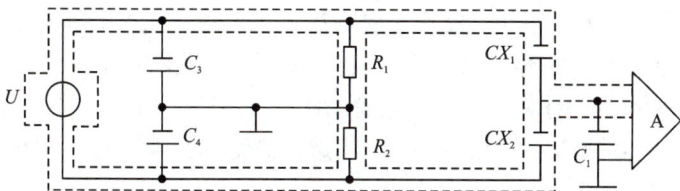

图 5-26　整体屏蔽法示意

（4）非线性问题。

变间隙式电容传感器相对输出表达式为

$$\frac{\Delta C}{C} = \frac{\Delta d}{d}\left[1 + \frac{\Delta d}{d} + \left(\frac{\Delta d}{d}\right)^2 + \left(\frac{\Delta d}{d}\right)^3 + \cdots\right] \qquad (5\text{-}44)$$

由上式可知，变间隙式电容传感器相对输出与输入呈非线性关系。由于 $\Delta d/d \ll 1$，工程上常采用以下两种近似处理方法。

①近似线性处理：即取上式右边第一项近似，有

$$\frac{\Delta C}{C} = \frac{\Delta d}{d} \qquad (5\text{-}45)$$

②近似非线性处理：即取相对输出表达式的前两项近似，有

$$\frac{\Delta C}{C} = \frac{\Delta d}{d}\left(1 + \frac{\Delta d}{d}\right) \qquad (5\text{-}46)$$

上述两种近似产生的相对非线性误差为

$$r_0 = \pm\left|\frac{\Delta d}{d}\right| \times 100\% \qquad (5\text{-}47)$$

以上分析说明，相对非线性误差 r_0 与间隙 d_0 也成反比，因此提高传感器的灵敏度和减小非线性误差是相矛盾的。在实际应用中，为解决这一矛

盾，大都采用差动式电容传感器。

2. 电容式传感器故障预防

电容式传感器不宜在高频电场(高频淬火机床、焊接机、超声波发生器等)附近使用，以免发生误动作。

电容式传感器在使用过程中常因电容结构不稳定、寄生电容和电容器极板边缘效应的干扰而影响其性能。因此，要设法克服这些不利因素。

1) 克服结构不稳定的影响

(1) 对结构有影响的第一个因素是温度。显然电容式传感器吸收的能量小，不会因发热而改变它的工作点，但是周围环境的温度会改变电容式传感器各组成零件的尺寸，另外，介质介电常数也因温度的变化而变化，这些都会导致电容的附加变化。要消除这一影响，应在设计传感器时，精心选取材料，配用二次仪表，采用温度补偿。这些措施，往往在设计和制造时已考虑，但选用者必须知道这一因素的重要性。

(2) 对结构有影响的第二个因素是湿度。电容式传感器有一个重要特点，即电容量一般都很小，仅几十皮法甚至几皮法。如果电源频率较低，则电容式传感器本身的容抗就可高达几兆欧或几百兆欧，是一个高阻抗、小功率的传感元件。对于这样一个传感元件，绝缘问题显得非常突出，在设计和使用时，都要充分考虑这一点，应选用高绝缘性能的材料制作，并且要采取防潮措施。

2) 消除寄生电容的干扰

(1) 两导体之间，均可构成电容联系，因此，电容式传感器除了极板间的电容外，极板还可能与周围物体产生电容联系，这种附加的电容联系称为寄生电容。由于电容式传感器中的电容本身很小，因此对寄生电容干扰非常敏感，特别是寄生电容极不稳定，将导致传感器性能不稳定。当使用电容式传感器时，解决好寄生电容的影响至关重要。

(2) 消除寄生电容的影响，常采用屏蔽和接地技术。将传感器放在金属壳体内，并将壳体接地，这样就消除了传感器与壳体外部物体之间不稳定的寄生电容。但是，即使采用了上述措施，还会存在"电缆寄生电容"问题，即由于连接电容式传感器的电缆所引起的寄生电容，可用有源式传感器或者"双层屏蔽等电位传输"(又称驱动电缆)技术解决这一问题。

3) 消除边缘效应的影响

电容器极板边缘存在不均匀电场，造成边缘效应，使电容式传感器灵敏度下降并且产生非线性误差，应尽量消除或减少。在结构允许的情况下，通常采用等位环消除边缘效应。

思政园地

2020 年 8 月底，美国开始计划对激光器等高技术产品实施出口管制，而中国不少工业级 3D 打印厂商需要的高性能激光器、振镜等部件都依赖进口。

某著名企业在财报中提出了该项风险。我国工业级增材制造装备核心器件严重依赖进口的问题依然较为突出。增材制造装备核心器件，如高光束质量激光器及光束整形系统、高品质电子枪及高速扫描系统、大功率激光扫描振镜、动态聚焦镜等精密光学器件、阵列式高精度喷嘴/喷头等严重依赖进口，公司进口核心元器件主要为激光器及扫描振镜。公司设备的部分核心器件对国外品牌存在一定的依赖性。若上述核心器件受出口国贸易禁运、管制等因素影响，导致公司无法按需及时采购，将对公司的生产经营产生不利影响。

那么，中国有没有国产的激光器、振镜可以替代进口的呢？一个叫大族激光的企业映入了人们的眼帘。大族激光智能装备集团主要从事中高功率的激光切割、焊接、3D 打印、激光清洗、自动化生产线，以及激光器、数控系统、功能部件等激光智能装备以及核心器件的研发、制造，在 3D 打印设备国产化这一块（一些部件比如说激光器、振镜、软件）都是自主研发，可以生产 300~1500 W 的激光器。其旗下还有公司专门负责研发扫描振镜，自产打印机所用的振镜都是自主研发的，同时还有完全自主的软件，包括人机控制界面、路径规划软件等。另外，还有一些子公司做电机、冷水机等其他辅助设备的研发，3D 打印设备采用了自己的 300 W 和 500 W 激光器，一般是用单模 15 μm，光束质量在 1.1 之内，激光器完全对标国外，特别是激光器功率稳定性可控制在 ±1%，在国际上都是领先的。扫描振镜上的电机、编码器也是自主开发，通过对 3D 打印光束系统的设计，以及动态调焦的设计，最后实现对振镜的集成。对于关键器件，像激光器、振镜等卡脖子的部件，也一直在努力实现完全国产化。

2010—2020 年，工业激光器的复合增长率高达 17%。2018 年全球工业激光器销售收入为 50.6 亿美元，其中光纤激光器销售收入为 26.0 亿美元，在工业激光器销售收入中占 51.5%。光纤激光器在大功率激光器领域占比尤为高。高功率受国产垄断，中低功率已经实现国产替代。对于激光加工应用场景，业界一般定义功率低于 100 W 为低功率激光器，低功率激光器基本能实现国产替代。功率 100~1000 W 为中功率激光器，中功率光纤激光器的国产化率正快速提升。功率大于 1000 W 为高功率激光器，技术研发瓶颈高，原材料性能要求苛刻，此前高功率光纤激光器基本被美国 IPG 等公司占据，也是目前国产化最为关键的领域。激光器行业受 IPG、SPI、Rofin 等主导，年销售额在 10 亿美元以上。国内锐科激光、创鑫激光、杰普特等企业已经实现突破，并在中低功率领域打破巨头垄断。

　　大族激光自主研发的 Draco 系列皮秒激光器实现规模销售，在 LED 晶圆、蓝宝石、玻璃等脆性材料切割领域基本替代进口；自主研发的 DracoTM 系列紫外激光器采用模块化设计实现不同功率、频率、脉宽的多参数输出，能够满足不同行业需求。

　　激光下游应用领域广阔，包括大功率的工业加工和中小功率的微加工。激光下游应用领域包括激光切割、激光打标、激光焊接、激光清洗、激光熔覆、激光 3D 打印、激光显示、激光测量、激光武器、激光美容医疗等。1000 W 以上的大功率主要应用在钣金切割等工业领域，1000 W 以下的小功率主要应用在打标和微加工领域。激光设备行业代表企业包括通快、大族激光、华工科技等，通快通过一体化布局，自制激光器并应用于自制的激光设备，大族激光也进行产业链延伸，向上布局激光器的自制能力。

　　我国的激光器行业企业通过自主设计、创新发展，在中低端已经基本实现技术的自主可控，在 3D 打印、激光切割等领域也在一定程度上杜绝了潜在的卡脖子问题，面对产品在性能、先进性方面的差距正在奋起直追，唯有技术创新可解发展之忧。

▶ 思考与练习

1. 简述激光加工头距离检测基本要求。
2. 简述距离传感器的常用类型。
3. 简述距离传感器选型注意事项。

项目 6　AGV 机器人

项目描述

AGV 具有灵活性、智能化等显著特点，可以方便地重组系统，达到生产过程的柔性化运输。与传统的人工或半人工的物料输送方式相比，AGV 减轻了劳动强度，降低了危险性，提高了生产效率，在各行各业均可发挥重要作用。

本项目通过 AGV 导引技术要求、导引技术及其应用、导引传感器选型与维护等知识与技能操作来了解 AGV 机器人技术。

通过本项目的学习，让学生了解和掌握机器人导引技术，了解国内外该技术发展现状，培养其自主学习新知识、新技术和开拓创新的能力。

学习目标

◆ 知识目标

1. 了解 AGV 机器人导引要求；

2. 了解常见导引传感器分类；

3. 了解常见导引传感器基本工作原理。

◆ 能力目标

1. 能进行导引传感器选型；

2. 能进行导引传感器常规检测工作；

3. 能对 AGV 机器人常见故障进行维护。

◆ 素质目标

1. 具有较强的集体意识和团队合作精神；

2. 具有自主学习新知识、新技术和开拓创新的能力。

◆ 思政目标

1. 具备对具体应用集成创新实践的意识；

2. 具备统筹整体的解决思维；

3. 形成科学的认识观和事物之间普遍联系意识。

知识图谱

```
                  ┌─ 了解AGV机器人 ──┬─ AGV机器人的应用
                  │                  └─ AGV导引要求
                  │
                  │                  ┌─ 电磁导引技术
         AGV      ├─ 导引技术及其应用 ─┼─ 磁导引技术
         机       │                  └─ 激光导引技术
         器       │
         人       │                  ┌─ 磁电式传感器
                  ├─ 磁电式传感器知识 ─┼─ 霍尔式传感器
                  │                  └─ 压磁式传感器
                  │
                  │                     ┌─ AGV导引技术对比分析
                  └─ 导引传感器选型与维护 ┼─ 磁导引传感器的选用
                                        └─ 磁导引传感器的检修与维护
```

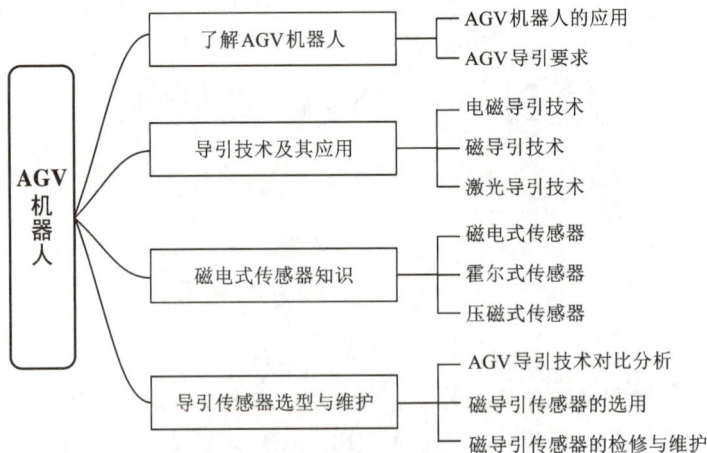

6.1　了解 AGV 机器人

6.1.1　AGV 机器人的应用

　　自动导引车（automated guided vehicle，AGV）又称无人搬运车，出现于 20 世纪 50 年代，是一种自动化的无人驾驶的智能化搬运设备，属于移动式机器人系统，能够沿预先设定的路径行驶，是现代工业自动化物流系统如计算机集成制造系统（CIMS）中的关键设备之一。

　　在邮局、图书馆、车站、码头和机场等场所，物品的运送存在着作业量变化大、动态性强、作业流程经常调整以及搬运作业过程单一等特点，AGV 的并行作业、自动化、智能化和柔性化的特性能够很好地满足上述场所的搬运要求。不仅如此，在军事以及危险场所，以 AGV 的自动驾驶为基础集成的其他探测和拆卸设备，可用于战场排雷、阵地侦察、危险环境作业，如军用机器人、危险品处理机器人、钢铁炉料运送车、放射性物料搬运车、海底电缆铺设等。AGV 机器人实景如图 6-1 所示。

(a)　　　　　　　　　　　　(b)

图 6-1　AGV 机器人应用实景

6.1.2　AGV 导引要求

AGV 的导引是指决定 AGV 运行方向和路径的方法。目前常用的 AGV 导引方式主要有车外预定路径导引方式和非预定路径导引方式两种。所谓车外预定路径导引方式是指在行驶的路径上设置导引用的信息媒介物，AGV 通过检测其信息而得到导向的导引方式，如电磁导引、磁导引（又称磁带导引）、激光导引等。所谓非预定路径（自由路径）导引方式是指 AGV 不预先确定行驶路径，AGV 根据调度要求，在运行过程中通过方位识别确定行驶路径，如激光导引、坐标或地理信息识别导引、视觉导引、路径规划等。AGV 的多种导引方式如图 6-2 所示。

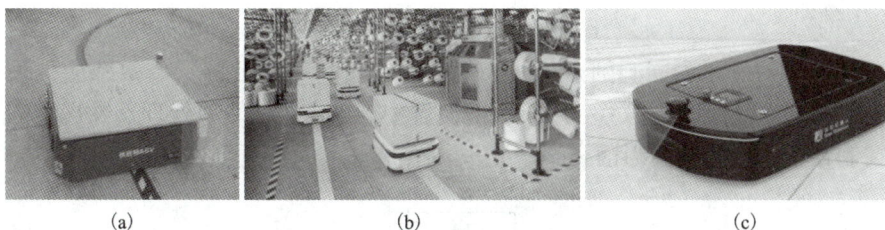

|(a)|(b)|(c)|

图 6-2　AGV 多种导引方式

设定本节的 AGV 机器人应用场所为设备制造工厂，规划有指定的 AGV 运行通道，需要选择合适的导引传感器指引 AGV 机器人按规定路径行驶。

6.2　导引技术及其应用

6.2.1　电磁导引技术

电磁导引作为传统的导引方式之一，是一种应用最早、应用范围最广的导引方式，其技术发展也很成熟。因为电磁导引可靠性比较高，控制策略相对比较简单，所以它是最早使用的导引模式之一。它是通过高频交流发生装置给预先埋设的金属导线加载高频的交流电，使导线周围产生导引磁场，导引系统依据电磁传感器检测到的磁场强弱信息来判断偏差并纠正，保证车辆对路径的自动循迹导引。

电磁导引技术原理：

根据麦克斯韦电磁场理论，交变电流会在周围产生交变的电磁场，导线周围的电场和磁场按照一定规律分布，电流周围的电磁场如图 6-3 所示。通过检测相应的电磁场的强度和方向可以获得距离导线的空间位置，这也是进行电磁导引的依据。

利用电流导轨外磁感应强度的差别进行导引的技术，如图 6-4 所示。将加载有高频交流电的导引金属线铺设在地面下，电流导轨周围就会产生

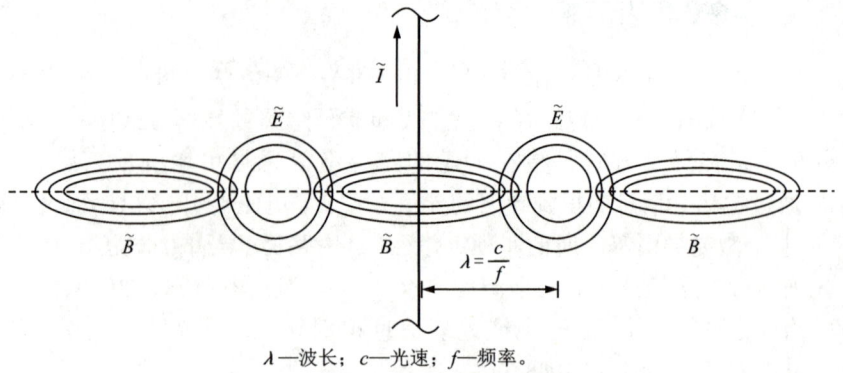

λ—波长；c—光速；f—频率。

图 6-3　电流周围的电磁场示意图

向外扩散的一系列同心圆磁感线，电磁感应线圈对所处位置的磁感应强度进行检测，转换为电信号，用于当前位置姿态的定位，然后处理器发送转向控制命令，最后调整当前姿态。

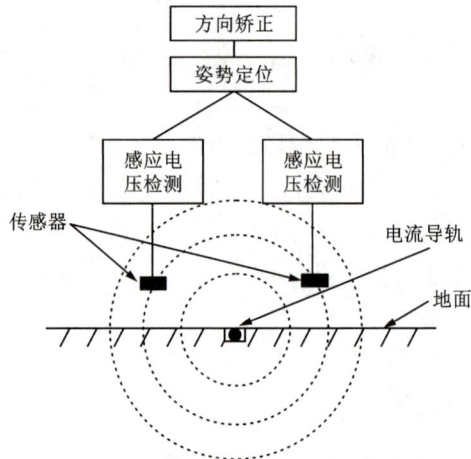

图 6-4　电磁导引技术原理

　　电磁导引方式中一般安装一个或者两个电磁传感器在车体前端，如图 6-5 所示，通过电磁传感器检测到的电动势大小，调整小车的行驶方向，从而实现对小车的自动导引，这种方式最为普遍。

　　电磁导引的优势：铺设的导引电线隐蔽，不会因复杂的运行工作现场、恶劣的环境导致导引电线损坏和污染；能方便、实时对车辆进行通信和控制，并能实现多机协调处理；电磁导引的原理比较简单、可靠，系统制造成本比较低。其主要缺点：在复杂、有交叉的路径和有强电磁干扰的环境下，其控制系统要复杂得多，或者比较难实现，或者路径的扩充、更改都比较麻烦。

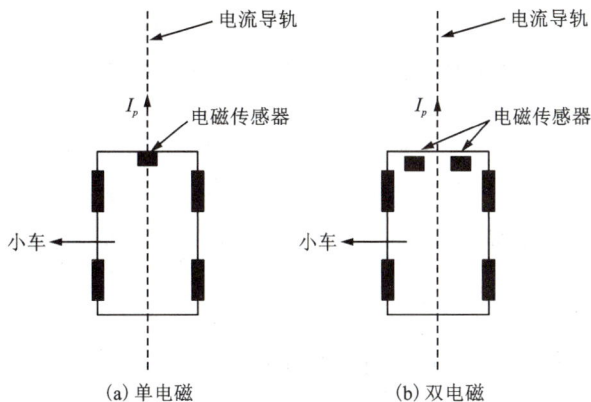

图 6-5 单、双电磁传感器导引定位

6.2.2 磁导引技术

磁导航是较为传统的导引方式之一，目前仍被许多系统采用，AGV 小车磁带导引技术（图 6-6）与电磁导引技术相近，用在路面上贴磁带替代在地面下埋设金属线，通过磁感应信号实现导引。

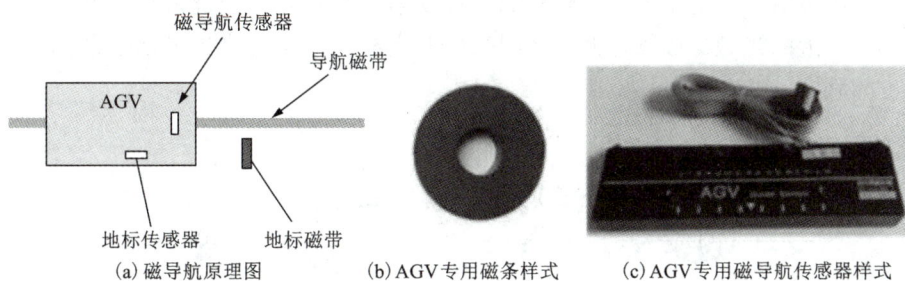

图 6-6 AGV 小车磁带导引技术

磁导引传感器（图 6-7）是用来检测弱磁装置的一种传感器。一般情况下，磁导引传感器检测点数目越多、点位间距越小和响应时间越短，检测精度越高，导引小车行走误差就越小。

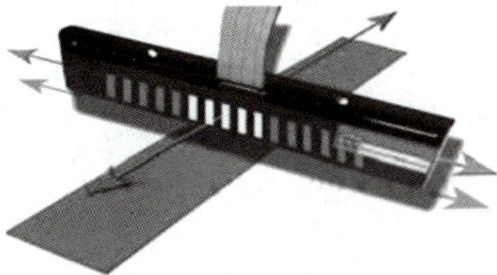

图 6-7 磁导引传感器

　　根据磁导引传感器的多个检测点及检测点响应的位置能够大致判断出小车的运动趋势，即判断出小车驱动单元的前进方向是左偏、右偏还是直行，从而对小车的运动方向进行纠正。

　　其灵活性比较好，改变或扩充路径较容易，简单可靠，对声光无干扰，但磁带易受机械损伤，磁性容易流失，一般两年后需要重新铺设，由于磁带磁场容易对精密电子芯片的生产产生干扰，因此并不适合某些电子行业。

6.2.3　激光导引技术

　　激光导引是在 AGV 行驶路径的周围安装位置精确的激光反射板，AGV 通过发射激光束，同时采集由反射板反射的激光束，来确定其当前的位置和方向，并通过连续的三角几何运算来实现 AGV 的导引。

　　激光导引系统由地面控制器、无线收发装置、车载控制器、激光扫描仪及反射镜等组成。

　　如图 6-8 所示，为实现 AGV 的激光导引，在其运行环境的四周固定地点放置一定数量的三面直角反射镜，它们的坐标精确值已知并存储在 AGV 车载控制计算机上。在自动导引小车顶部安装一个激光发射和检测装置，当激光束射进反射镜时，大部分能量被反射（图 6-9），因此能被安装在发射源附近的光敏二极管检测到，同时反射光线与小车前进方向所成的角度也能确定。

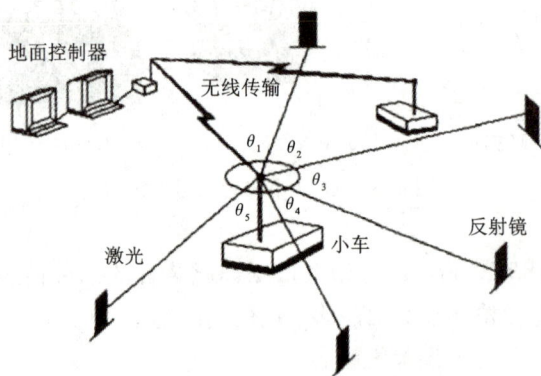

图 6-8　激光导引系统配置示意图

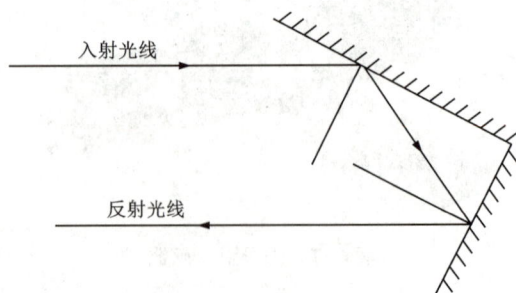

图 6-9　三面直角反射镜

运行中的 AGV 不断接收到从三个(或以上)已知位置反射回来的激光束，由相对于小车前进方向的方位角经过几何运算，就可以确定 AGV 的准确位置和前进方向。

激光导引系统通过激光器、扫描旋转装置、光电信号采集、车载计算机和已知位置上的反光镜车体方位计算子系统实时测量和计算小车的位置和方向。小车激光扫描系统的结构如图 6-10 所示。

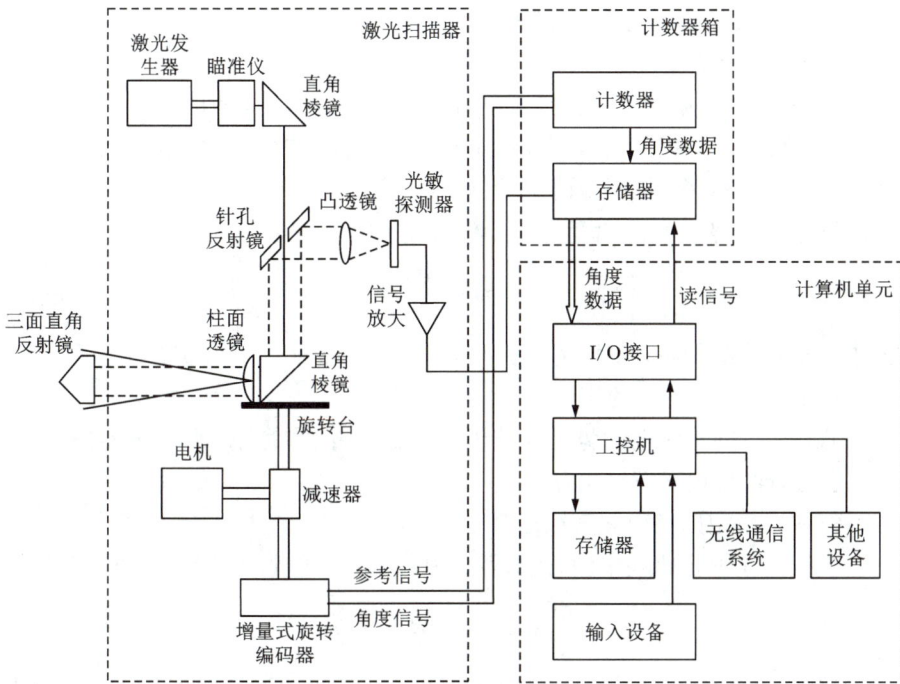

图 6-10　小车激光扫描系统结构图

此项技术最大的优点：AGV 定位精；地面无须其他定位设施，行驶路径可灵活多变，能够适应多种现场环境。它是目前国外许多 AGV 生产厂家优先采用的先进导引方式，但其核心技术被个别公司掌握，目前我国还没有此项完整的民用技术。

6.3　磁电式传感器

磁电式传感器是可以将各种磁场及其变化的量转换成电信号输出的装置。自然界和人类社会生活的许多地方都存在磁场或与磁场相关的信息。利用人工设置的永久磁体产生的磁场，可作为许多种信息的载体。因此，探测、采集、存储、转换、复现和监控各种磁场和磁场中承载的各种信息的任务，自然就落在磁电式传感器身上。

6.3.1　磁电式传感器

磁电感应式传感器又称磁电式传感器，是利用电磁感应原理将被测量（如振动、位移、转速等）转换成电信号的一种传感器。它不需要辅助电源就能把被测对象的机械量转换成易于测量的电信号，是无源传感器。由于它输出功率大且性能稳定，具有一定的工作带宽（10～1000 Hz），所以得到广泛应用。

1）磁电式传感器的工作原理

（1）电磁感应定律。

根据电磁感应定律，无论任何原因引起通过回路面积的磁通量发生变化时，回路中产生的感应电动势与磁通量对时间的变化率的负值成正比。因此，当 W 匝线圈在恒定磁场内运动时，设穿过线圈的磁通为 Φ，则线圈内的感应电动势 E 与磁通变化率 $\mathrm{d}\Phi/\mathrm{d}t$ 有如下关系：

$$E = -W\frac{\mathrm{d}\Phi}{\mathrm{d}t} \tag{6-1}$$

式中：Φ 为线圈的磁通；W 为线圈匝数。

（2）电磁感应定律的应用。

式（6-1）的感应电动势是在非恒定的磁场中产生的。而在恒定的磁场中，也可以产生电磁感应电动势。

线圈在恒定磁场中做直线运动。

当线圈在恒定磁场中做直线运动并切割磁力线时，由于 $\Phi = BS$，因此

$$\frac{\mathrm{d}\Phi}{\mathrm{d}t} = BL\frac{\mathrm{d}x}{\mathrm{d}t} = BLv\sin\theta \tag{6-2}$$

式中：B 为磁场的磁感应强度；x 为线圈与磁场相对运动的位移；v 为线圈与磁场相对运动的速度；θ 为线圈运动方向与磁场方向的夹角；W 为线圈的有效匝数；S 为线圈的截面积；L 为每匝线圈的平均长度。

联立式（6-1）与式（6-2），则线圈两端的感应电动势 E 为

$$E = WBLv\sin\theta \tag{6-3}$$

当 $\theta = 90°$ 时，式（6-3）可写成

$$E = WBLv$$

线圈在恒定磁场中做旋转运动。

若线圈相对磁场做旋转运动切割磁力线时，由于 $\Phi = BS\cos\gamma$，因此

$$\frac{\mathrm{d}\Phi}{\mathrm{d}t} = BS\frac{\mathrm{d}\gamma}{\mathrm{d}t}\sin\gamma = BS\omega\sin\gamma \tag{6-4}$$

联立式（6-1）～式（6-4），则线圈两端的感应电动势 E 为

$$E = WBSv\sin\theta \tag{6-5}$$

式中：ω 为旋转运动角速度；S 为线圈的截面积；γ 为线圈平面的法线方向与磁场方向间的夹角。当 $\gamma = 90°$ 时，式（6-5）可写成

$$E = WBS\omega \tag{6-6}$$

当 W、B、S、L 为定值时，感应电动势 E 与线圈和磁场的相对运动线速度 v 或角速度 ω 成正比。由于速度和位移、加速度之间是积分、微分的关系，因此只要适当加入积分、微分电路，便能通过测量感应电动势得到位移和加速度。

2）磁电式传感器的结构

如前所述，我们可以用改变磁通的方法产生感应电动势，也可以用线圈在恒定磁场中切割磁力线的方法产生感应电动势。据此，磁电式传感器可以设计成两种结构：变磁通式和恒磁通式。

（1）变磁通式磁电传感器。

在这类磁电式传感器中，产生磁场的永久磁铁和线圈都固定不动，而是通过磁通量的变化产生感应电动势。如图 6-11 所示是一种变磁通式磁电传感器，可用来测量旋转物体的角速度，称为磁电式转速传感器。根据线圈和磁铁安装的位置不同，其磁路也不同，因此，可以划分为开磁路式和闭磁路式。

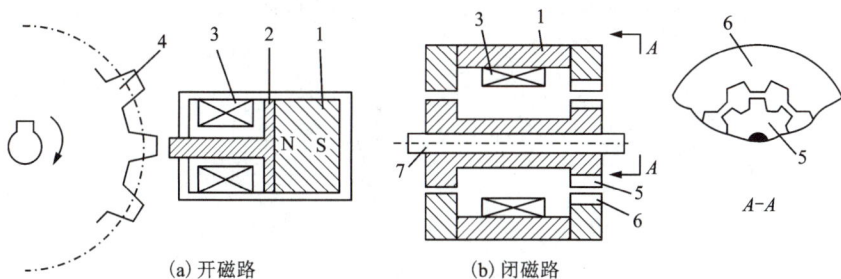

（a）开磁路　　　　（b）闭磁路

1—永久磁铁；2—软磁铁；3—感应线圈；4—测量齿轮；5—内齿轮；6—外齿轮；7—转轴。

图 6-11　磁电式转速传感器结构图

①开磁路变磁通式。

如图 6-11（a）所示的磁电式转速传感器为开磁路变磁通式，主要由两部分组成：第一部分是固定部分，包括磁铁、感应线圈、用软铁制成的极靴（又称极掌）；第二部分是可动部分，主要是传感齿轮，它由铁磁材料制成，安装在被测轴上，随轴转动。每转动一个齿，齿轮的齿顶和齿谷交替经过极靴。由于极靴与齿轮之间的气隙交替变化，引起磁场中磁路磁阻的改变，使得通过线圈的磁通也交替变化，从而导致线圈两端产生感应电动势。传感齿轮每转过一个齿，感应电动势对应经历一个周期，线圈中产生的感应电动势，其变化频率等于被测转速与测量齿轮齿数的乘积。这种传感器结构简单，但输出信号较小，且因在高速轴上加装齿轮较危险而不宜用于高转速的测量。

②闭磁路变磁通式。

如图 6-11（b）为闭磁路变磁通式，它由装在转轴上的内齿轮和外齿轮、永久磁铁和感应线圈组成，内、外齿轮齿数相同。当转轴连接到被测转轴上时，外齿轮不动，内齿轮随被测轴而转动，内、外齿轮的相对转动使气隙磁阻产生周期性变化，从而引起磁路中磁通的变化，使线圈内产生周期性变化的感应电动势。显然，感应电动势的频率与被测转速成正比。

（2）恒磁通式磁电传感器。

在这类磁电式传感器中，工作气隙中的磁通保持不变，而线圈中的感应电动势是由于工作气隙中的线圈与磁铁之间作相对运动、线圈切割磁力线产生的。其值与相对运动速度成正比。如图 6-12 所示为恒磁通式磁电传感器的典型结构，它由永久磁铁、线圈、弹簧、金属骨架等组成。磁路系统产生恒定的直流磁场，磁路中的工作气隙固定不变，因而气隙中磁通量也是恒定不变的。其运动部件可以是线圈（动圈式），也可以是磁铁（动铁式），动圈式[图 6-12(a)]和动铁式[图 6-12(b)]的工作原理是完全相同的。

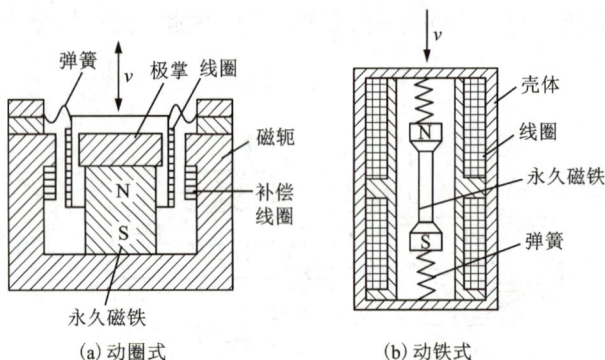

图 6-12　恒磁通式磁电传感器结构

当壳体随被测振动体一起振动时，由于弹簧较软，运动部件质量相对较大。当振动频率足够高（远大于传感器固有频率）时，运动部件惯性很大，来不及随振动体一起振动，近乎静止不动，振动能量几乎全被弹簧吸收，永久磁铁与线圈之间的相对运动速度接近振动体的振动速度，磁铁与线圈的相对运动切割磁力线，从而产生感应电动势。

3）磁电式传感器的测量电路

磁电式传感器直接输出感应电动势，且传感器通常具有较高的灵敏度，所以一般不需要高增益放大器。但磁电式传感器是速度传感器，若要获取被测位移或加速度信号，则需要配用积分或微分电路。图 6-13 为一般测量电路方框图。

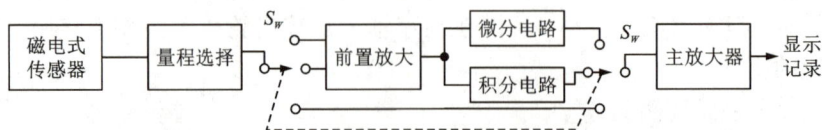

图 6-13　磁电式传感器测量电路方框图

6.3.2　霍尔式传感器

霍尔式传感器是基于霍尔效应的一种传感器。1879 年，美国物理学家霍尔首先在金属材料中发现了霍尔效应，但由于金属材料的霍尔效应太弱而没有得到应用。随着半导体技术的发展，开始用半导体材料制成霍尔元件，由于其霍尔效应显著而得到应用和发展。霍尔式传感器广泛用于电磁测量、压力、加速度、振动等方面的测量。

1）霍尔效应

在置于磁场中的导体或半导体中通入电流，若电流与磁场垂直，则在与磁场和电流都垂直的方向上会出现一个电势差，这种现象称为霍尔效应。如图 6-14 所示，长、宽、高分别为 L、W、H 的半导体薄片的相对两侧 a、b 通以控制电流，在薄片垂直方向加以磁场 B。

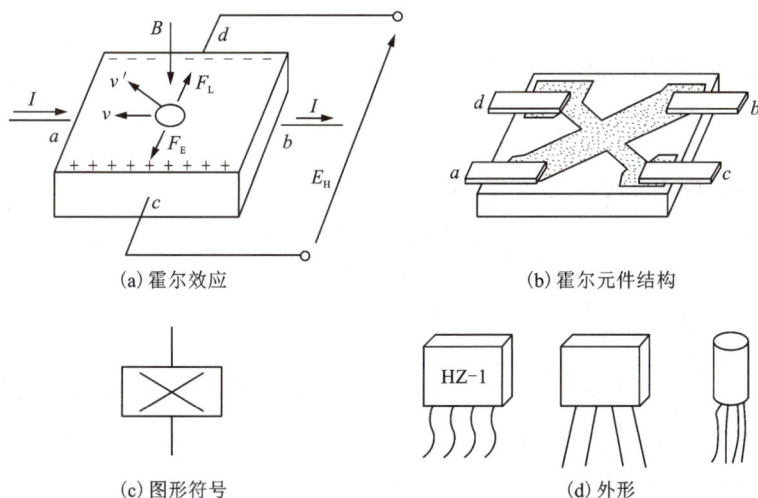

(a) 霍尔效应　　　　　　(b) 霍尔元件结构

(c) 图形符号　　　　　　(d) 外形

图 6-14　霍尔效应与霍尔元件

在图示方向磁场的作用下，电子将受到一个由 c 侧指向 d 侧方向力的作用，这个力就是洛伦兹力，大小为

$$F_L = -eBv \tag{6-7}$$

式中：e 为电子电荷；v 为电子运动平均速度；B 为磁场的磁感应强度。

F_L 的方向在图 6-14 中是向上的，此时电子除了沿电流反方向做定向运动外，还在 F_L 的作用下向上漂移，使导电体上底面积累电子，而下底面积累正电荷，从而形成了附加内电场 E_H，此内电场称为霍尔电场，该电场强度为

$$E_H = \frac{U_H}{b} \tag{6-8}$$

式中：U_H 为电位差。

霍尔电场的出现使定向运动的电子除了受洛伦兹力作用外，还受到霍

尔电场的作用力，其大小为

$$F_H = eE_H \qquad (6-9)$$

F_H 阻止电荷继续积累。随着上、下底面积累电荷的增加，霍尔电场增加，电子受到的电场力也增加，当电子所受洛伦兹力与霍尔电场作用力大小相等、方向相反时 $F_L = F_H$，即

$$eBv = eE_H \qquad (6-10)$$

此时，电荷不再向两底面积累，达到平衡状态。因此

$$E_H = Bv \qquad (6-11)$$

如果设导电体单位体积内电子数为 n，电子定向运动平均速度为 v，则激励电流为

$$I = nevbd \qquad (6-12)$$

此时，解得

$$v = \frac{I}{bdne} \qquad (6-13)$$

将式(6-13)代入式(6-11)得

$$E_H = \frac{IB}{bdne} \qquad (6-14)$$

将式(6-14)代入式(6-8)得

$$U_H = \frac{IB}{dne} = R_H \frac{IB}{d} = K_H IB \qquad (6-15)$$

式中：$R_H = \dfrac{1}{ne}$；$K_H = \dfrac{R_H}{d}$。

定义：R_H 为霍尔常数，其大小取决于导体载流子密度，K_H 称为霍尔片的灵敏度。

式(6-15)的意义在于：

①霍尔电势 U_H 的大小正比于激励电流 I 和磁感应强度 B 的乘积。

②霍尔元件的灵敏度 K_H 是表征在单位磁感应强度和单位控制电流时输出霍尔电压大小的重要参数。

③霍尔元件的灵敏度 K_H 与霍尔常数 R_H 成正比，而与霍尔片厚度 d 成反比。所以，为了提高灵敏度，霍尔元件常制成薄片形状。

④当控制电流方向或磁场方向改变时，输出电动势方向也将改变。

2) 霍尔元件及其特性

(1) 霍尔元件基本结构。

霍尔元件的结构很简单，它由霍尔片、引线和壳体组成，如图6-15(a)所示。霍尔片是一块矩形半导体单晶薄片，引出四根引线。1、1′两根引线加激励电压或电流，称为激励电极；2、2′引线为霍尔输出引线，称为霍尔电极。霍尔元件壳体由非导磁金属、陶瓷或环氧树脂封装而成。在电路中霍尔元件可用两种符号表示，如图6-15(b)所示。

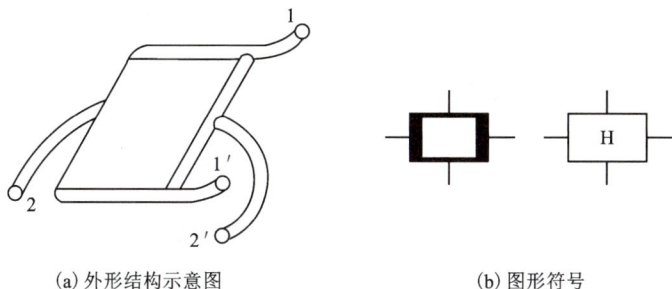

(a) 外形结构示意图　　　　　(b) 图形符号

图 6-15　霍尔元件

（2）常用霍尔式传感器。

①霍尔开关集成传感器。

霍尔开关集成传感器是利用霍尔效应与集成电路技术制成的一种磁敏传感器，它能感知一切与磁信息有关的物理量，并以开关信号形式输出。如图 6-16 所示为其内部组成框图。当有磁场作用在霍尔开关集成传感器上时，霍尔元件输出霍尔电压 U_H，一次磁场强度变化使传感器完成一次开关动作。

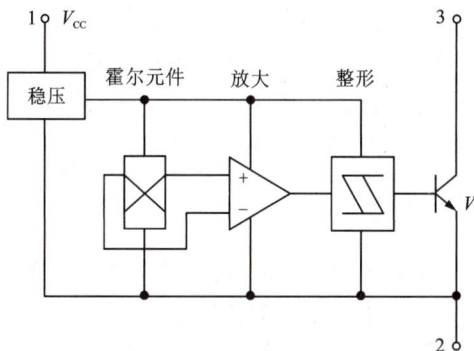

图 6-16　霍尔开关集成传感器内部组成框图

霍尔开关集成传感器具有使用寿命长、无触点磨损、无火花干扰、无转换抖动、工作频率高、温度特性好、能适应恶劣环境等优点。常见霍尔开关集成传感器型号有 UGN-3020、UGN-3030、UGN-3075。霍尔开关集成传感器常用于点火系统、保安系统、转速测量、里程测量、机械设备限位开关、按钮开关、电流的测量和控制、位置及角度的检测等。

②霍尔线性集成传感器。

霍尔线性集成传感器的输出电压与外加磁场强度呈线性比例关系。

这类传感器一般由霍尔元件和放大器组成，当外加磁场时，霍尔元件产生与磁场呈线性比例变化的霍尔电压，经放大器放大后输出。霍尔线性集成传感器有单端输出型和双端输出型两种，典型产品为 SL3501T 和 SL3501M 两种，如图 6-17 所示。霍尔线性集成传感器常用于位置、力、重量、厚度、速度、磁场、电流等的测量和控制。

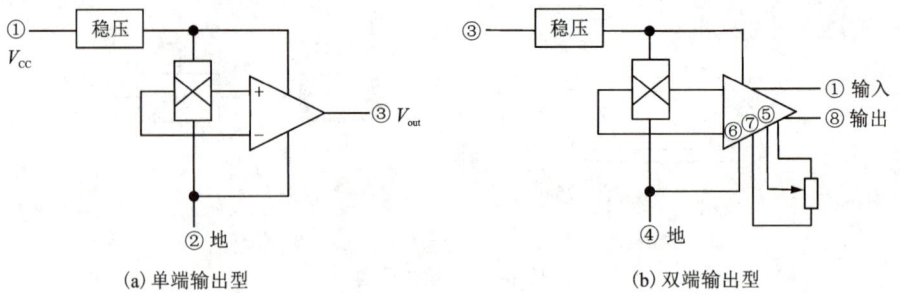

(a) 单端输出型   (b) 双端输出型

图 6-17   霍尔线性集成传感器的电路结构

6.3.3   压磁式传感器

压磁式传感器是基于铁磁材料压磁效应的传感器，又称磁弹性传感器。压磁式传感器的敏感元件由铁磁材料制成，它把作用力(如弹性应力、残余应力)的变化转换成导磁率的变化，并引起绕于其上的线圈的阻抗或电动势的变化，从而感应出电信号，进而实现非电量测量，是典型的无源传感器。压磁式传感器是测力传感器的一种，它利用铁磁材料受力后导磁性能的变化，将被测力转换为电信号。所以它能测量最终能变换为力的那些物理量，例如力、压力、加速度等各种动态力、机械冲击与振动。压磁式传感器是一种新型传感器，它的优点是输出功率大、信号强、结构简单、牢固可靠、抗干扰性好、过载能力强、价格便宜；缺点是测量精度不是很高、频响较低。

1) 压磁式传感器的基本原理

(1) 铁磁材料的压磁效应。

某些铁磁材料受外界机械力(压力、扭力、弯力)作用后，其内部产生机械应力，从而引起铁磁材料导磁系数发生变化。这种应力使铁磁材料的磁性质发生变化的现象，称为压磁效应。铁磁材料的压磁效应具体可表述为：当材料受到压力时，在作用力方向导磁系数减小，而在作用力垂直方向，导磁系数增大；当作用力是拉力时，其效果相反；作用力取消后，导磁系数复原。铁磁材料的压磁效应还与磁场有关。只有在一定条件下(如磁场强度恒定时)，压磁效应才有单值特性，但不是线性关系。

① 磁致伸缩效应。

铁磁材料在磁场中磁化时，在磁场方向伸长或缩短，这种现象称为磁致伸缩效应。材料随磁场强度的增加而伸长或缩短不是无限制的，最终会达到饱和。各种材料的饱和伸缩比是定值，称为磁致伸缩系数，用 λ_s 表示，即

$$\lambda_s = \left(\frac{\Delta l}{l}\right)_s$$

式中：$\Delta l/l$ 为伸缩比；λ_s 为磁致伸缩系数。

在一定的磁场范围内，一些材料(如 Fe)的 λ_s 为正值，称为正磁致伸缩；反之，一些材料(如 Ni)的 λ_s 为负值，称为负磁致伸缩。测试表明，物

体磁化时,不但会在磁化方向上伸长(或缩短),在偏离磁化方向的其他方向上也同时伸长(或缩短),只是随着偏离角度的增大其伸长(或缩短)比逐渐减小,在接近垂直于磁化方向反而缩短(或伸长)。铁磁材料的这种磁致伸缩,是由于自发磁化时导致物质的晶格结构改变,使原子间距发生变化而产生的现象。

②磁弹性效应。

铁磁物体被磁化时,如果受到限制而不能伸缩,内部会产生应力。如果在它的外部施力,也会产生应力。当铁磁物体因磁化而引起伸缩(且不管何种原因)产生应力 σ 时,其内部必然存在磁弹性能 E。分析表明,E 与 $\lambda_s \sigma$ 成正比,且同磁化方向与应力方向之间的夹角有关。由于 E 的存在,将使铁磁材料的磁化方向发生变化。对于正磁致伸缩材料,如果存在拉应力,将使磁化方向转向拉应力方向,加强拉应力方向的磁化,从而使拉应力方向的磁导率增大。反之,压应力将使磁化方向转向垂直于压应力的方向,削弱应力方向的磁化,从而使压应力方向的磁导率减小。对于负磁致伸缩材料,情况则正好相反。

这种被磁化的铁磁材料在应力影响下形成磁弹性能,使磁化强度矢量重新取向从而改变应力方向的磁导率的现象称为磁弹性效应,或称为压磁效应。

铁磁材料的相对导磁率变化与应力 σ 之间的关系为

$$\frac{\Delta\mu}{\mu} = \frac{2\lambda_s}{B_s^2}\sigma\mu \qquad (6\text{-}16)$$

式中:μ 为铁磁材料的磁导率;B_s 为饱和磁感应强度。

(2)压磁式传感器工作原理。

压磁式传感器的结构如图 6-18 所示。它由压磁元件、弹性支架、传力钢球组成。压磁元件装入弹性支架内,支架对压磁元件有 5% ~ 15% 的预应力。外力通过钢球集中作用在弹性支架上,垂直均匀地传给压磁元件。

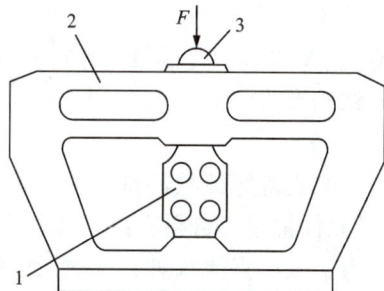

1—压磁元件;2—弹性支架;3—传力钢球。

图 6-18　压磁式传感器结构简图

本例的压磁元件由冷轧硅钢片冲压成形,经热处理后叠成一定厚度,用环氧树脂黏合在一起。中间部分冲有四个对称小孔,如图 6-19 所示。孔

1 与孔 2 间绕励磁线圈，孔 3 与孔 4 间绕感应线圈。压磁元件在外力作用下，产生应变，引起导磁系数变化。在励磁线圈中通以交变电流时，导磁系数的变化将导致线圈耦合系数的变化，从而使输出的感应电动势变化，达到把作用力转换成电荷量输出的目的。

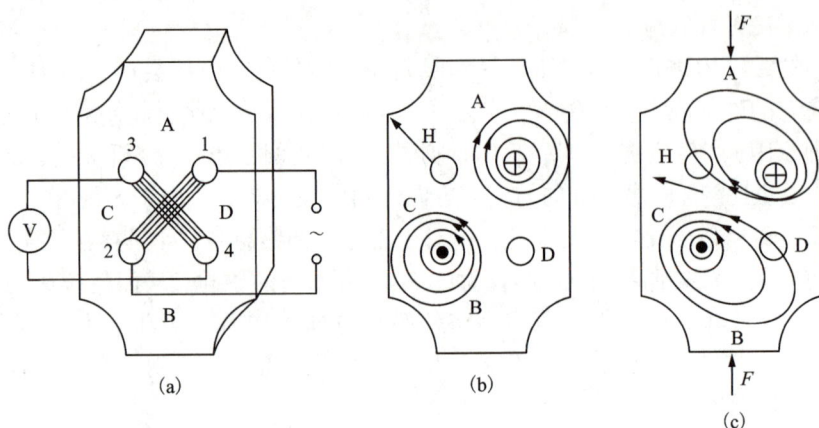

图 6-19　压磁式传感器工作原理图

当励磁线圈(孔 1、2 线圈绕组 N_{12})中通过交变电流时，铁芯产生磁场。把四个孔空间分成 A、B、C、D 四个区域。在无外力作用的情况下，如图 6-19(b) 所示，A、B、C、D 四个区域的导磁系数是相同的，这时合成磁场 H 平行于输出线圈的平面，磁感应线不穿过感应线圈，输出线圈(孔 3、4 线圈绕组 N_{34})不产生感应电动势。当有外力作用时，如图 6-19(c) 所示，A、B 区域将受到一定的应力，而 C、D 区域基本上仍处于自由状态，沿作用力方向的 A、B 区域的导磁系数下降，磁阻增大，而 C、D 区域导磁系数基本不变。这样励磁绕组所产生的磁感应线将重新分布，部分磁感应线绕过 C、D 区域闭合，于是合成磁场 H 不再与 N_{34} 平面平行，一部分磁感应线穿过 N_{34} 而产生感应电动势，外作用力越大，穿过 N_{34} 的磁感应线就越多，感应电动势值就越大。可见，感应电动势是随外力作用而变化的。

2) 压磁式传感器的结构形式

(1) 压磁元件的基本结构。

由以上论述可看出压磁式传感器核心部分是压磁元件，它实质上是一个力/电变换元件。压磁元件常用的材料有硅钢片、坡莫合金和铁氧体，最常用的材料是硅钢片。为了减小涡流损耗，压磁元件的铁芯大多采用薄片的铁磁材料叠合而成。其中，坡莫合金具有很高的灵敏度，但成本高；铁氧体也有较高的灵敏度，但材质较脆。冲片形状大致有四种，如图 6-20 所示。

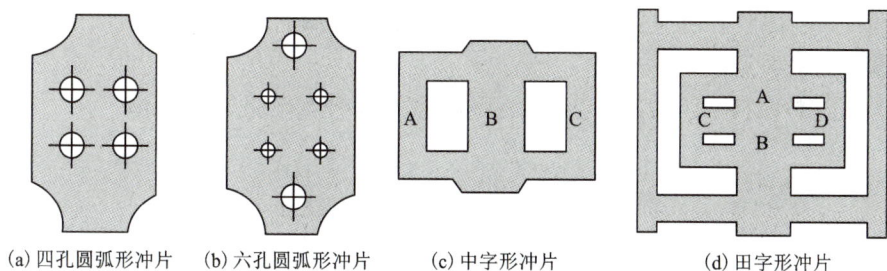

(a) 四孔圆弧形冲片　　(b) 六孔圆弧形冲片　　(c) 中字形冲片　　　　　(d) 田字形冲片

图 6-20　压磁元件结构图

①四孔圆弧形冲片。

如图 6-20(a)所示，它是一个矩形削去四角，这是为了在冲孔部位得到较大的压应力，从而提高传感器的灵敏度。这种冲片适用于测量 $5×10^5$ N 以下的力，一般设计应力为 $(2.5~4)×10^3$ N/cm²。

②六孔圆弧形冲片。

如图 6-20(b)所示，与四孔圆弧形冲片相比，它增加了两个较大的孔，使沿轴线承受力减小，灵敏度下降；但量程扩大，同时也可避免压力增大时中间部分磁路达到饱和状态。这种冲片可测量 $3×10^6$ N 以下的力，设计应力为 $(7~10)×10^3$ N/cm²。

③中字形冲片。

如图 6-20(c)所示，励磁线圈绕在臂 A 上，输出线圈绕在臂 C 上。无外力作用时，磁感应线沿最短路径闭合，穿过输出线圈较少。当有外力作用时，臂 B 的导磁系数下降，磁阻增加，穿过臂 C 的磁感应线增多，感应电动势增大。这种冲片的传感器灵敏度高，但零位电流也大(无外力作用时，也产生感应电动势)。可测力如图 6-20(a)所示，设计应力为 $(2.5~4)×10^3$ N/cm²。

④田字形冲片。

如图 6-20(d)所示，前三种是基于互感原理，这种是基于自感原理。在 A、B、C、D 四个臂处分别绕上线圈，组成一个电感电桥。无外力作用时，调整线圈感抗相等，使电桥平衡。有外力作用时，A、B 两臂受压应力作用，导磁系数下降，磁阻增加，电感量减少，而 C、D 两臂电感量基本不变，此时电桥失去平衡，输出一个正比于外作用力的电压信号。这种冲片结构稍复杂，但灵敏度高、线性好，适用于测量 $5×10^3$ N 以下的力，设计应力为 $(10~15)×10^3$ N/cm²。

(2)压磁式传感器的基本结构。

压磁式传感器可分为阻流圈式、变压器式、桥式、电阻式、威德曼效应和巴克豪森效应传感器，其中阻流圈式、变压器式和桥式用得较多。

①阻流圈式。

这种传感器的敏感元件是绕有线圈的、用铁磁材料制成的铁芯，如

图 6-21(a)所示。在线圈中通有交流电，铁芯在外力 F 的作用下导磁率发生变化，磁阻和磁通也相应变化，从而改变了线圈的阻抗，引起线圈中的电流变化。

这种结构在不受力时有初始信号，需要用补偿电路加以抵消。

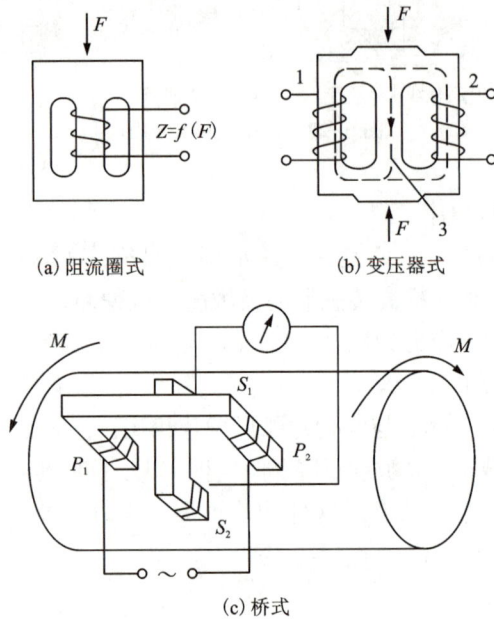

(a) 阻流圈式　　　　(b) 变压器式

(c) 桥式

图 6-21　压磁式传感器的结构

②变压器式。

在它的铁芯上有两个分开的线圈，一个是接交流电源的激励线圈，另一个是输出测量线圈。改变线圈的匝数比即可得到不同挡位的电压输出信号，如图 6-21(b)所示。

③桥式。

它由两个垂直交叉放置的"冂"形铁芯构成，在两个铁芯上分别绕以激磁线圈和测量线圈。这种传感器用于测量铁磁材料的受力状况（例如扭矩图），在被测材料上 4 点 P_1、S_1、P_2、S_2 之间的磁阻形成一个磁桥。在未受力时，由于材料的各向同性，各桥臂磁阻相等，测量线圈内通过两束方向相反、大小相等的磁通，相互抵消后没有感应电动势，输出为零。当材料受扭矩力 M 时，其上发生压磁效应，两个方向的磁导率发生不同变化，磁桥失去平衡，于是测量线圈就能输出与扭矩大小成一定关系的感应信号。

3) 压磁式传感器的误差处理与测量电路

(1) 压磁式传感器的误差。

①磁滞误差。

压磁式传感器的磁滞误差是由铁磁材料的磁滞特性造成的。其误差的特点为：动态测量时小，约为 1%；静态测量时大，约为 4%。此误差的大小还与磁场强度有关，如图 6-22 所示。

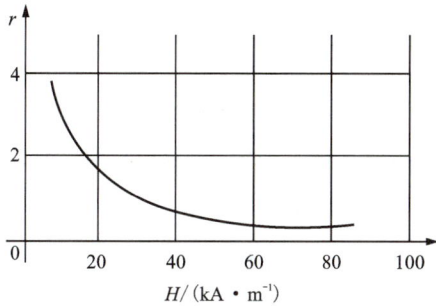

图 6-22　压磁式传感器的磁滞误差

②线性误差。

由于压磁传感器的测量过程要经过多次变化才能完成（$P \to \sigma \to \mu \to R_m \to Z$ 或 e），而这些变换均为非线性变换，因此这种传感器有较大的非线性。减少非线性的方法之一是牺牲灵敏度，使 B（或是说 H 值不在最佳点上）选取在磁化曲线的线性段中，可对传感器加初始预应力，使其工作在线性段内。

③老化。

随着时间的流逝，传感器的磁导率会发生变化，内应力改变，会导致传感器灵敏度不稳定，就会造成误差。对于实芯的传感器，其老化误差大约在 0.5%，对于叠片的传感器，大约在 2%。

④温度误差。

环境温度改变会引起线圈直流电阻值改变、磁导率改变、磁致伸缩效应改变等，因此造成温度误差。在使用时，其结构和线路的设计必须将其考虑在内。

（2）压磁式传感器的测量电路。

压磁式传感器的输出信号较大，一般不需要放大。所以测量电路主要由激磁电源、滤波电路、相敏整流和显示器等组成，基本电路如图 6-23 所示。

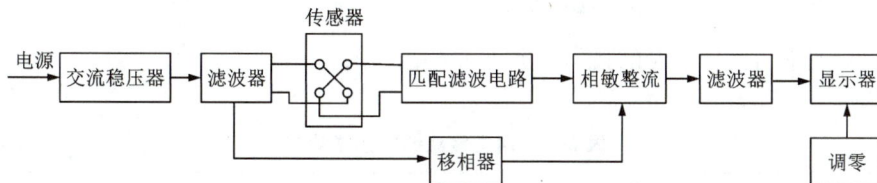

图 6-23　压磁式传感器的电路原理框图

由于铁磁材料的磁化特性随温度而变，压磁式传感器通常要进行温度补偿。最常用的方法是将工作传感器与不受载体作用的补偿传感器构成差动回路。

6.4　导引传感器选型与维护

对本节的 AGV 机器人应用场合进行分析，工作地点为设备制造工厂，AGV 工作环境相对单一，并且工厂内规划有指定的 AGV 运行通道，但是设备制造工厂为了保证生产的稳定，通常对 AGV 的可靠性要求较为严格。

6.4.1　AGV 导引技术对比分析

对常见的导引技术进行对比分析如下。

（1）电磁导引技术。

成本：需预先在 AGV 的行驶路径上埋设金属线，并需在金属线中加载导引频率，应用成本适中。

导引柔性与可扩展性：路径难以更改和扩展，对复杂路径的局限性大。

技术应用难度：较为传统的导引方式之一，应用较广，应用难度低。

应用环境：铺设的导引电线隐蔽，不会因复杂的运行工作现场、恶劣的环境导致导引电线损坏和污染，但在进行交叉路或更改线路时，改动量大。

（2）磁导引技术。

成本：需预先在 AGV 的行驶路径上粘贴磁带，应用成本低。

导引柔性与可扩展性：磁带铺设简单，路径灵活性好。

技术应用难度：较为传统的导引方式之一，应用较广，应用难度低。

应用环境：容易受到路径周围的金属物质干扰，对磁带的机械损伤极为敏感，工作可靠性低，需要定期维护。

（3）激光导引技术。

成本：需预先在 AGV 的行驶路径周围安装位置精准的激光反射板，应用成本高。

导引柔性与可扩展性：行驶路径灵活多变，地面无须其他定位设施。

技术应用难度：较为先进的导引方式之一，应用难度高。

应用环境：能够适应多种现场环境。

6.4.2　磁导引传感器的选用

列举两类传感器的技术参数见表 6-1。

表 6-1　两类传感器的技术参数

磁传感器	激光传感器
支持磁带、磁钉等磁性介质检测	检测范围最大 5 m
内部检测点数为 8 个，检测点间距为 20 mm	扫描范围 270°，角度分辨率 0.5°
支持左岔、直行、右岔磁带选择	支持区域评估，导航、避障二合一
IP67 防护等级可用于户外环境	支持 100 m 以太网传输数据

根据 AGV 的应用场合与各类导引技术的对比分析，鉴于工厂已预留了专用的 AGV 通道，电磁导引技术或磁导引技术都适合作为该设备制造工厂的 AGC 导引方式，现以磁导引技术为例，进行磁导引传感器的选用。

磁导引传感器是用来检测弱磁装置的一种传感器，一般情况下，磁导引传感器检测点数目越多、点位间距和响应时间越短，检测精度越高，导引小车行走误差就越小。

从产品质量和使用性能等因素考虑，选择一款某公司生产的 CCF-D16 型磁导引传感器，其外观和相关外形尺寸如图 6-24 所示。

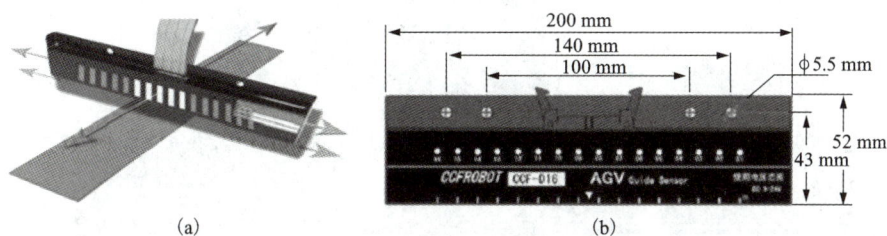

图 6-24　CCF-D16 型磁导引传感器外观和外形尺寸

该型号磁导引传感器外壳采用金属材料、硅胶灌封而成，其外表面结构强硬，不易变形。从上图可以看出，它采用专业牛角座接口和两组插孔结构，使其接线和安装都比较容易。CCF-D16 型传感器为升级版磁导引传感器，不仅具有 16 位开关量输出检测点，还含有 16 位 LED 指示灯，可以同步显示被响应的检测点。

表 6-2 展示了 CCF-D16 型磁导引传感器相关参数，可以看出其有效检测距离为 5~55 mm，且检测极性为 S 极，所以在确定导引磁带极性时，必须选择 S 极导引磁带。还可以看出，磁导引传感器工作最高温度为 50 ℃，远高于南方夏天的最高温度 40 ℃，满足实验使用设备要求。同时，磁导引传感器在安装时应考虑其下端与地面之间的距离应在有效检测范围之内。

表 6-2　CCF-D16 型磁导引传感器相关参数

项目	参数	项目	参数
供电电压	DC 9~30 V	灵敏度	最大 0.5 mT
最大消耗电流	160 mA	检测有效距离	5~55 mm
输出方式	NPN 开路输出	温度	-10~50 ℃
输出通道数量	S 极 16 通道	响应速度	1 ms

图 6-25 展示了 CCF-D16 型磁导引传感器内部电气输入、输出原理，可以看出其输出方式为 NPN 开路输出，每个检测点输出的是高电平开关量信号，磁导引传感器的 D1 至 D16 端子为其第 1 到第 16 检测点。第 1、

2 端子分别接入电源的正极和负极，第 3、4 端子为空置端子不用接线，见表 6-3。

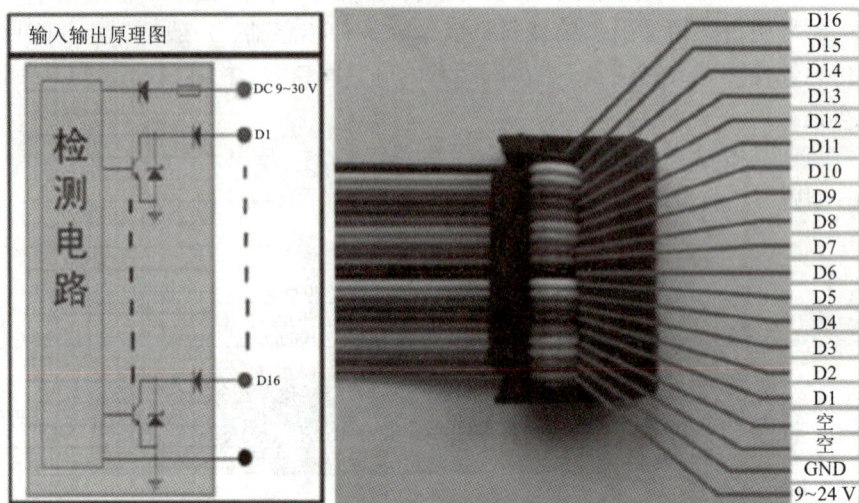

图 6-25　CCF-D16 型磁导引传感器电气原理及接线端子实物图

表 6-3　CCF-D16 型磁导引传感器端子接线表

端子编号	功能定义	端子编号	功能定义
1	9~30 V	6	D2
2	GND	7	D3
3	空	⏐	⏐
4	空	19	D15
5	D1	20	D16

从图 6-26CCF-D16 型磁导引传感器检测点分布情况可知，CCF-D16 型磁导引传感器一共有 16 个 S 极性检测点，相邻检测点实际间距为 1 cm，其上的第 8 和第 9 检测点被设置为中间位置检测点，与小车底盘中央位置重合；其上的第 1 检测点被设置在小车前进方向的左边，与小车底盘左侧位置重合；其上的第 16 检测点被设置在小车前进方向的右边，与小车底盘右侧位置重合。

	磁导引传感器左侧 ↑（前进方向）↑ 磁导引传感器右侧															
传感器位数	1	2	3	4	5	6	7	8	9	10	11	12	13	14	15	16
传感器布置	■	■	■	■	■	■	■	▢	▢	■	■	■	■	■	■	■
小车运动方向	右偏							直行		左偏						

图 6-26　CCF-D16 型磁导引传感器检测点分布

根据磁导引传感器检测点响应的位置就能够大致判断出小车的运动趋势，即判断出小车驱动单元的前进方向是左偏、右偏还是直行，从而对小车的运动方向进行纠正，使其第 8、9 检测点始终位于导引磁带的正上方。

6.4.3　磁导引传感器的检修与维护

1. 磁导引传感器常见故障与检测

（1）磁导引传感器及其接口模块的故障诊断。

AGV 导引传感器输出并行的开关量信号，用来指示是否发现导航带，以及导航带的位置偏差。AGV 操纵系统中，导引传感器通过 CAN 总线发送到车体主控制器。

故障表现：

在手动方式下，使用"自动对齐"功能，却不能将 AGV 移动到地标点处。

在自动方式下，AGV 偏离导航线或报"导航失败"错误而停车。

诊断步骤：

将该 AGV 导引传感器上方的盖板打开，以便观察导引传感器的工作状态。

（2）磁地标传感器的故障诊断。

磁地标传感器用来检测埋在地面下的磁性地标，以便 AGV 能够精确地停在站点位置。磁地标传感器上带有状态指示灯，当发觉地下的磁性地标时，传感器上的红色状态指示灯就会变亮。同时，能够在 AGV 的 LCD 显示屏上查看磁地标传感器的状态，并根据显示的状态判定磁地标传感器是否发生了故障。

故障表现：

在手动方式下使用"自动对齐"功能，却不能将 AGV 放置到地标点处。

在自动方式下，AGV 频繁出现"地标校正失败"的现象。

诊断步骤：

将该 AGV 地标传感器上方的盖板打开，以便查看地标传感器 LED 指示灯状态；操作 AGV 进入"手动"方式，以便从 LCD 屏幕上查看地标传感器信号状态；取一条有效的磁地标带，放置于地标传感器正下方的地面上，查看地标传感器上的信号指示灯是否有变化。如果指示灯能够正确指示是否有地标带，说明地标传感器工作正常，否则说明地标传感器有故障，需要更换；如地标传感器本身工作正常，但 AGV 操作面板上的显示屏、上地标传感器状态却不正确，说明故障有可能是相应的数字输入点（或与其有关的线缆接线）。

（3）导航带失效。

如何判定导航带失效或磁性较弱：

选用一辆完全工作正常的 AGV 测试导航带的性能，将 AGV 转入手动方式，沿导航线将 AGV 驾驶到出现问题的导航带附近；按照车载导航传感器的位置，使 AGV 后退到距问题导航带约 1 m 的位置，使用手控盒的自动对线按钮，使 AGV 缓慢向前移动；如能够发现导航信号，在找到地标点之前连续移动，说明该导航带未失效，如未能发现导航信号，导致导航丢失，车体停止运行，则说明该导航带失效或磁性较弱，需要更换。

（4）地标带失效。

如何判定地标带失效或磁性较弱：

选用一辆完全工作正常的 AGV 测试地标的性能，将 AGV 转入手动方式，沿导航线将 AGV 驾驶到该地标位置附近；车体上地标传感器的位置，用手控盒前后调整 AGV 的位置，从 LCD 屏幕上查看是否发现地标信号；若能够发现地标信号，而且范围正常，说明该地标正常；若不能发现地标信号，或地标信号范围较小，则说明该地标失效或磁性较弱，需要更换。

2. 磁导引传感器故障预防

结合上述磁导引传感器的故障检测，在使用磁导引传感器时，应注意以下几点：磁带由于铺设在地面上，易受机械损伤，导致检测故障；磁性会随时间逐渐流失，需要定期重新铺设磁带；磁导引传感器应用环境应尽量避免外界磁场干扰。

思政园地

20 世纪 90 年代以前，中国的 AGV 应用全部依赖进口。虽然 1976 年，北京起重机械研究所研制出了第一台 AGV，并开发了几套较简单的 AGV 应用系统，但这一时期国内对 AGV 技术的研究都还停留在实验室阶段，并没有真正落地应用。1991 年起，中科院沈阳自动化研究所/新松机器人自动化股份公司为沈阳金杯汽车厂研制生产了 6 台 AGV 用于汽车装配线中，完成了 AGV 从实验室样机到生产一线产品的跨越。

尽管国内各企业先后在 AGV 相关领域有所突破，但整个 20 世纪 90 年代，国产 AGV 整体的发展速度都十分缓慢，且企业不多，核心的上层技术及零部件被国外垄断，价格居高不下。整车进口的激光叉车就要一百多万，国产的也要七八十万，其中，单台 AGV 上用到的国外技术，一台就需要数十万，可以说，外资企业挣走了大部分的利润。

从 2000 年到 2006 年，在国家的支持下，我们坚持研发 AGV 的自主技术，也正是因为这样的坚持，国外技术的价格才不断降低。由于技术的不断进步及入局者的不断增多，国产 AGV 的价格不断下降，但幅度并不大。一方面，在 AGV 关键技术如导航控制系统上，仍旧存在瓶颈，绝大部分国内厂商仍需要与外资品牌合作，而核心零部件也依旧依赖进口。另一方面，除了汽车行业应用相对较多外，AGV 在国内市场还并未实现规模化的应用，无法起量，成本自然也很难降下来。

（1）精密减速器：国产化逐渐起步。

自动导引车（AGV）一般使用的是 RV 减速器，此类减速器具有传动比大、传动效率高、运动精度高、回差小、振动低、刚性大和可靠性高特点，可应用于大扭矩、大负载（20 kg 以上）工况。

目前国内的 RV 减速器市场被日本纳博特斯克垄断，国产化率尚不足5%。纳博特斯克由帝人制机株式会社和纳博克株式会社两个日本的跨国公司合并组成，目前是全球最大的精密减速器制造商，全球市占率为 60%，全球大多数机器人厂商包括"四大家族"均从纳博采购 RV 减速器，其 RV 减速器市占率达到 90%。

近年来，国内厂商逐步实现技术突破，国产 RV 减速器与国外产品性能差距不断缩小。精密减速器的关键技术指标主要包括扭转刚度、传动精度、传动效率等。对比国内外精密减速器关键技术指标发现，国产品牌在部分指标上已接近日系品牌。RV 减速器逐步开始国产替代，国内厂商上海机电、中大力德等已实现量产，但目前国产化率尚不足 5%。

（2）传感器：生产厂商体量小且缺乏关键性技术，难以突破。

AGV 使用的传感器主要包括激光传感器、视觉传感器、红外传感器和超声波传感器。这四类传感器各有优缺点，结合使用效果较好。

我国传感器的生产企业主要集中在长三角地区，逐渐形成包括热敏、磁敏、图像、称重、光电、温度、气敏等较为完备的传感器生产体系及产业配套。目前我国的传感器生产厂商规模普遍较小，主要受到以下三个方面的制约而难以突破国外品牌的垄断：

①核心技术和基础能力缺乏，创新能力弱。传感器在高精度、高敏感度分析、成分分析和特殊应用的高端方面差距巨大，中高档传感器产品几乎 100% 从国外进口，90% 的芯片依赖国外，国内缺乏对新原理、新器件和新材料传感器的研发和产业化能力。

②共性关键技术尚未真正突破。设计技术、封装技术、装备技术等方面都存在较大差距。国产传感器可靠性比国外同类产品低 1~2 个数量级，传感器封装尚未形成系列、标准和统一接口。传感器工艺装备研发与生产被国外垄断。

③产业结构不合理，品种、规格、系列不全，技术指标不高。国内传感器产品往往不成体系，产品在测量精度、温度特性、响应时间、稳定性、可靠性等指标上与国外也有一定的差距。

（3）控制系统：性价比助力国产品牌发力中低端市场。

国内机器人控制器与国外产品存在的差距主要在软件部分，即控制算法和二次开发平台的易用性方面。控制系统的开发涉及较多核心技术，包括硬件设计、底层软件技术、上层功能应用软件等，随着技术和应用经验的积累，国内机器人控制器所采用的硬件平台与国外的差距不大。但是由于缺乏平台基础，国产厂家制造的控制器多为封闭结构，存在开放性差、软件独立性差、容错性差、扩展性差、缺乏网络功能等缺点，难以适应智能化和柔性化要求。

国内工业机器人生产厂家的控制器主要具有价格优势。随着微电子技术的快速发展，处理器的性能越来越高，成本越来越低廉，高性价比的微处理器使得开发低成本、高性能的工业机器人控制器成为可能。

综上所述，在 AGV 上游产业链，国外品牌产品价格昂贵，国产核心部件的价格优势明显。如果国产核心部件在性能上逐渐赶上国外产品，那么在价格优势巨大的前提下，国产核心零部件厂商将从中取得巨大的收益。这是一个任重道远的过程，任何成果都不是一蹴而就的，只有不断进行技术创新才能成功。

思考与练习

1. 简述 AGC 机器人导引技术基本要求。
2. 简述常用导引技术。
3. 简述磁导引传感器常见故障。

项目 7　移动机器人

项目描述

随着机器人性能的不断完善,移动机器人的应用范围大为扩展,不仅在工业、农业、医疗、服务等行业中得到广泛应用,还在城市安全、国防和空间探测领域等有害与危险场所得到了很好的应用。因此,移动机器人技术已经得到世界各国的普遍关注。

本项目通过移动机器人避障要求、避障传感器分类及其应用、避障传感器选型与维护等知识与技能操作来了解移动机器人技术。

通过本项目的学习,让学生了解和掌握机器人避障技术,了解国内外该技术发展现状,培养其质量意识和工匠精神。

学习目标

◆ 知识目标

1. 了解移动机器人避障要求;

2. 了解常见避障传感器分类;

3. 了解常见避障传感器基本工作原理。

◆ 能力目标

1. 能进行避障传感器选型;

2. 能进行避障传感器常规检测工作;

3. 能对移动机器人常见故障进行维护。

◆ 素质目标

1. 具有良好的学习习惯、生活习惯、工作习惯和自我管理能力;

2. 具有善于沟通交流和团队合作的能力;

2. 具备质量意识、环保意识、安全意识、信息素养、工匠精神。

◆ 思政目标

1. 具备严谨细致的科学实践态度;

2. 具备多角度看问题、多方位思考问题的思维;

3. 形成基于事物发展内因的自我调节和解决问题的意识。

知识图谱

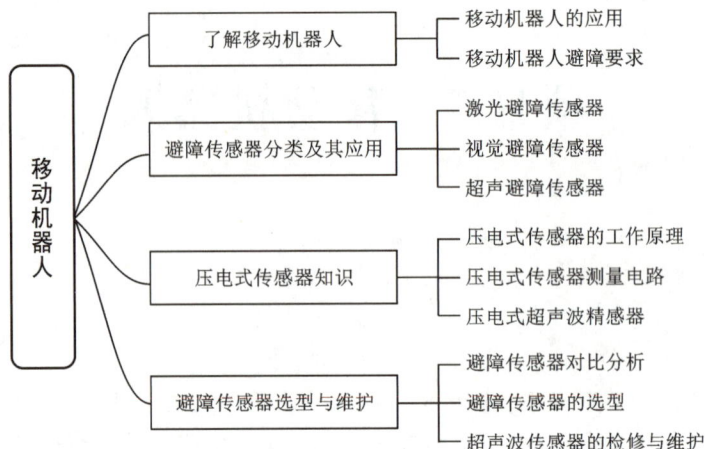

- 移动机器人
  - 了解移动机器人
    - 移动机器人的应用
    - 移动机器人避障要求
  - 避障传感器分类及其应用
    - 激光避障传感器
    - 视觉避障传感器
    - 超声避障传感器
  - 压电式传感器知识
    - 压电式传感器的工作原理
    - 压电式传感器测量电路
    - 压电式超声波精感器
  - 避障传感器选型与维护
    - 避障传感器对比分析
    - 避障传感器的选型
    - 超声波传感器的检修与维护

▶ 7.1　了解移动机器人

7.1.1　移动机器人的应用

　　智能移动机器人，是一种由传感器、遥控操作器和自动控制的移动载体组成的机器人系统(图 7-1)。移动机器人具有移动功能，在代替人从事危险、恶劣(如辐射、有毒等)环境下作业和人所不及的环境(如宇宙空间、水下等)作业方面，比一般机器人有更大的机动性、灵活性。它集中了传感器技术、信息处理、电子工程、计算机工程、自动化控制工程以及人工智能等多学科的研究成果，代表机电一体化的最高成就，是目前科学技术发展最活跃的领域之一。

　　　　　(a)

　　　　　(b)

图 7-1　移动机器人

　　移动机器人品类繁多，大到我国月球探测车"玉兔号"，小到民用多旋翼飞行器等。当然，对于大型的星球探测机器人，搭载了更高端的硬件传感器设备和更复杂的软件算法,如"玉兔号"搭载了全景相机、红外光谱仪、测月雷达、X 射线谱仪等,依据感知信息为其规划巡视的路径,安全避开较陡的斜坡、障碍物和撞击坑等。近几年来,具备自主导航系统的室外移动机器人在改善人们生活和工作环境方面发展迅速,有着很多的应用案例,包括物流配送、安防巡逻、农林作业、危险废物处置、军事行动等。

7.1.2　移动机器人避障要求

移动机器人智能的一个重要标志就是自主导航,而实现机器人自主导航有个基本要求——避障。避障是指移动机器人根据采集的障碍物的状态信息,在行走过程中通过传感器感知妨碍其通行的静态和动态物体时,按照一定的方法进行有效的避障,最后到达目标点。

在移动机器人的工作环境中,由于导航传感器的视野有限,总会有人走来走去,行驶的移动机器人彼此之间也可能会发生事故,因此,在移动机器人运行期间随时都可能发生碰撞,从而损坏移动机器人并造成伤害。所以必须设计一种安全系统,此系统主要由避障传感器、报警扬声器等组成,主要用于弥补移动传感器视场的盲区,以防止无法正常检测到随时出现在视场盲区中的物体。在操作过程中,它将实时监控视觉盲区和可能发生的事故,并及时发出警报。超声波传感器和 AGV 选用的扬声器如图 7-2 和图 7-3 所示。

图 7-2　超声波传感器　　　图 7-3　AGV 选用的扬声器

实现避障的必要条件是环境感知,在未知或者是部分未知的环境下避障需要通过传感器获取周围环境信息,包括障碍物的尺寸、形状和位置等信息,因此传感器技术在移动机器人避障中起着十分重要的作用。避障使用的传感器主要有激光避障传感器、视觉避障传感器、超声波避障传感器、红外避障传感器等。

设定本节的机器人为户外全天移动机器人,配置有激光导航传感器,需在复杂的户外环境中自主行走,实时对可能遇到的人或物进行避让,需要选择合适的传感器进行有效避障。

7.2 避障传感器分类及其应用

7.2.1 激光避障传感器

激光避障传感器利用激光来测量到被测物体的距离或者被测物体的位移等参数。比较常用的测距方法是由脉冲激光器发出持续时间极短的脉冲激光，经过待测距离后射到被测目标，回波返回，由光电探测器接收，根据主波信号和回波信号之间的间隔，即激光脉冲从激光器到被测目标之间的往返时间，就可以算出待测目标的距离。由于光速很快，在测量小距离时，光束往返时间极短，因此这种方法不适合测量精度要求很高（亚毫米级别）的距离。若要求精度非常高，则常用三角法、相位法等方法测量。

常见的激光雷达是基于飞行时间（time of flight，TOF）的，通过测量激光的飞行时间来进行测距 $d=ct/2$，类似于前面提到的超声测距公式，其中 d 是距离，c 是光速，t 是从发射到接收的时间间隔。激光雷达包括发射器和接收器，发射器用激光照射目标，接收器接收反向返回的光波。机械式的激光雷达包括一个带有镜子的机械机构，镜子的旋转使得光束可以覆盖一个平面，这样就可以测量到一个平面的距离信息。

对飞行时间的测量也有不同的方法，比如使用脉冲激光，然后类似前面讲的超声方案，直接测量占用的时间，但因为光速远高于声速，需要非常高精度的时间测量元件，所以非常昂贵；又如发射调频后的连续激光波，通过测量接收到的反射波之间的差频来测量时间。

比较简单的方案是测量反射光的相移，传感器以已知的频率发射一定幅度的调制光，并测量发射和反向信号之间的相移，如图 7-4 所示。

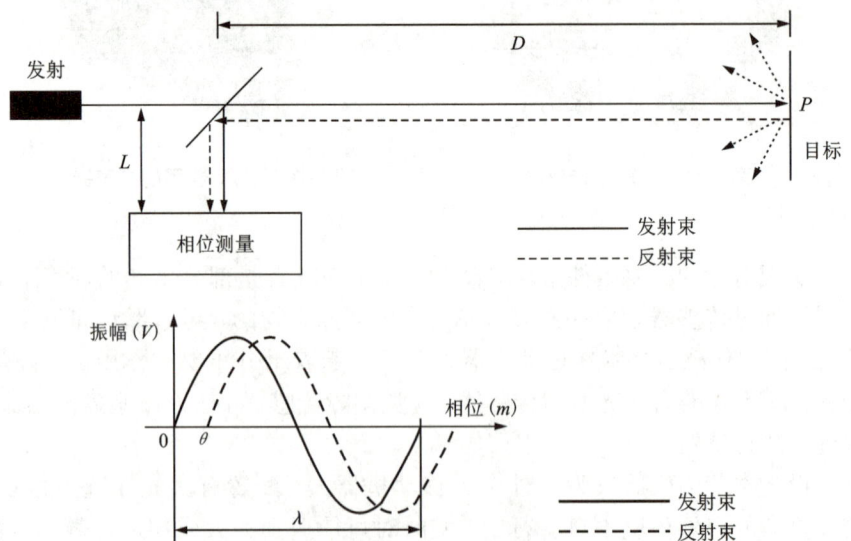

图 7-4　反射光测距示意

调制信号的波长为 $\lambda = c/f$，其中 c 是光速，f 是调制频率，测量到发射和反射光束之间的相移差 θ 之后，距离可由 $\lambda \times \theta / 4\pi$ 计算得到。

激光雷达的测量距离为几十米甚至上百米，角度分辨率高，通常为零点几度，测距精度也高。但测量距离的置信度会反比于接收信号幅度的二次方，因此，黑体或者远距离的物体距离测量不会像光亮的、近距离的物体那么好估计；并且，对于透明材料，比如玻璃，激光雷达就无能为力了。另外，由于结构复杂、器件成本高，激光雷达的成本也很高。

一些低端的激光雷达会采用三角测距的方案进行测距，但这时它们的量程会受到限制，一般为几米，精度相对低一些，但用于室内低速环境的 SLAM 或者室外环境的避障，效果还是不错的。

7.2.2　视觉避障传感器

视觉避障即通过可见光，利用摄像头采集图像信息，然后分析障碍物信息，再做出决策。近年来，视觉避障传感器在移动机器人导航、障碍物识别中的应用越来越受到人们重视，一方面由于计算机图像处理能力和技术的发展，加之视觉系统具有信号探测范围宽、目标信息完整等优势；另一方面由于激光雷达和超声都是通过主动发射脉冲和接收反射脉冲来测距的，多个机器人一起工作时相互之间可能产生干扰，同时它们对一些吸收性、透明性强的障碍物无法识别。因此，视觉导航技术逐渐成为移动机器人的关键技术之一。它的主要功能包括对各种道路场景进行识别和理解、障碍物的快速识别和检测，以确定移动机器人的可行区域。

目前，视觉避障技术仍存在一些瓶颈问题，如数据量大，定位精确度低，实时性差，在雾天、太阳直射以及黑暗的环境下视觉信息获取性差等。

视觉传感器的优点是探测范围广、获取信息丰富。实际应用中常使用多个视觉传感器或者与其他传感器配合使用，通过一定的算法可以得到物体的形状、距离、速度等诸多信息，如图 7-5 所示。或是利用一个摄像机的序列图像来计算目标的距离和速度，还可采用 SSD 算法，根据一个镜头的运动图像来计算机器人与目标的相对位移。但在图像处理中，边缘锐化、特征提取等图像处理方法计算量大、实时性差，对处理机要求高，且视觉测距法不能检测到玻璃等透明障碍物的存在，另外受视场光线强弱、烟雾的影响很大。

常用的计算机视觉方案也有很多种，比如双目视觉、基于 TOF 的深度相机、基于结构光的深度相机等。深度相机可以同时获得 RGB 图和深度图，不管是基于 TOF 还是结构光，在室外强光环境下效果都不太理想，因为它们都是需要主动发光的。

基于结构光的深度相机，发射出的光会生成相对随机但又固定的斑点图样，这些光斑打在物体上后，因为与摄像头距离不同，被摄像头捕捉到的位置也不同，之后先计算拍到的斑点图样与标定的标准图案在不同位置的偏移，利用摄像头位置、传感器大小等参数就可以计算出物体与摄像头的

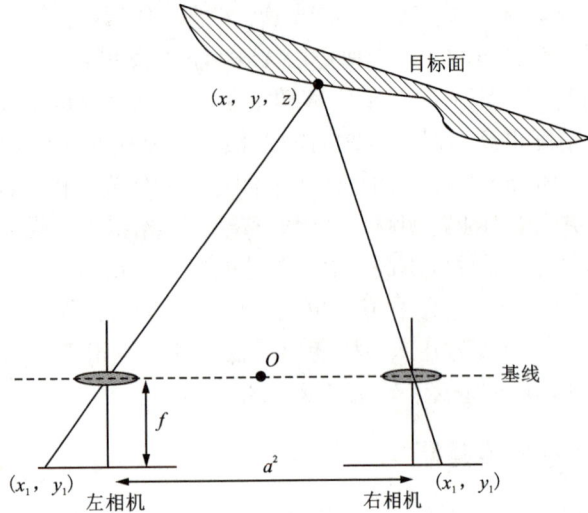

图7-5　视觉传感器应用示意

距离。而我们目前的巡视机器人主要是在室外环境工作，主动光源会受到太阳光等的影响，双目视觉这种被动视觉方案更适合，因此我们采用的视觉方案是基于双目视觉的。

　　双目视觉的测距本质上也是三角测距，由于两个摄像头的位置不同，就像我们人的两只眼睛一样，看到的物体不一样。两个摄像头看到的同一个点 P，在成像的时候会有不同的像素位置，此时通过三角测距就可以测出这个点的距离。与结构光方法不同的是，结构光计算的点是主动发出的、已知确定的，而双目视觉计算的点一般是利用算法抓取到的图像特征，如SIFT 或 SURF 特征等，这样通过特征计算出来的是稀疏图，但要获得良好的避障效果，稀疏图还是不太够的，我们需要获得的是稠密的点云图，反映整个场景的深度信息。稠密匹配的算法大致可以分为两类：局部算法和全局算法。局部算法使用像素局部的信息来计算其深度，而全局算法采用图像中的所有信息进行计算。一般来说，局部算法的速度更快，但全局算法的精度更高。

　　这两类算法的具体实现各有多种方式。通过它们的输出我们可以估算出整个场景的深度信息，这可以帮助我们寻找地图场景中的可行走区域以及避开障碍物。整个输出类似于激光雷达输出的 3D 点云图，但是得到的信息会更丰富，视觉同激光相比的优点是价格低很多，缺点也比较明显，如测量精度要差一些、对计算能力的要求也高很多。

　　在实际输出的深度图(图 7-6)中，不同的颜色代表不同的距离。在实际应用的过程中，我们从摄像头读取到的是连续的视频帧流，我们还可以通过这些帧来估计场景中目标物体的运动，给它们建立运动模型，估计和预测它们的运动方向、运动速度，这对我们实际行走、避障规划是很有用的。

图 7-6　实际输出的深度图

7.2.3　超声避障传感器

超声波是一种频率为 20 kHz 以上的声波，具有直线传播的能力，频率越高，绕射能力越弱，但反射能力越强，其指向性越强、能量消耗越缓慢，在介质中传播的距离越远，利用超声波检测往往比较迅速、方便、计算简单、易于做到实时控制。为此，利用超声波的这些性质可制成超声波传感器。

超声波测距的方法有多种，如相位检测法、声波幅值检测法和渡越时间检测法等。相位检测法是通过测量返回波与发射波之间相差的相位来判断距离；声波幅值检测法是依据回波的幅度大小判断距离；渡越时间检测法是通过回波的返回时延判断距离。相位检测法虽然精度高，但检测范围有限；声波幅值检测法易受反射波的影响。本节采用超声测距最常用的方法——渡越时间检测法，即在声速已知的情况下，通过测量超声波回声所经历的时间来获得距离，其原理如图 7-7 所示。

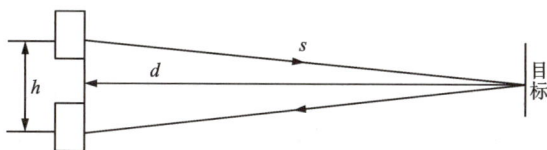

图 7-7　超声测距原理图

根据超声波传播理论，当障碍物的尺寸小于超声波波长的1/2时，超声波将发生绕射，只有障碍物尺寸大于波长的1/2时，超声才发生反射。超声测距的工作原理为：超声波向空气中发射声脉冲，声波遇到被测物体反射回来。已知声速为 c，若能测出第一个回波到达的时间与发射脉冲的时间差 t，利用公式

$$s = \frac{1}{2}tc \tag{7-1}$$

即可算得传感器与反射点之间的距离 s，则测量距离为

$$d = \sqrt{s^2 - \left(\frac{h}{2}\right)^2} \tag{7-2}$$

当 $s \gg h$ 时，则 $d \approx s$，一般来说，测距仪采用收发同体传感器，故 $h \approx 0$，则

$$d = s = \frac{1}{2}tv \tag{7-3}$$

超声波传感器检测距离原理是测出发出超声波至再检测到发出的超声波的时间差，同时根据声速计算出物体的距离。由于超声波在空气中的速度与温、湿度有关，在比较精确的测量中，需把温、湿度的变化和其他因素考虑进去。超声波传感器一般作用距离较短，普通的有效探测距离为5～10 m，但是有一个最小探测盲区，一般在几十毫米。由于超声波传感器的成本低、实现方法简单、技术成熟，故其是移动机器人中常用的传感器。

超声波传感器的基本原理(图7-8)是测量超声波的飞行时间，通过 $d = vt/2$ 测量距离，其中 d 是距离，v 是声速，t 是飞行时间。

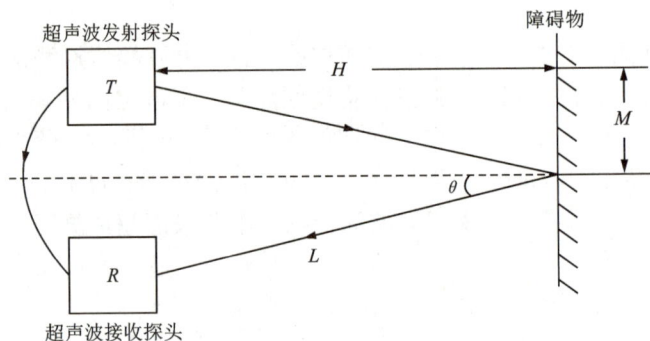

图7-8 超声波传感器的基本原理

如图7-9所示为超声波传感器信号。通过压电或静电变送器产生一个频率为几十 kHz 的超声波脉冲组成波包，系统检测高于某阈值的反向声波，检测到后使用测量到的飞行时间计算距离。一般超声波传感器作用距离较短，普通的有效探测距离为几米，但是有一个几十毫米的最小探测盲区。

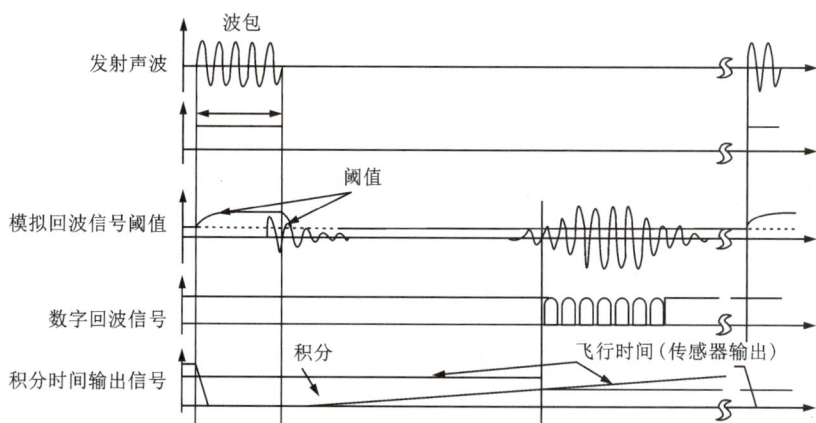

图 7-9 超声波传感器信号示意

常见的基于超声波集成电路的超声测距系统原理如图 7-10 所示，它由发射传感器、接收传感器、振荡电路、时基电路、距离识别电路等组成，由于发射换能器 T_1 和接收换能器 R_1 距离很近，可以认为是同一传感器。

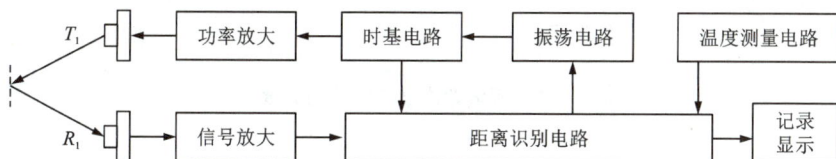

图 7-10 超声测距系统原理框图

7.3 压电式传感器知识

压电式传感器是以某些电介质的压电效应为基础，在外力作用下，在电介质的表面上产生电荷，从而实现非电量测量，是典型的有源传感器。压电传感元件是力敏感元件，所以它能测量最终能转变为力的那些物理量，如力、压力、加速度等各种动态力、机械冲击与振动。压电式传感器具有响应频带宽、灵敏度高、信噪比大、结构简单、工作可靠、质量小等优点。近年来，由于电子技术的飞速发展，随着与之配套的二次仪表以及低噪声、小电容、高绝缘电阻电缆的出现，压电式传感器的使用更为方便。因此，其在工程力学、生物医学、石油勘探、声波测井、电声学、宇航等许多技术领域中获得了广泛的应用。

7.3.1　压电式传感器的工作原理

1）压电效应

当沿着一定方向对某些电介质施力而使它变形时，其内部就产生极化现象，同时在它的两个表面上会产生符号相反的电荷；当外力去掉后，其又重新恢复到不带电状态，当作用力方向改变时，电荷的极性也随之改变，这种现象称压电效应。

正压电效应（顺压电效应）：对于某些电介质，当沿着一定方向对其施力而使它变形时，内部就会产生极化现象，同时在它的表面上产生电荷，当外力去掉后，又重新恢复到不带电状态的现象；当作用力方向改变时，电荷极性也随之改变。

逆压电效应（电致伸缩效应）：当在电介质的极化方向施加电场，这些电介质就在一定方向上产生机械变形或机械压力，当外加电场撤去时，这些变形或应力也随之消失的现象，如图 7-11 所示。

图 7-11　压电效应及其可逆性示意图

2）压电材料的分类与性能参数

（1）压电材料的分类。

具有压电效应的材料称为压电材料，压电材料能实现机电能量的相互转换。在自然界中大多数晶体具有压电效应，但压电效应十分微弱。

从压电材料的物理成分上，压电材料可以划分为四类：

①压电晶体，如石英等。

②压电陶瓷，如钛酸钡、锆钛酸铅等。

③压电半导体，如硫化锌、碲化镉等。

④压电聚合物，如聚二氟乙烯等。

（2）对压电材料的特性要求。

①转换性能：要求具有较大压电常数。

②机械性能：压电元件作为受力元件，它的机械强度高、刚度大，就能获得宽的线性范围和高的固有振动频率。

③电性能：希望具有高电阻率和大介电常数，以减弱外部分布电容的影响并获得良好的低频特性。

④环境适应性强：温度和湿度稳定性要好，要求具有较高的居里点，以获得较宽的工作温度范围。

⑤时间稳定性：要求压电性能不随时间变化。

（3）压电材料的主要特性参数。

①压电常数：压电常数是衡量材料压电效应强弱的参数，它直接关系到压电输出的灵敏度。

②弹性常数：压电材料的弹性常数、刚度决定着压电器件的固有频率和动态特性。

③介电常数：对于一定形状、尺寸的压电元件，其固有电容与介电常数有关；而固有电容又影响着压电传感器的频率下限。

④机械耦合系数：在压电效应中，其值等于转换输出能量（如电能）与输入的能量（如机械能）之比的二次方根；它是衡量压电材料机电能量转换效率的一个重要参数。

⑤电阻：压电材料的绝缘电阻将减少电荷泄漏，从而改善压电式传感器的低频特性。

⑥居里点：压电材料开始丧失压电特性的温度称为居里点。

（4）常用压电材料的性能表。

随着对材料的深入研究，人们发现越来越多的材料是性能优良的压电材料。常用压电材料性能见表7-1。

表7-1　常用压电材料性能

性能	压电材料				
	石英	钛酸钡	PZT-4	PZT-5	PZT-8
压电系数 /$(pC \cdot N^{-1})$	$d_{11}=2.31$ $d_{14}=0.73$	$d_{15}=260$ $d_{31}=-78$ $d_{33}=190$	$d_{15}\approx410$ $d_{31}=-100$ $d_{33}=230$	$d_{15}\approx670$ $d_{31}=-185$ $d_{33}=600$	$d_{15}\approx330$ $d_{31}=-90$ $d_{33}=200$
居里点/℃	573	115	310	250	300
密度/$(10^3 kg \cdot m^{-2})$	2.65	5.5	7.45	7.5	7.45
弹性模量 /$(10^4 N \cdot m^{-2})$	80	110	83.3	117	123
机械品质因数	$10^5 \sim 10^6$		≥500	80	≥800
最大安全应力 /$(10^5 N \cdot m^{-2})$	95~100	81	75	75	83
体积电阻率 /$(\Omega \cdot m^{-1})$	$>10^{12}$	$10^{10}(25℃)$	$>10^{10}$	$10^{11}(25℃)$	—
最高允许温度/℃	550	80	250	250	—
最高允许湿度/%	100	100	100	100	—

7.3.2　压电式传感器测量电路

1）测量特点

（1）测量对象。

压电式传感器主要测量力及力的派生物理量（压力、位移、加速度等）。此外，压电元件在压电式传感器中必须有一定的预应力，这样可以保证在作用力变化时，压电片始终受到压力，同时也保证了压电片的输出与作用力的线性关系。

①宜用于动态测量。

压电材料上产生的电荷只有在无泄漏的情况下才能长期保存。这就要求传感器内部信号电荷无"漏损"，外电路负载无穷大，否则电路将以某时间常数按指数规律放电。

事实上，传感器内部不可能没有泄漏，这对于静态标定以及低频准静态测量极为不利，必然带来误差。只有外力以较高频率不断地作用，传感器的电荷才能得以补充，因此，压电晶体不适用于静态测量。只有施加交变力，电荷才能得到不断的补充，才能供给回路一定的电流，故只宜进行动态测量。

②连接高阻前置放大器。外电路负载也不可能无穷大，只有连接高阻前置放大器，减少晶片的漏电流以减少测量误差。

因为压电式传感器的绝缘电阻与前置放大器的输入电阻并联，为保证传感器和测试系统有一定的低频或准静态响应，要求压电式传感器绝缘电阻应保持在 10^{13} Ω 以上，才能使内部电荷泄漏减少到满足一般测试精度的要求。为与上述条件相适应，测试系统则应有较大的时间常数，即前置放大器要有相当高的输入阻抗，否则传感器的信号电荷将通过输入电路泄漏，即产生测量误差。

（2）压电元件的连接。

在压电式传感器中，常用两片或多片组合在一起使用。由于压电材料是有极性的，因此接法也有两种，如图 7-12 所示。

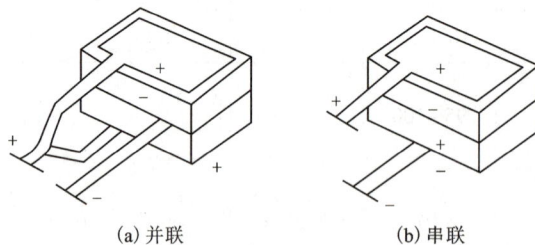

(a) 并联　　　　　　(b) 串联

图 7-12　压电元件的连接形式

①并联接法。

图 7-12(a)为并联形式，片上的负极集中在中间极上，其输出电容 C' 为单片电容 C 的两倍，但输出电压 U' 等于单片电压 U，极板上电荷量 q' 为单片电荷量 q 的两倍，即

$$q' = 2q \quad U' = U \quad C' = 2C \tag{7-4}$$

由于输出电荷量，本身电容大，因此时间常数也大，通常适用于测量慢速信号，并以电荷量作为输出的场合。

②串联接法。

图 7-12(b)为串联形式，正电荷集中在上极板，负电荷集中在下极板，而中间极板上产生的负电荷与下片产生的正电荷相互抵消。从图中可知，输出的总电荷 q' 等于单片电荷 q，而输出电压 U' 为单片电压 U 的两倍，总电容 C' 为单片电容 C 的一半，即

$$q' = q \quad U' = 2U \quad C' = \frac{1}{2}C \tag{7-5}$$

由于输出电压高，本身电容小，因此时间常数也小，通常适用于测量快速信号，以电压量作为输出，且测量电路输入阻抗很高的场合。

2)压电式传感器的等效电路

(1)理想等效电路。

当压电式传感器中的压电晶体承受被测机械应力的作用时，在它的两个极面上出现极性相反但电量相等的电荷。可把压电式传感器看成一个静电发生器，如图 7-13(a)所示。也可把它视为两极板上聚集异性电荷，中间为绝缘体的电容器，如图 7-13(b)所示，其电容量为

$$C_a = \frac{\varepsilon_r \varepsilon_0 A}{d} \tag{7-6}$$

式中：A 为压电片的面积；d 为压电片的厚度；ε_r 为压电材料的相对介电常数。

①压电式传感器可以等效为一个与电容相并联的电压源。如图 7-13(a)所示，电容器上的电压 U_a、电荷量 q 和电容量 C_a 三者关系为

$$U_a = \frac{q}{C_a} \tag{7-7}$$

②压电式传感器也可以等效为一个电荷源，如图 7-13(b)所示。

所以，压电式传感器的理想等效电路如图 7-13 所示。

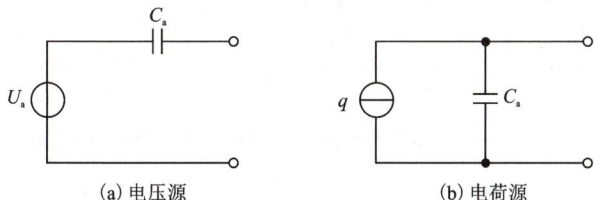

(a) 电压源　　　　　　　　(b) 电荷源

图 7-13　压电式传感器的理想等效电路

（2）实际等效电路。

压电式传感器在实际使用时总要与测量仪器或测量电路相连接，因此还须考虑连接电缆的等效电容 C_c、放大器的输入电阻 R_i、输入电容 C_i 以及压电传感器的泄漏电阻 R_a。压电式传感器在测量系统中的实际等效电路如图 7-14 所示。

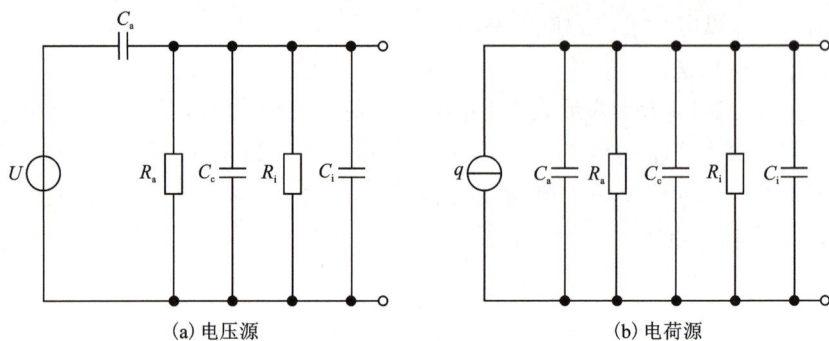

(a) 电压源　　　　　　　　　　　(b) 电荷源

图 7-14　压电式传感器的实际等效电路

3) 压电式传感器的测量电路

压电式传感器本身的内阻抗很高，而输出能量较小，因此它的测量电路通常需要接入一个高输入阻抗的前置放大器，其作用为：一是把它的高输出阻抗变换为低输出阻抗；二是放大传感器输出的微弱信号。

压电式传感器的输出可以是电压信号，也可以是电荷信号，因此前置放大器也有两种形式：电压放大器和电荷放大器。

（1）电压放大器。

电压放大器实际上是一个阻抗变换器，图 7-15(a) 是电压放大器的电路原理图，图 7-15(b) 是其等效电路图。

① 工作原理解析。

在图 7-15(b) 中，电阻 R 是 R_a 和 R_i 的并联，电容 C 是 C_a、C_c、C_i 的并联，而

$$u_a = \frac{q}{C_a} = \frac{\mathrm{d}F}{C_a} \tag{7-8}$$

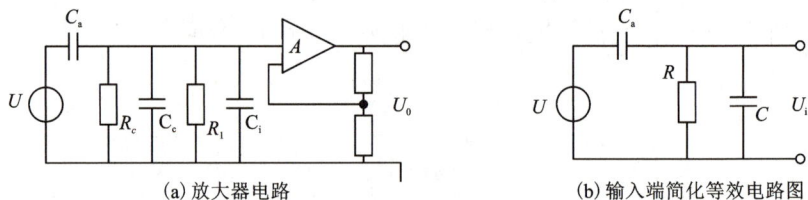

(a) 放大器电路　　　　　　　　(b) 输入端简化等效电路图

图 7-15　电压放大器的电路原理图及其等效电路图

若压电元件受正弦力 $f = F_m \sin \omega t$ 的作用，则其电压为

$$u_a = \frac{dF_m}{C_a}\sin \omega t = U_m \sin \omega t \qquad (7-9)$$

式中：U_m 为压电元件输出电压幅值；d 为压电系数。

由此可得放大器输入端电压 U_i，其复数形式为

$$U_i = df\frac{j\omega R}{1+j\omega R(C_i+C_a)} \qquad (7-10)$$

U_i 的幅值为 U_{im}

$$U_{im} = \frac{dF_m\omega R}{\sqrt{1+\omega^2R^2(C_a+C_c+C_i)}} \qquad (7-11)$$

输入电压和作用力之间相位差为

$$\varphi = \frac{\pi}{2} - \arctan\left[\omega(C_a+C_c+C_i)R\right] \qquad (7-12)$$

在理想情况下，传感器的 R_a 电阻值与前置放大器输入电阻 R_i 都为无限大，即

$$\omega(C_a+C_c+C_i)R \gg 1$$

那么，理想情况下输入电压幅值 U_{im} 为

$$U_{im} = \frac{dF_m}{C_a+C_c+C_i} \qquad (7-13)$$

式(7-13)表明前置放大器输入电压 U_{im} 与频率无关。一般认为 $\omega/\omega_0 > 3$ 时，就可以认为 U_{im} 与 ω 无关，ω_0 表示测量电路时间常数的倒数，即

$$\omega_0 = \frac{1}{R(C_a+C_c+C_i)} \qquad (7-14)$$

②线路应用结论。

这表明压电式传感器有很好的高频响应，但是，当作用于压电元件的力为静态力($\omega = 0$)时，前置放大器的输入电压等于零，因为电荷会通过放大器输入电阻和传感器本身漏电阻漏掉，所以压电式传感器不能用于静态力测量。

当 $\omega(C_a+C_c+C_i)R \gg 1$ 时，放大器输入电压 U_{im} 如式(7-13)所示。式中 C_c 为连接电缆电容，当电缆长度改变时，C_c 也将改变，因而 U_{im} 也随之变化。

因此，压电式传感器与前置放大器之间的连接电缆不能随意更换，否则将引入测量误差。

（2）电荷放大器。

电荷放大器常作为压电式传感器的输入电路。电荷放大器由一个具有深度负反馈的高增益放大器和一个反馈电容 C_f 构成，当略去 R_a 和 R_i 并联电阻后，电荷放大器等效电路如图 7-16 所示。

若放大器的开环增益 A 足够大，并且放大器的输入阻抗很高，则放大器输入端几乎没有分流，运算电流仅流入反馈回路 C_f。

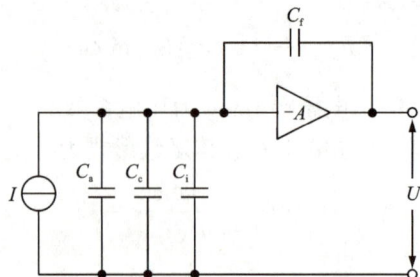

图 7-16 电荷放大器等效电路

①图中 A 为运算放大器增益。由于运算放大器输入阻抗极高，放大器输入端几乎没有分流。

其输出电压 U_0 为

$$U_0 \approx U_{C_f} = -\frac{q}{C_f} \tag{7-15}$$

式中：U_0 为放大器输出电压；U_{C_f} 为反馈电容两端的电压。

②由运算放大器基本特性，可求出电荷放大器的输出电压

$$U_0 = -\frac{Aq}{C_a + C_c + C_i} \tag{7-16}$$

通常 $A = 10^4 \sim 10^6$，因此若满足 $(1+A)C_f \ll C_a + C_c + C_i$，式(7-15)可表示为

$$U_{C_f} = -\frac{q}{C_f} \tag{7-17}$$

可见，电荷放大器的输出电压 U_0 与电缆电容 C_c 无关，且与 q 成正比，这是电荷放大器的最大特点。

7.3.3　压电式超声波传感器

1）超声波的产生与接收

（1）压电式超声波发生器。

压电式超声波发生器是利用压电晶体的电致伸缩现象制成的。常用的压电材料为石英晶体、压电陶瓷锆钛酸铅等。在压电材料切片上施加交变电压，使它产生电致伸缩振动从而产生超声波。

压电材料的固有频率与晶体片厚度 d 有关，即

$$f = n\frac{c}{2d} \tag{7-18}$$

式中：$n = 1, 2, 3, \cdots$，为谐波的级数；c 为波在压电材料里的传播速度（纵波）。

$$c = \sqrt{\frac{E}{\rho}} \tag{7-19}$$

式中：E 为弹性模量；ρ 为压电材料的密度。

对于石英晶体有 $E = 7.70$；对于锆钛酸铅有 $E = 8.300$。因此，压电材料

的固有频率为

$$f = \frac{n}{2d}\sqrt{\frac{E}{\rho}} \qquad (7-20)$$

根据共振原理,当外加交变电压频率等于晶片的固有频率时,产生共振,这时产生的超声波最强。压电式超声波发生器可以产生 10 kHz 到 100 MHz 的高频超声波,产生的声强可达 10 W/cm^2。

(2)超声波的接收。

在超声波技术中,除了需要能产生一定的频率和强度的超声波发生器以外,还需要能接收超声波的接收器。一般的超声波接收器是利用超声波发生器的逆效应工作的。当超声波作用在压电晶体片上时,使晶片伸缩,则在晶片的两个界面上产生交变电荷。这种电荷先被转换成电压,经过放大后送到测量电路,最后记录或显示结果。它的结构和超声波发生器基本相同,有时可用同一个超声波发生器兼作超声波接收器。

2)超声波传感器

超声波传感器是利用超声波在超声场中的物理特性和各种效应而用电信号将超声感知的器件。其主要元件是利用各种效应研制的换能装置,有时称作超声波换能器。因此有时传感器和换能器混称为探测器。

超声波换能器有时也称为超声波探头。超声波探头是完成超声波探测的中心器件,按其工作原理可分为压电式、磁致伸缩式、电磁式等,其中以压电式最为常用。

(1)超声波发射和接收探头。

压电式超声波探头常用的材料是压电晶体和压电陶瓷,这种传感器统称为压电式超声波探头。它是利用压电材料的压电效应工作的:逆压电效应将高频电振动转换成高频机械振动,从而产生超声波,可作为发射探头;而利用正压电效应,将超声振动波转换成电信号,可用作接收探头。

(2)超声波探头工作原理。

超声波探头结构如图 7-17 所示,主要由压电晶片、吸收块(阻尼块)、保护膜等组成。压电晶片多为圆板形,厚度为 δ。超声波频率 f 与其厚度 δ 成反比。压电晶片的两面镀有银层,作导电的极板。阻尼块的作用是降低晶片的机械品质,吸收声能量。如果没有阻尼块,当激励的电脉冲信号停止时,晶片将会继续振荡,加长超声波的脉冲宽度,使分辨率降低。

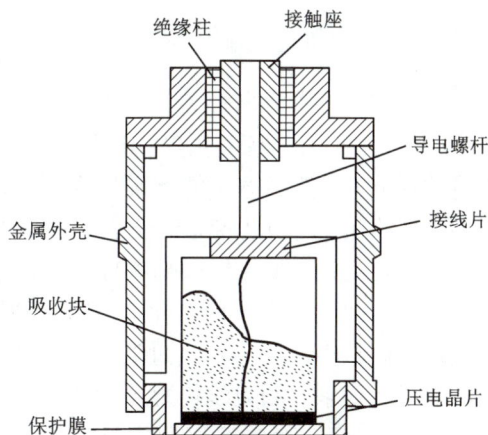

图 7-17　超声波探头结构

7.4   避障传感器选型与维护

设定本节的机器人为户外全天移动机器人，将面临户外多变的环境，包括日照强度、温度、湿度等；并配置有激光导航传感器，选择避障传感器时需要注意和激光传感器形成互补。

7.4.1   避障传感器对比分析

对于二维视觉传感器而言，其主要应用领域是 CCD 摄像机。在移动机器人避障系统中，该传感器被广泛应用。通过一个 CCD 摄像机我们可以得到障碍物的二维信息，但是为了得到障碍物的三维信息，必须使用两台或者更多的摄像机。CCD 摄像机能获取障碍物的具体信息，但是这些信息量庞大以及处理这些信息数据需要极大的计算量，所以大大限制了它在实时控制中的应用。

近年来，激光雷达在移动机器人避障中的应用也日益增多，这主要是由于基于激光的距离测量技术具有很多优点，特别是其具有较高的精度。通过二维或三维扫描激光束或光平面，激光雷达能够以较高的频率提供大量的、准确的距离信息。激光雷达与其他距离传感器相比，能够同时考虑精度要求和速度要求，这一点特别适用于移动机器人领域。此外，激光雷达不仅可以在有光的情况下工作，也可以在黑暗中工作，而且在黑暗中测量效果更好。不过该传感器也有一些缺点，比如安装精度要求高、价格比较昂贵等。

超声波是一种频率为 20 kHz 以上的声波，具有直线传播的能力，频率越高，绕射能力越弱，但反射能力越强，其指向性越强、能量消耗越缓慢，其在介质中传播的距离越远，利用超声波检测往往比较迅速、方便、计算简单、易于做到实时控制。

7.4.2   避障传感器的选型

超声波传感器方向性差，但相对于其他类型的传感器有如下优点：环境适应能力强，在阴影、灰尘、烟雾等环境下，超声波传感器几乎不受恶劣环境的影响，仍然能够实时准确地探测到障碍物信息；与视觉传感器和激光测距仪相比，超声波传感器便宜，不容易损坏。此外，视觉传感器如摄像机得到的距离信息，主要根据物体成像的相对灰度等级决定，物体成像的灰度信息会随光线变化而变化，在同一种影响的环境中，其很难判断物体的远近。而超声波传感器通过波的发射、接收时间来测量距离信息，对环境的光线无要求。和光学传感器相比，超声波传感器不仅可以探测到障碍物的存在，而且能够得到障碍物距机器人的距离，更便于机器人做出决策。虽然光的传播速度比声音快，但诸如计算机控制器延时和电机响应速度等将限制机器人执行任务的速度,因此光速快的优势并不明显。此外,超声波传感器结构简单、体积小、费用低,信号处理简单可靠,易于小型化和集成化,这更适合比赛机器人微型化的趋势,因此本节选择超声波传感器作为距离和障碍探测的主要传感器,其主要参数如下。

　　供电电压:DC 6~30 V;

　　最大消耗电流:80 mA;

　　输出接口:RS232 或 RS485 输出,传感器输出接口连接如图 7-18 所示。

　　通信协议:68 协议;

　　检测有效距离:3~450 cm;

　　建议安装高度:大于 10 mm;

　　水平检测角度:小于等于 30°;

　　垂直检测角度:小于等于 15°;

　　响应速度:5 ms;

　　使用温度范围:-40~+85 ℃;

　　工作湿度:10%~90%相对湿度。

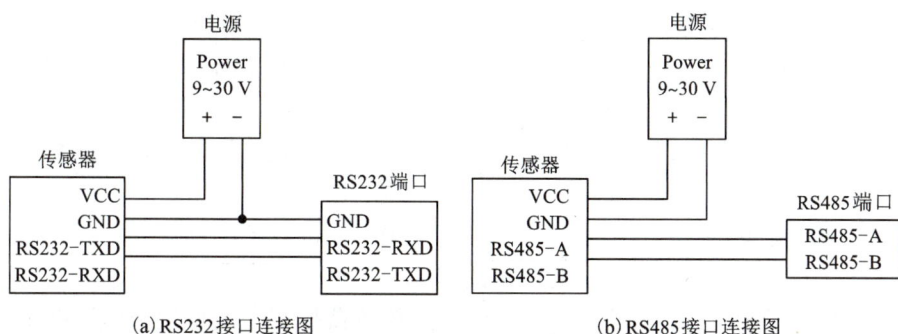

图 7-18　传感器输出接口连接图

7.4.3　超声波传感器的检修与维护

超声波传感器常见故障与检测。

1)计算机采集不到传感器信号

故障判断:

(1)传感器供电不正常,可用万用表测量,按要求应为 10~30 V 直流电(开关电源提供+24 V)。

(2)电源和信号接反,传感器接线柱有+、-标志,一般信号线中红色为电源+,蓝色为信号-。

(3)线路存在断路点。

故障排除:

(1)提供规定的合适供电电源。

（2）正确连接传感器与信号电缆。

（3）查找断路点，修复或更换。

2）传感器不正常工作，距离变化较大

故障判断：

（1）传感器探头周围存在干扰源，影响超声波的发射和接收。

（2）周围存在强电磁场。

（3）探头有泥污，影响超声波的发射和接收，肉眼观察即可判断。

故障排除：

（1）改进安装位置，远离干扰源。

（2）良好接地或提供屏蔽装置。

（3）清除探头泥污。

超声波传感器应用原理简单、方便，成本也很低。但是目前的超声波传感器都有一些缺点，比如反射问题、噪声问题、交叉问题。

反射问题：如果被探测物体始终在合适的角度，那超声波传感器将会获得正确的角度。但是在实际使用中，很少有被探测物体能被正确检测。其中可能会出现几种误差：三角误差、镜面反射、多次反射。

噪声问题：虽然多数超声波传感器的工作频率为40~45 kHz，远远高于人类能够听到的频率，但是周围环境也会产生类似频率的噪声。比如，电机在转动过程中会产生一定的高频，轮子在比较硬的地面上的摩擦所产生的高频噪声，机器人本身的抖动，甚至当有多个机器人时，其他机器人的超声波传感器发出的声波，这些都会引起传感器接收到错误的信号。这个问题可以通过对发射的超声波进行编码来解决，比如发射一组长短不同的音波，只有当探测头检测到相同组合的音波时，才进行距离计算。这样可以有效地避免由环境噪声所引起的误读。

交叉问题：交叉问题是当多个超声波传感器按照一定角度被安装在机器人上时所引起的。超声波 X 发出的声波，经过镜面反射，被传感器 Z 和 Y 获得，这时 Z 和 Y 会根据这个信号来计算距离值，从而无法获得正确的测量值。

超声波传感器故障预防。结合上述超声波传感器的故障检测，在使用超声波传感器时，应注意以下几点：

（1）提供规定的合适供电电源。

（2）避免在有强电磁场的环境中使用，做好屏蔽措施。

（3）使用多个超声波传感器时需要注意相互干扰问题。

❯ 思政园地

1960 年激光器诞生后不久，激光便被应用于各种测量场景，科技界迅速将激光应用在测距仪和激光雷达中。早在 1971 年，激光雷达便跟随阿波罗 15 号进行了月面测绘。一直以来，受制于各类激光设备的技术难度，激光雷达成本较高，商业化场景较少。但这一局面在 21 世纪得以改变，包括 DARPA、Velodyne 等政界、军界、商界重要成员合力推动激光雷达发展。2005 年，Velodyne 首次将 64 线激光雷达应用于 DARPA 挑战赛；2007 年，Velodyne 公司生产出首台商用 3D 动态扫描激光雷达，成为该行业的重要时刻。此后，Ibeo、Valeo、Luminar 等公司相继推出各自的激光雷达产品，技术上各有优势，机械式产品逐渐转变为固态产品，产品成本逐渐降低。到 2020 年，Velodyne 的新款固态激光雷达售价已达到 100 美元（公司官网），可以说正式进入实用阶段。

激光雷达（light detection and ranging，LiDAR）即光探测与测量，是一种集激光、全球定位系统（GPS）和 IMU（inertial measurement unit，惯性测量装置）三种技术于一身的系统，用于获得数据并生成精确的 DEM（数字高程模型）。这三种技术的结合，可以高度准确地定位激光束打在物体上的光斑，测距精度可达厘米级，激光雷达最大的优势是精准和快速、高效作业。激光雷达当前被广泛用于无人驾驶汽车和机器人领域，被誉为广义机器人的"眼睛"，是一种通过发射激光来测量物体与传感器之间精确距离的主动测量装置。激光雷达通过激光器和探测器组成的收发阵列，结合光束扫描，可以对广义机器人所处环境进行实时感知，获取周围物体的精确距离及轮廓信息，以实现避障功能；同时，结合预先采集的高精地图，机器人在环境中通过激光雷达的定位精度可达厘米级，以实现自主导航。

由于激光雷达应用范围的广泛与技术结构的复杂性，在实际应用中有着多种分类方式，按照功能用途、工作体制、载荷平台、工作介质、探测技术等分类，均可得到不同的结果。在载荷平台方面，地基激光雷达通常用于单一目标或者小尺度精细三维数据的采集；机载激光雷达以飞行器为搭载平台，通常用于区域尺度三维信息数据的快速获取；星载激光雷达以卫星平台为依托获取大尺度三维信息数据。

激光雷达的应用重点集中在车载平台上应用的车规级激光雷达。考虑到激光雷达的主要市场集中在无人驾驶领域，因此当前行业主要以与无人驾驶技术相关的测距方法和技术架构作为分类的主流依据。

国家对于计算机、通信和其他电子设备制造业大力支持，出台了一系列政策，不断推进智能传感器及集成电路行业的高速发展。2017 年起，随着智能汽车及车联网行业的发展，各级政府出台多项政策明确发展车载传感器技术以及形成产业化规模，对行业经营发展起到正向促进作用。另外，在政策制定上，国家坚持扶优扶强，驱动行业内企业提升产品性能与竞争力，尤其是 2020 年以来国家和各个省区市对智能网联汽车的大力关注和支持，更加促进了该行业的发展。

全球分布着大量业务不同的厂家，欧姆龙、松下、意法半导体等知名公司都在激光雷达产业链之中。产业链中游，也就是激光雷达公司，主要有 Velodyne、Valeo 等，还有不少国内公司已经跻身国际主要厂商之列，例如禾赛科技、镭神智能、北醒、速腾聚创、北科天绘等。而在上游领域，国际公司积累较为深厚，例如光学器件领域的意法半导体，光源领域的飞利浦光学、生产光源和光学器件的 Thorlabs，光探测器领域有安森美旗下的 SensL、日本滨松等，IC 领域则有赛灵思、Qorvo 等半导体巨头。

从国内公司来看，近年来我国中游强、上游弱的局面得到了一定改善。目前，以速腾聚创、禾赛科技、镭神智能为代表的国内激光雷达产业公司主要集中在中游，但上游也涌现出了一批优秀公司，例如华为哈勃投资的芯视界微电子，小米集团领投、联想和真格基金跟投的灵明光子等。下游主要包括测绘视觉、机器人、自动驾驶、无人机和环境监测五个应用方向，目前激光雷达主要应用在自动驾驶领域，在该应用领域我国公司数量较多，例如数字绿土、EAI 等公司在各自领域内也具有较强的竞争力。

得益于国内广阔的市场和政府优厚的政策，激光测距雷达传感器行业正在从中低端向高端冲击，消除差距的手段唯有自主创新，另外还需要整个大环境包括基础材料、制造工艺的提升，这是一个漫长而艰辛的过程，然而前途也是光明的。

思考与练习

1. 简述移动机器人避障基本要求。
2. 简述避障传感器选用原则和适用领域。
3. 简述避障传感器选型过程。

项目 8　焊接机器人

项目描述

　　焊接机器人是集机械、计算机、电子、传感器、人工智能等多方面知识和技术于一体的现代化、自动化设备。

　　本项目通过焊接机器人温度保护要求、常见温度传感器分类及应用、温度传感器选型与维护等知识与技能操作来了解机器人焊接技术。

　　通过本项目的学习，让学生了解和掌握机器人焊接技术，了解国内外该技术发展现状，培养其爱国主义精神、敬岗爱业精神和大国工匠精神。

学习目标

◆ **知识目标**

1. 了解焊机机器人温度保护要求；
2. 了解常见温度传感器分类；
3. 了解常见温度传感器基本工作原理。

◆ **能力目标**

1. 能进行温度传感器选型；
2. 能进行温度传感器常规检测工作；
3. 能对焊接机器人常见故障进行维护。

◆ **素质目标**

1. 具有积极奋斗、乐观向上的精神，具有自我管理能力；
2. 具有较强的集体意识和团队合作精神。

◆ **思政目标**

1. 具备世界普遍联系的认知和可持续发展的意识；
2. 具备对事物联系的认知和系统集成的解决思维；
3. 形成对事物因果关系的认知和防患于未然的解决问题的意识。

知识图谱

```
                    ┌─── 了解焊接机器人 ───┬── 焊接机器人的应用
                    │                      └── 焊接机器人温度保护要求
                    │
                    │                       ┌── 热电阻温度传感器
              焊   ├─── 温度传感器分类及其应用 ┼── 热电偶温度传感器
              接   │                       └── 热释电温度传感器
              机   │
              器   │                       ┌── 热电偶温度传感器
              人   ├─── 热电式传感器知识 ───┼── 热电偶实用测量电路
                    │                       └── 热释电温度传感器
                    │
                    │                       ┌── 温度传感器对比分析
                    └─── 温度传感器选型与维护 ┼── 温度传感器的选型
                                            └── 热电偶温度传感器的检修与维护
```

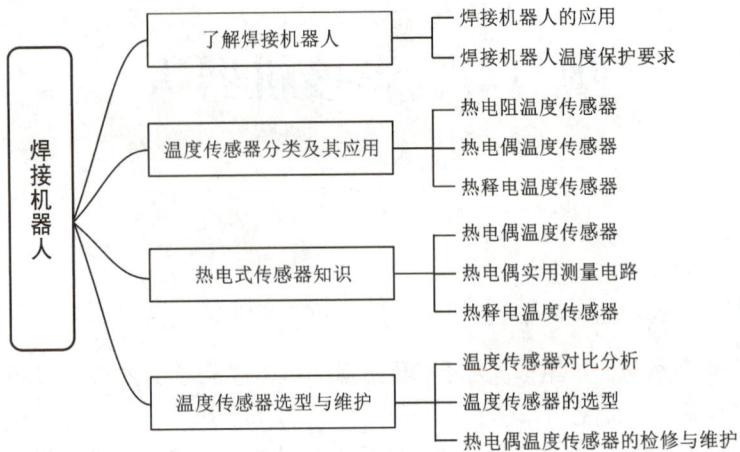

8.1　了解焊接机器人

8.1.1　焊接机器人的应用

　　工业制造领域中应用最广泛的机器人是焊接机器人，特别是在汽车制造业中，机器人使用量约占全部工业机器人总量的30%，其中焊接机器人数量占50%左右。

　　焊接是现代机械制造业中必不可少的一种加工工艺，在汽车制造、工程机械、摩托车等行业占有重要地位。过去采用人工操作，焊接加工是一项繁重的工作，随着许多焊接结构件对焊接精度和速度的要求越来越高，一般工人已难以胜任这一工作。此外，焊接时的电弧、火花及烟雾等对人体会造成伤害，焊接制造工艺的复杂性、劳动强度、产品质量、批量等要求，使得焊接工艺对自动化、机械化的要求极为迫切，实现机器人自动焊接代替人工操作焊接成为几代焊接人的理想和追求目标。汽车制造的批量化、高效率和对产品质量一致性的要求，使焊接机器人在汽车焊接中获得大量应用。汽车制造中的机器人自动焊接所占比重也超过建筑、造船、钢结构等行业，这也反映出汽车焊接生产所具有的自动化、柔性化、集成化的制造特征。焊接机器人是焊接自动化的革命性进步，它突破了焊接刚性自动化的传统方式，开创了一种柔性自动化生产方式。刚性自动化生产设备通常都是专用的，只适用于中、大批量的自动化生产，因而在很长一段时期内，中、小批量产品的焊接生产仍然以手工焊接为主，而焊接机器人的出现，使小批量产品自动化焊接生产成为可能。由于机器人具有示教再现功能，完成一项焊接任务只需要人给机器人做一次示教，随后机器人可精确地再现示教的每一步操作。如果需要机器人去做另一项工作，无须改变任何硬件，只要对机器人再做一次示教或编程即可。因此，在一条焊接机器人生产线上，可同时自动生产若干种不同产品。

焊接机器人(图 8-1)主要由机器人和焊接设备两大部分构成。机器人由机器人本体和控制系统组成。焊接设备以点焊为例，由焊接电源、专用焊枪、传感器、修磨器等部分组成。此外，还有相应的系统保护装置。

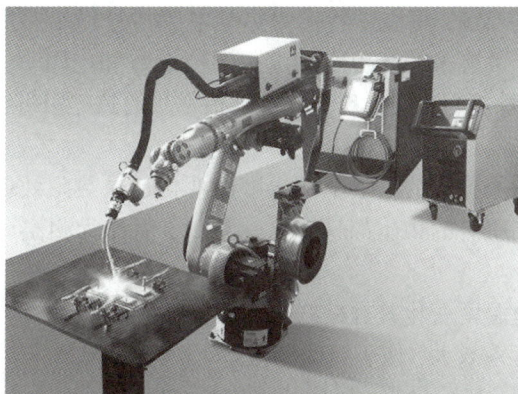

图 8-1　焊接机器人

8.1.2　焊接机器人温度保护要求

焊接机器人在工作时，内部的大功率器件会产生大量的热量，导致温度升高，严重时将烧毁电子器件，导致设备损坏。因此，电焊机内部(图 8-2)的大功率器件一般都加装了散热器，并在上面就近安装了温度传感器；当检测到功率器件温升达到设定值(通常为 70~80 ℃)，就关闭控制电路的信号，让整机没有输出。这种功能就是焊接机器人的热保护功能。

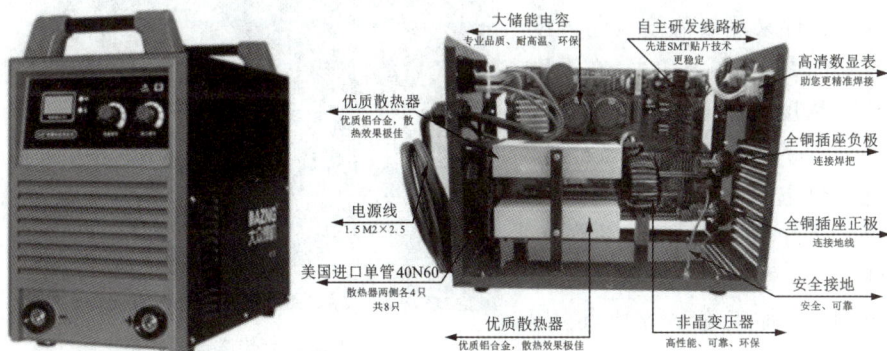

图 8-2　电焊机内部示意

8.2　温度传感器分类及其应用

8.2.1　热电阻温度传感器

热电阻温度传感器由热电阻、连接导线及显示仪表组成，热电阻也可以与温度变送器连接，将温度转换为标准电流信号输出。用于制造热电阻的材料应具有尽可能大的和稳定的电阻温度系数和电阻率，输出最好呈线性，物理、化学性能稳定，复现性好等。最常用的热电阻有铂热电阻和铜热电阻。

热电阻是利用导体的电阻率随温度而变化这一热阻效应物理现象来测量温度的。几乎所有的物质都具有这一特性，但作为测温用的热电阻应该具有以下特性：

①电阻值与温度变化具有良好的线性关系。

②电阻温度系数大，便于精确测量。

③电阻率高，热容量小，反应速度快。

④在测温范围内具有稳定的物理性质和化学性质。

⑤材料质量要纯，容易加工复制，价格便宜。

由金属制成的热电阻传感器称为金属热电阻传感器，但是实际工作中一般称作热电阻温度传感器。

热电阻测温是基于金属导体的电阻值随温度的增加而增加这一特性来进行温度测量的。大多数热电阻在温度升高 1 ℃时，电阻值将增加 0.4% ~ 0.6%。热电阻大多由纯金属材料制成，应用较多的是铂和铜，此外，已开始采用镍、锰和铑等材料制作热电阻。

热电阻温度传感器主要是利用电阻值随温度变化而变化这一特性来测量温度及与温度有关的参数(图 8-3)。在温度检测精度要求比较高的场合，这种传感器比较适用。较为广泛的热电阻材料为铂、铜、镍等，它们具有电阻温度系数大、线性好、性能稳定、使用温度范围宽、加工容易等特点，用于测量 -200 ~ +500 ℃的温度。并且随着科技的发展，热电阻

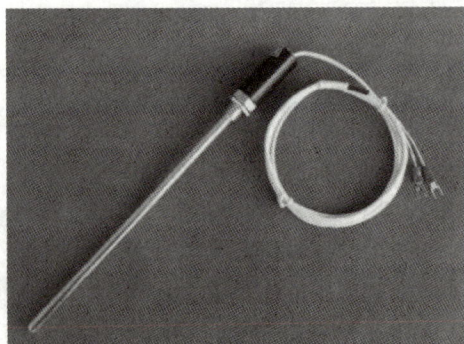

图 8-3　热电阻温度传感器原测量电路

温度传感器的测温范围也随之扩展，低温方面已成功地应用于 1 ~ 3 K 的温度测量中，高温方面也出现了多种用于 1000 ~ 1300 ℃的热电阻温度传感器。

热电阻是把温度变化转换为电阻值变化的一次元件，通常需要把电阻信号通过引线传递到计算机控制装置或者其他一次仪表上。工业用热电阻安装在生产现场，与控制室之间存在一定的距离，因此热电阻的引线对测量结果会有较大的影响。为了减小或消除引线电阻的影响，目前，热电阻引线的连接方式经常采用三线制和四线制，如图 8-4 所示。

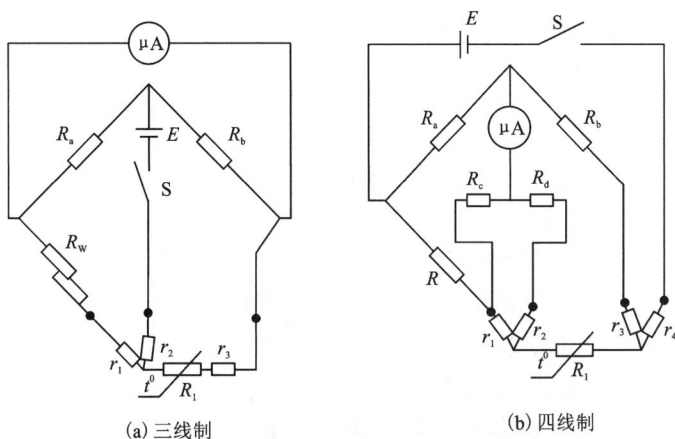

(a) 三线制　　　　　　(b) 四线制

图 8-4　热电阻温度传感器的测量电路

（1）三线制。

在电阻体的一端连接两根引线，另一端连接一根引线，此种引线形式称为三线制。当热电阻和电桥配合使用时，这种引线方式可以较好地消除引线电阻的影响，提高测量精度。所以工业热电阻大多采用这种方法。

（2）四线制。

在电阻体的两端各连接两根引线称为四线制。这种引线方式不仅可以消除连接线电阻的影响，而且可以消除测量电路中寄生电势引起的误差。这种引线方式主要用于高精度温度测量。

8.2.2　热电偶温度传感器

温差热电偶（简称热电偶）是目前温度测量中普遍使用的传感器元件之一。它除具有结构简单、测量范围宽、准确度高、热惯性小、输出信号为电信号便于远传或信号转换等优点外，还能用来测量流体的温度、测量固体以及固体壁面的温度。微型热电偶还可用于快速及动态温度的测量。热电偶能够将热能直接转换为电信号，并且输出直流电压信号，使得显示、记录和传输都很容易。

热电偶温度传感器是一种自发电式传感器，测量时不需要外加电源，直接将被测量转换成电势输出，使用十分方便，常被用来测量炉子、管道内的气体或液体的温度及固体的表面温度。它的测温范围很广，为 $-270 \sim 2500$ ℃。它具有结构简单、制造方便、测量范围广、精度高、惯性小和输出信号便于远传等优点。

但是，它的灵敏度比较低，容易受到环境信号的干扰，也容易受到前置放大器温漂的影响，不适合测量微小的温度变化。热电偶温度传感器的灵敏度与材料的粗细无关，非常细的材料也能够做成温度传感器。由于制作热电偶的金属材料具有很好的延展性，这种细微的测温元件有极高的响应速度，可以用于测量快速变化的过程。

8.2.3   热释电温度传感器

热释电温度传感器和热电偶温度传感器都是基于热电效应原理的热电型红外传感器。不同的是热释电温度传感器的热电系数远远高于热电偶温度传感器，其内部的热电元由高热电系数的铁、钛、酸、铅、汞、陶瓷以及钽酸锂、硫酸三甘肽等配合滤光镜片窗口组成，其极化随温度的变化而变化。为了抑制因自身温度变化而产生的干扰，该传感器在工艺上将两个特征一致的热电元反向串联或接成差动平衡电路方式，因而能以非接触式检测出物体放出的红外线能量变化并将其转换为电信号输出。热释电温度传感器在结构上引入场效应管的目的在于完成阻抗变换。热电元输出的是电荷信号，并不能直接使用，因而需要用电阻将其转换为电压形式。该电阻阻抗高达 10^4 MΩ，故引入的 N 沟道结型场效应管应接成共漏形式，即用源极跟随器来完成阻抗变换。热释电红外传感器由传感探测元、干涉滤光片和场效应管匹配器三部分组成。设计时应将高热电材料制成一定厚度的薄片，并在它的两面镀上金属电极，然后加电对其进行极化，这样便制成了热释电探测元。由于加电极化的电压是有极性的，因此极化后的探测元也是有极性的。

热释电温度传感器光谱响应范围很宽，可以非制冷工作，已广泛用于辐射测量。由于该传感器性能均匀、功耗低，成像型的热释电面阵有很好的应用前景。随着相关信号处理器性能和可靠性的不断提高，热释电晶体已广泛用于红外光谱仪、红外遥感以及热辐射传感器。因其价格低廉、技术性能稳定而广泛应用于各种自动化控制装置中，既可作为红外激光的一种较理想的传感器，又可做成人体被动式热释电红外探头用于防盗报警、来客告知及非接触开关等红外领域。

▶ 8.3   热电式传感器知识

8.3.1   热电偶温度传感器原理

1）热电效应与热电偶测温原理

将两种电子密度不同的导体按图 8-5 连接成闭合回路，如果两端所处的温度不同，在该回路内就会产生热电动势和温差电动势。若导体 A 和 B 的连接处温度不同，则在此闭合回路中就有电流产生，也就是说回路中有电动势存在，这种现象叫作热电效应。这种现象早在 1821 年首先由塞贝克

(Seeback)发现,所以又称塞贝克效应。

回路中所产生的电动势叫热电动势。热电动势由两部分组成,即接触电动势和温差电动势。

①接触电动势。

假设两种金属 A、B 的自由电子密度不同,分别为 N_A 和 N_B,且 $N_A > N_B$,当两种金属相接时,将产生自由电子的扩散现象,如图 8-5 所示。从 A 扩散到 B 的电子数目多,达到动态平衡时,在 A、B 之间形成稳定的电位差,即接触电动势 e_{AB},其大小为

$$e_{AB}(T) = \frac{KT}{e}\ln\frac{N_A}{N_B} \tag{8-1}$$

式中:$e_{AB}(T)$ 为导体 A、B 节点在温度 T 时形成的接触电动势;e 为单位电荷,$e = 1.6\times10^{-19}$ C;k 为玻尔兹曼常数,$k = 1.38\times10^{-23}$ J/K;N_A、N_B 为导体 A、B 在温度为 T 时的电子密度。可见,接触电动势的大小与温度高低及导体中的电子密度有关,即接触电动势的大小取决于导体 A、B 的性质及接触点的温度,而与其形状尺寸无关。

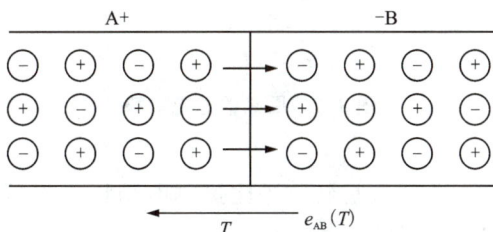

图 8-5 两种导体的接触电动势

②温差电动势。

温差电动势是在同一导体的两端因温度不同而产生的一种电动势。高温侧电子受热能运动加剧,高温侧失去电子而带正电,低温侧得到电子带负电,即形成一个静电场,使两端出现电位差,如图 8-6 所示。此电位差叫温差电动势,也叫汤姆逊电动势,其大小为

$$e_A(T, T_0) = \int_{T_0}^{T} \sigma_A dT \tag{8-2}$$

式中:$e_A(T, T_0)$ 为导体 A 两端温度为 T、T_0 时形成的温差电动势;T、T_0 为高、低端的绝对温度;σ_A 为汤姆逊系数,表示导体 A 两端的温度差为 1 ℃ 时所产生的温差电动势,如在 0 ℃ 时,铜的 $\sigma = 2$ μV/℃。

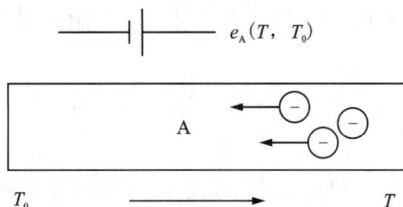

图 8-6 温差电动势

③回路总电动势。

由导体材料 A、B 组成的闭合回路，其节点温度分别为 T、T_0，如果 $T > T_0$，则必存在着两个接触电动势和两个温差电动势，如图 8-7 所示。所以，回路的总电动势为

$$E_{AB}(T, T_0) = e_{AB}(T) - e_{AB}(T_0) - e_A(T, T_0) + e_B(T, T_0)$$

$$= \frac{KT}{e}\ln\frac{N_{AT}}{N_{BT}} - \frac{KT_0}{e}\ln\frac{N_{AT_0}}{N_{BT_0}} + \int_{T_0}^{T}(-\sigma_A + \sigma_B)\,\mathrm{d}T \qquad (8\text{-}3)$$

式中：N_{AT}、N_{AT_0} 为导体 A 在节点温度为 T、T_0 时的电子密度；N_{BT}、N_{BT_0} 为导体 B 在节点温度为 T、T_0 时的电子密度；σ_A、σ_B 为导体 A、B 的汤姆孙系数。

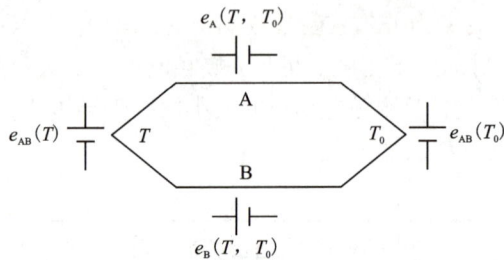

图 8-7　回路的总电动势

在总电动势中，由于温差电动势比接触电动势小很多，经常可以忽略不计，则热电偶的热电动势可表示为

$$E_{AB}(T, T_0) = e_{AB}(T) - e_{AB}(T_0) \qquad (8\text{-}4)$$

对于已选定的热电偶，当参考端温度 T_0 恒定时，$E_{AB}(T_0)$ 为常数，即 $E_{AB}(T_0) = C$，则总的热电动势就只与温度 T 成单值函数关系，即

$$E_{AB}(T, T_0) = e_{AB}(T) - C = f(T) \qquad (8\text{-}5)$$

可见，热电偶的热电动势，等于两端温度分别为 T 和 0 ℃以及 T_0 和 0 ℃的热电势之差。实际应用中，热电动势与温度的关系是通过热电偶分度表确定的。分度表是在参考端温度为 0 ℃时，通过实验建立起来的热电动势与工作端温度之间的数值对应关系。

④结论。

a.热电偶回路热电动势只与组成热电偶的材料及两端温度有关，与热电偶的长度、粗细无关。

b.只有用不同性质的导体（或半导体）才能组合成热电偶；相同材料不会产生热电动势。

c.只有当热电偶两端温度不同、热电偶的两导体材料不同时，才会有热电动势产生。

d.导体材料确定后，热电动势的大小只与热电偶两端的温度有关。如果使 $E_{AB}(T_0)$ 为常数，则回路热电动势 $E_{AB}(T, T_0)$ 就只与温度 T 有关，而且

是 T 的单值函数，这就是利用热电偶测温的原理。

2）常用热电偶的结构类型

（1）工业用热电偶。

图 8-8 为典型工业热电偶结构示意图。它由热电偶丝、绝缘套管、保护套管以及接线盒等部分组成，在实验室使用时，也可不装保护套管，以减小热惯性。

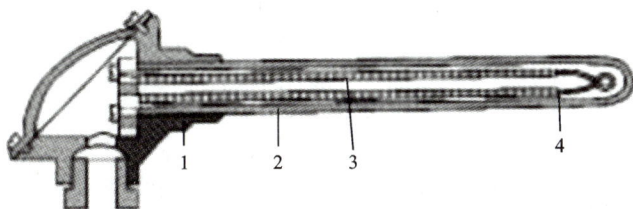

1—接线盒；2—保险套管；3—绝缘套管；4—热电偶丝。

图 8-8　工业热电偶结构示意图

（2）铠装式热电偶。

铠装式热电偶又称套管式热电偶，断面如图 8-9 所示。它由金属套管、绝缘材料、热电极三者拉细组合而成一体。由于它的热端形状不同，可分为如图 8-9 所示的四种型式。其优点是小型化（直径从 $0.25 \sim 12 \ mm$）、寿命长、热惯性小、使用方便。测温范围在 $1100 \ ℃$ 以下的有：镍铬-镍硅、镍铬-考铜铠装式热电偶。

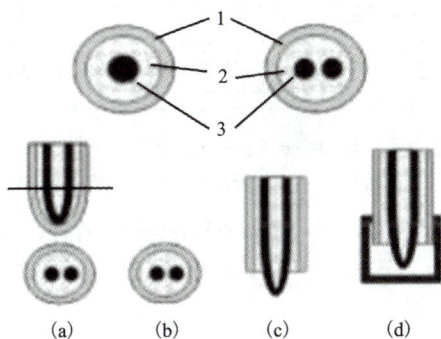

1—金属套管；2—绝缘材料；3—热电极。

图 8-9　铠装式热电偶断面结构示意图

（3）快速反应薄膜热电偶。

快速反应薄膜热电偶特别适用于对壁面温度的快速测量、安装时，用黏结剂将它黏结在被测物体的壁面上。目前我国试制的快速反应薄膜热电偶有铁-镍、铁-康铜和铜-康铜三种，长×宽×高为 $60 \ mm×6 \ mm×0.2 \ mm$；绝缘基板用云母片、陶瓷片、玻璃及酚醛塑料纸等；测温范围在 $300 \ ℃$ 以下；反应时间仅为几 ms。快速反应薄膜热电偶如图 8-10 所示。

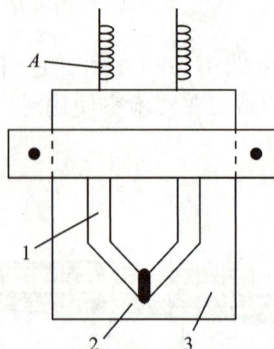

1—热电极；2—热接点；3—绝缘基板；4—引出线。

图 8-10   快速反应薄膜热电偶

（4）快速消耗微型热电偶。

图 8-11 为一种测量钢水温度的热电偶。它是将直径为 0.05～0.1 mm 的热电偶装在 U 形石英管中，铸以高温绝缘水泥，外面再套上保护钢帽制成。这种热电偶使用一次就焚化，它的优点是热惯性小，只要注意它的动态标定，测量精度为 ±5～7 ℃。

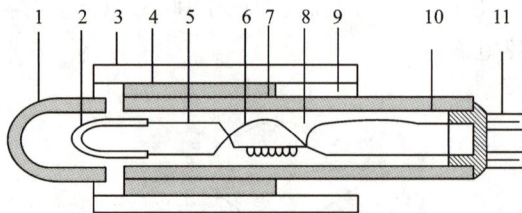

1—钢帽；2—石英；3—纸环；4—绝热泥；5—冷端；6—棉花；
7—绝缘纸管；8—补偿导线；9—套管；10—塑料插座；11—簧片与引出线。

图 8-11   快速消耗微型热电偶

3）冷端处理及补偿

（1）冷端补偿的原因。

热电偶的热电动势大小与热电极材料和两节点的温度有关，同时热电偶的分度表和根据分度表刻度的温度仪表都是以热电偶参考端温度等于 0 ℃ 为条件的。但实际上，受周围温度的影响，冷端温度不可能保持为 0 ℃ 或某一常数。因此要测出实际温度就必须采取修正或补偿措施。简言之：

①热电偶热电动势的大小是热端温度和冷端温度的函数差，为保证输出热电动势是被测温度的单值函数，必须使冷端温度保持恒定。

②热电偶分度表给出的热电动势是以冷端温度处于 0 ℃ 为依据的，否则会产生误差。

（2）常用冷端补偿方法。

常用的冷端补偿方法有：冷端恒温法、补偿导线法、冷端补偿器法、计算修正法、零点迁移法、软件处理法、补正系数法等。

①冷端恒温法。

冷端恒温法就是使参考端（冷端）温度处于 0 ℃或某一恒定温度。

具体做法为：

a. 将冷端放在固定的铁匣内，利用铁匣较大的热容量，使冷端温度变化不大或变化缓慢，或将铁匣做成水套式通以流水以提高恒定性。

b. 将冷端置于盛油的容器内，利用油的热惰性使节点温度保持一致并接近室温。

c. 将冷端置于充满绝缘物的铁管中，把铁管埋在 1.5~2 mm 或更深的地下，以保持恒温。

d. 将冷端置于恒温器中，恒温器可自动控制温度恒定。

e. 将冷端置于冰水混合物容器中，容器温度维持在 0 ℃。这种方法精度高，一般用在实验室和校验热电偶的装置中。

其中，冰点槽法最常用，即把热电偶的参比端置于冰水混合物容器里，使 $T_0 = 0$ ℃。这种办法仅限于科学实验。为了避免冰水导电引起两个连接点短路，必须把连接点分别置于两个玻璃试管里，浸入同一冰点槽，使其相互绝缘，如图 8-12 所示。

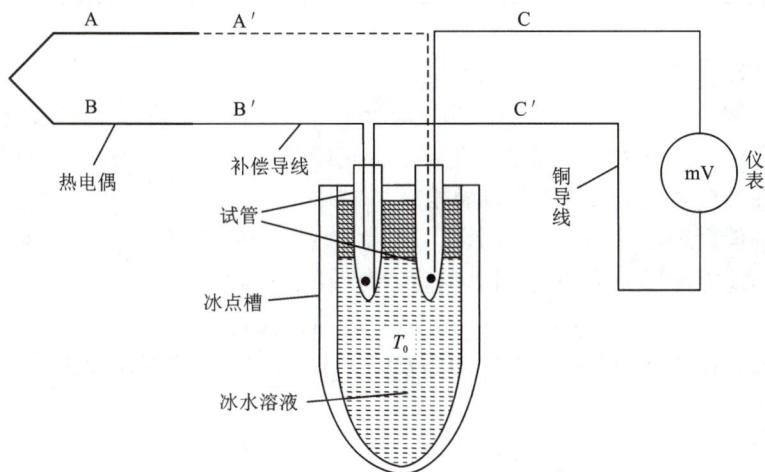

图 8-12　冰点槽法示意图

②补偿导线法。

测温时，热电偶长度受一定限制，使得冷端温度直接受到被测介质温度和周围环境温度的影响，难以处于 0 ℃，而且不稳定。根据中间温度定律，当热电极 A、B 与补偿导线 A′、B′相连接后，仍然可以看作仅由热电极 A、B 组成的回路。一般在低温范围（0~100 ℃）内，用补偿导线作为热电极

A、B，它的作用是把热电偶参考端移至离热源较远及环境温度较恒定的地方。必须注意的是，补偿导线只起延长热电极的作用，并不能消除冷端温度不为 0 ℃时的影响，因此还应该用补正方法将其补正到 0 ℃。应注意不同的补偿导线和极性，见表 8-1。

表 8-1　补偿导线及配用热电偶和极性

型号	产品名称	配用热电偶	分度号	绝缘着色		护套着色	
				正	负	普通	精密
SCGV	铜-铜镍$_{0.6}$ 补偿型导线	铂铑$_{10}$-铂	S	红	绿	黑	灰
RCGV	铜-铜镍$_{0.6}$ 补偿型导线	铂铑$_{13}$-铂	R	红	绿	黑	灰
KCAGV	铁-铜镍$_{22}$ 补偿型导线		K	红	蓝	黑	灰
KCBGV	铜-铜镍$_{40}$ 补偿型导线	镍铬-镍硅	K	红	蓝	黑	灰
KXGV	镍铬-镍硅$_3$ 延长型导线		K	红	黑	黑	灰
EXGV	镍铬$_{10}$-铜镍$_{45}$ 延长型导线	镍铬-铜镍	E	红	棕	黑	灰
JXGV	铁-铜镍$_{45}$ 延长型导线	铁-铜镍	J	红	紫	黑	灰
TXGV	铜-铜镍$_{45}$ 延长型导线	铜-铜镍	T	红	白	黑	灰
NCGV	铁-铜镍$_{18}$ 补偿型导线	镍铬-镍硅	N	红	灰	黑	灰
NXGV	镍铬$_{14}$-镍硅延长型导线	镍铬-镍硅	N	红	灰	黑	灰

③冷端补偿器(电桥补偿)法。

冷端补偿器(一个不平衡电桥)是产生一个直流信号等于此种热电偶在冷端温度下的电动势的毫伏发生器，将它串接在热电偶的测量线路中，就可以在测量时使读数得到自动补偿。

补偿原理：

当冷端温度为 T_H 时，则热电动势为

$$E_{AB}(T, T_0) = E_{AB}(T, T_H) + E_{AB}(T_H, T_0)$$

如果在线路中串接一个电动势 $U_{ab} = E_{AB}(T_H, T_0)$，则显示仪表的输入电动势为

$$E_{AB}(T, T_0) = E_{AB}(T, T_H) + U_{ab}$$

只要能满足下式即可达到自动补偿的目的

$$\Delta E = U_{be} = I_1 R_{Cu} \alpha \Delta T \tag{8-6}$$

从而得到正确的测量值。

补偿过程：利用不平衡电桥产生电动势 U_{ab}，补偿热电偶因冷端温度变化而引起热电动势的变化值(图 8-13)。不平衡电桥由 R_1、R_2、R_3(锰铜丝绕制)、R_{Cu}(铜丝绕制)四个桥臂和桥路电源组成。设计时，在 0 ℃下使电桥平衡($R_1 = R_2 = R_3 = R_{Cu}$)，此时 $U_{ab} = 0$，电桥对仪表读数无影响。

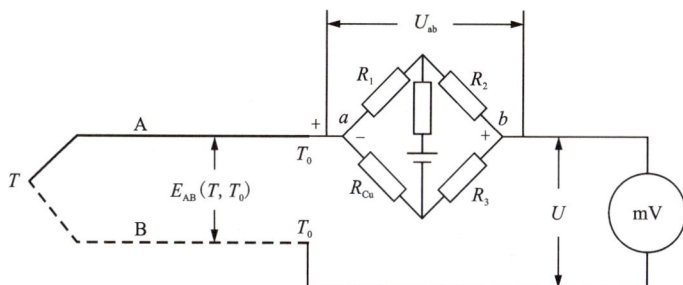

图 8-13 冷端补偿器的作用

其工作过程如下

$$T_0 \uparrow \to U_a \uparrow \to U_{ab} \uparrow \to E_{AB}(T, T_0) \downarrow$$

通常，供电 4 V 直流，在 0~50 ℃或-20~20 ℃起补偿作用。

案例：如果热电偶的冷端温度变化范围为 0~50 ℃，热电偶选用铂铑$_{10}$-铂。查分度表得出 ΔE 为 0.299 mV，因此补偿电阻 R_t 的阻值可以根据上式求出。

$$R_t = \frac{\Delta E}{\alpha \Delta T I_1} = \frac{0.299}{0.00391 \times 50 \times 0.5} = 3.06 \ \Omega$$

注意事项：

a. 不同材质的热电偶所配的冷端补偿器，其中的限流电阻 R 不一样，互换时必须重新调整。

b. 桥臂 R_{Cu} 必须和热电偶的冷端靠近，使它们处于同一温度下。在直读式自动电子电位差计中，它的测量桥路本身具有温度自动补偿功能，只要将热电偶的补偿导线与仪表相连接即可。

④计算修正法。

用普通室温计算出参比端实际温度 T_H，利用下式计算

$$E_{AB}(T, T_0) = E_{AB}(T, T_H) + E_{AB}(T_H, T_0) \tag{8-7}$$

案例：用铜-康铜热电偶测某一温度 T，参比端在室温环境 T_H 中，测得热电动势 $E_{AB}(T, T_H) = 1.999$ mV，又用室温计测出 $T_H = 21$ ℃，查此种热电偶的分度表可知，$E_{AB}(21, 0) = 0.832$ mV，故得

$$E_{AB}(T, 0) = E_{AB}(T, 21) + E_{AB}(21, 0) = 1.999 + 0.832 = 2.831 \text{ mV}$$

再次查度分表，与 2.831 mV 对应的热端温度 $T = 68$ ℃。

⑤零点迁移法（显示仪表零位调整法）。

如果冷端不是 0 ℃，但十分稳定（如恒温车间或有空调的场所），在测量结果中人为地加一个恒定值，因为冷端温度稳定不变，电动势 $E_{AB}(T_H, 0)$ 是常数，利用指示仪表上调整零点的办法，加大某个适当的值而实现补偿。

案例：用动圈仪表配合热电偶测温时，如果把仪表的机械零点调到室温 T_H 的刻度上，在热电动势为零时，指针指示的温度值并不是 0 ℃而是 T_H。而热电偶的冷端温度已是 T_H，则只有当热端温度 $T = T_H$ 时，才能使 $E_{AB}(T, T_H) = 0$，这样，指示值就和热端的实际温度一致了。这种办法非常简

便，而且一劳永逸，只要冷端温度总保持在 T_H 不变，指示值就永远正确。

⑥软件处理法。

对于计算机系统，不必全靠硬件进行热电偶冷端处理。例如冷端温度恒定但不为 0 ℃的情况，只需在采样后加一个与冷端温度对应的常数即可。对于 T_0 经常波动的情况，可利用热敏电阻或其他传感器把 T_0 信号输入计算机，按照运算公式设计一些程序，便能自动修正。后一种情况必须考虑输入的采样通道中除了热电动势之外还有冷端温度信号，如果多个热电偶的冷端温度不相同，还要分别采样，若占用的通道数太多，宜利用补偿导线把所有的冷端接到同一温度处，只用一个冷端温度传感器和一个修正 T_0 的输入通道就可以了。冷端集中对提高多点巡检的速度也很有利。

⑦补正系数法。

把参比端实际温度 T_H 乘以系数 k，加到由 $E_{AB}(T, T_H)$ 查分度表所得的温度上，成为被测温度 T。用公式表达，即

$$T = T' + kT_H \tag{8-8}$$

式中：T 为未知的被测温度；T' 为参比端在室温下热电偶电动势与分度表上对应的某个温度；T_H 为室温；k 为补正系数，参数见表 8-2。

表 8-2　热电偶补正系数

温度 $T/$ ℃	补正系数 k	
	铂铑$_{10}$-铂（S）	镍铬-镍硅（K）
100	0.82	1.00
200	0.72	1.00
300	0.69	0.98
400	0.66	0.98
500	0.63	1.00
600	0.62	0.96
700	0.60	1.00
800	0.59	1.00
900	0.56	1.00
1000	0.55	1.07
1100	0.53	1.11
1200	0.53	—
1300	0.52	—
1400	0.52	—
1500	0.53	—
1600	0.53	—

案例:用铂铑$_{10}$-铂热电偶测温,已知冷端温度 $T_H = 35$ ℃,这时热电动势为 11. 348 mV。查 S 形热电偶的分度表,得出与此相应的温度 $T' = 1150$ ℃。再从表 8-2 中查出,对应于 1150 ℃ 的补正系数 $k = 0.53$。于是,被测温度 $T = 1150 + 0.53 \times 35 = 1168.55$ ℃,用这种办法稍简单一些,比计算修正法误差可能大一点,但误差不大于 0.14%。

⑧补偿热电偶。

在热电偶测量回路中反向串接一支同型号的热电偶,如图 8-14 所示。A、B 是补偿热电偶的热电极,其工作端置于恒定温度 T_0,如果 T_0 为非零的恒定温度,则必须补正到 0 ℃。

8.3.2　热电偶实用测量电路

(1)测量某点温度。

图 8-14 是一个热电偶直接和仪表配用测量某个单点温度的基本电路。

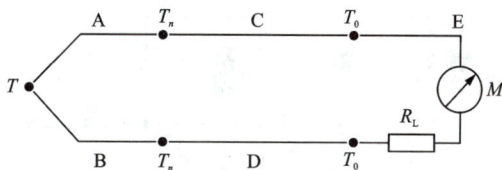

图 8-14　单点测温线路

此时,流过测温毫伏表的电流为

$$I = \frac{E_{AB}(T, T_0)}{R_L + R_C + R_M} \qquad (8-9)$$

(2)测量两点之间的温度差。

如图 8-15 所示为测量两点之间温度差的一种方法。将两个同型号的热电偶配用相同的补偿导线,其接线应使两热电动势反向串联,此时仪表可测得 T_1 和 T_2 之间的温度差值。回路内的总电动势为

$$E_T = e_{AB}(T_1) + e_{BD}(T_0) + e_{DB}(T'_0) + e_{BA}(T_2) + e_{AC}(T'_0) + e_{CA}(T_0)$$

$$e_{BD}(T_0) = 0; \; e_{DB}(T'_0) = 0; \; e_{AC}(T'_0) = 0; \; e_{CA}(T_0) = 0$$

$$E_T = e_{AB}(T_1) + e_{BA}(T_2) = e_{AB}(T_1) - e_{AB}(T_2)$$

(3)测量设备中的平均温度。

如图 8-16 所示为测量平均温度的连接电路。一般用几个同型号的热电偶并联在一起,并要求热电偶都在线性段工作。在每一个热电偶线路中分别串联均衡电阻 R,根据电路理论,当仪表的输入阻抗很大时,回路中总的热电动势等于热电偶输出电动势之和的平均值。设每支热电偶的输出为

$$E_1 = E_{AB}(T_1, T_0); \; E_2 = E_{AB}(T_2, T'_0); \; E_3 = E_{AB}(T_3, T''_0)$$

则回路总的热电动势为

$$E_T = \frac{E_1 + E_2 + \cdots + E_n}{n}$$

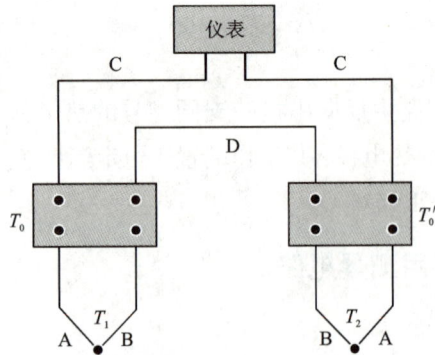

图 8-15　测量温度差的线路

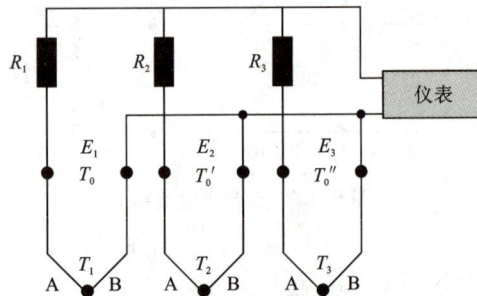

图 8-16　测量平均温度的连接电路

（4）测量温度之和。

如图 8-17 所示为热电偶串联连接电路。用几个同型号的热电偶依次将正、负相连，A、B 是与测量热电偶热电性质相同的补偿导线。由于

$$E_T = e_{AB}(T_1) + e_{DC}(T_0) + e_{AB}(T_2) + e_{DC}(T_0) + e_{AB}(T_3) + e_{DC}(T_0)$$

$$e_{DC}(T_0) = e_{BA}(T_0) = -e_{AB}(T_0)$$

$$E_T = e_{AB}(T_1) - e_{AB}(T_0) + e_{AB}(T_2) - e_{AB}(T_0) + e_{AB}(T_3) - e_{AB}(T_0)$$

$$E_T = e_{AB}(T_1) - e_{AB}(T_0) + e_{AB}(T_2) - e_{AB}(T_0) + e_{AB}(T_3) - e_{AB}(T_0)$$

$$= E_{AB}(T_1, T_0) + E_{AB}(T_2, T_0) + E_{AB}(T_3, T_0)$$

回路总热电动势为：

$$E_T = E_1 + E_2 + E_3 \tag{8-10}$$

输出电动势大，可感应到较小的信号。只有一个热电偶断路，总的热电动势消失，或热电偶短路，将引起仪表值下降。

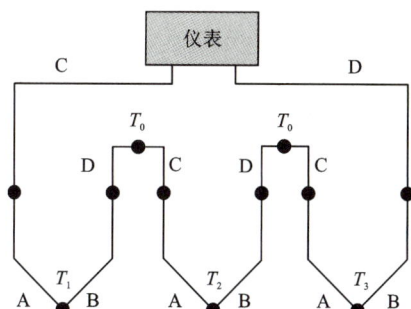

图 8-17　热电偶串联连接电路

8.3.3　热释电温度传感器原理

热释电温度传感器是利用热释电效应原理制成的一种非常有应用潜力的传感器。它能检测人或某些动物发射的红外线并将其转换成电信号输出。在 20 世纪 60 年代，激光、红外技术的迅速发展，推动了对热释电效应的研究和对热释电晶体的应用开发。近年来，伴随着集成电路技术的飞速发展，以及对该传感器特性的深入研究，相关的专用集成电路处理技术也迅速发展。热释电效应在近几十年被用于热释电红外探测器中，广泛地用于辐射和非接触式温度测量、红外光谱测量、激光参数测量、工业自动控制、空间技术、红外摄像中。

1）热释电效应

（1）热释电效应原理。

当一些晶体受热时，在晶体两端将会产生数量相等而符号相反的电荷，这种由于温度变化产生的电极化现象，被称为热释电效应。凡是有自发极化的晶体，其表面会出现面束缚电荷。而这些面束缚电荷平时被晶体内部的自由电子和外部来自空气中附着在晶体表面的自由电荷所中和，其自发极化电矩不能表现出来，因此在常态下呈中性。如果交变的辐射通过光敏元照射在极化晶体上，晶体的温度就会变化，晶体结构中的正、负电荷重心产生相对移位，自发极化就会发生变化，晶体表面就会产生电荷耗尽现象，电荷耗尽的状况正比于极化程度。即晶片的自发极化强度以及由此引起的面束缚电荷的密度均以同样的频率发生周期性变化。如果面束缚电荷变化较快，自由电荷来不及中和，在垂直于自发极化矢量的两个端面间会出现交变的端电压。热释电效应形成的原理如图 8-18 所示。

（2）热释电效应材料。

能产生热释电效应的晶体称为热释电体或热释电元件，常用的热释电材料有单晶、压电陶瓷及高分子薄膜等。单晶热释电晶体的热释电系数高，介质损耗小，至今性能较好的热释电温度传感器大多选用单晶制作，如 TGS、LATGS、$LiTaO_3$ 等。

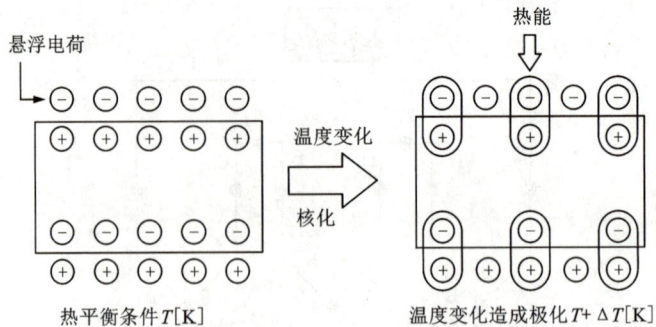

图 8-18 热释电效应形成的原理

压电陶瓷和热释电晶体成本较低，响应较慢。入侵报警用 PZT 陶瓷传感器工作频率为 0.2~5 Hz。薄膜热释电材料可以用溅射法、液相外延等方法制备。有些薄膜的自发极化取向率已接近单晶水平。由于薄膜一般可以做得很薄，因而对制作高性能的热释电温度传感器十分有利。

2）热释电温度传感器的工作原理

热释电温度传感器利用的是热释电效应，它是一种温度敏感传感器。它由陶瓷氧化物或压电晶体元件组成，元件两个表面做成电极构成响应元，当传感器监测范围内温度有 ΔT 的变化时，热释电效应会在两个电极上产生电荷 ΔQ，即在两电极之间产生一微弱电压 ΔV。由于它的输出阻抗极高，所以在传感器中有一个场效应管进行阻抗变换。热释电效应所产生的电荷 ΔQ 会跟空气中的离子结合而消失，当环境温度稳定不变时，$\Delta T = 0 \ ℃$，传感器无输出。

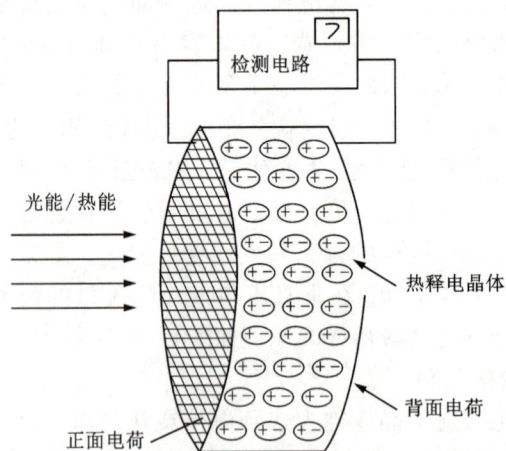

图 8-19 热释电响应元及其传感器工作原理

与所有热电式传感器一样，热释电温度传感器的工作原理可以用三个过程来描述：辐射→热为吸收过程，热→温度为加热过程，温度→电则为测温过程。加热过程与热电阻、热电偶温度传感器类似。根据热平衡方程，对周期变化的红外辐射响应元温升为

$$\Delta T = \frac{\varepsilon \Phi}{G\sqrt{1+\omega^2 \tau_T^2}} \tag{8-11}$$

式中：Φ 为正弦变化辐射功率峰值；ω 为辐射角频率；ε 为响应元比辐射率；G 为响应元热导，W/K；τ_T 为热容与有效热导之比，即热时间常数，s。而热释电电流与辐射角频率、响应元面积、温升成正比，即

$$i_d = \omega P A_d \Delta T_d \tag{8-12}$$

式中：P 为热电系数；A_d 为响应元面积。

3）热释电温度传感器的等效电路

热释电温度传感器是一个电容性的低噪声器件，等效电路如图 8-20 所示。

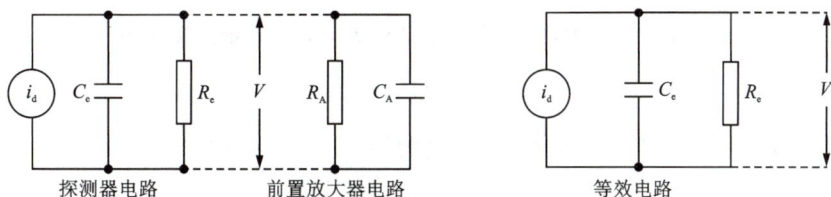

图 8-20　热释电温度传感器的等效电路

因此，其信号输出电压为

$$V = i_d \left| Z \right| = \frac{\omega P A_d \Delta T_d R_e}{\sqrt{1+\omega^2 \tau_e^2}} \tag{8-13}$$

式中：R_e 为传感器和前置放大器的等效输入电阻；τ_e 为电时间常数，$\tau_e = R_e C_e$，其中 C_e 为传感器和前置放大器的等效电容。

将温升结果代入，即将式（8-11）、式（8-12）代入式（8-13），得

$$V = i_d \left| Z \right| = \frac{\omega P A_d R_e}{G\sqrt{1+\omega^2 \tau_e^2}} \frac{\varepsilon}{\sqrt{1+\omega^2 \tau_e^2}} \varphi$$

其响应率（灵敏度）为

$$R = \frac{V_s}{\varphi} = \frac{\omega P A_d R_e}{G\sqrt{1+\omega^2 \tau_e^2}} \frac{\varepsilon}{\sqrt{1+\omega^2 \tau_e^2}}$$

可见，辐射角频率、热时间常数、电时间常数对热释电器件响应率的影响可归纳为：

（1）$\omega=0$ 时，响应率为零。

（2）$\omega\neq0$ 时：

①$\omega\leq1/\tau_T$：响应率随角频率增加而增加。

②$1/\tau_T\leq\omega\leq1/\tau_e$：响应率为常数。

③$\omega\geq1/\tau_e$：响应率与角频率成反比。

图 8-21 为热释电温度传感器 ΔT、R 与 ω 的对数关系曲线。

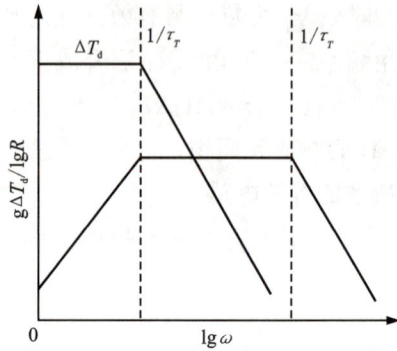

图 8-21　热释电温度传感器 ΔT、R 与 ω 的对数关系曲线

8.4　温度传感器选型与维护

设定本节的机器人为户外全天移动机器人，将面临户外环境多变，包括日照强度、温度、湿度等；并配置有激光导航传感器，选择避障传感器时需要注意和激光传感器形成互补。

8.4.1　温度传感器对比分析

1. 使用热电偶的优点

（1）温度范围广：从低温到喷气引擎废气，热电偶适用于大多数温度范围。热电偶测量温度范围为-200~2500 ℃，具体取决于使用的金属线。

（2）坚固耐用：热电偶属于耐用器件，抗冲击振动性好，适合危险、恶劣的环境。

（3）响应快：它们体积小、热容量低、热电偶对温度变化响应快，尤其在感应接合点裸露时，可在数百毫秒内对温度变化作出响应。

（4）无自发热：由于热电偶不需要激励电源，因此不易自发热，其本身是安全的。

2.使用热电偶的缺点

（1）信号调理复杂：将热电偶电压转换成可用的温度读数必须进行大量的信号调理。一直以来，信号调理耗费大量设计时间，处理不当就会引入误差，导致精度降低。

（2）精度低：除了由金属特性导致的热电偶内部固有不准确性外，热电偶测量精度只能达到参考接合点温度的测量精度，一般在 $1\sim2$ ℃。

（3）易受腐蚀：因为热电偶由两种不同的金属组成，在一些工况下，随时间而腐蚀可能会降低精度。因此，它们需要保护，且保养、维护必不可少。

（4）抗噪性差：当测量毫伏级信号变化时，杂散电场和磁场产生的噪声可能会引起问题。

3.热电阻的优点

热电阻的价格便宜，化学稳定性好，能耐高温，高线性度，工业上在 $-50\sim150$ ℃使用较多；也可以远传电信号，灵敏度高，稳定性强，互换性以及准确性都比较好，但是需要电源激励，不能瞬时测量温度的变化。

热电阻的缺点：热电阻虽然在工业中应用也比较广泛，但是其测温范围使其应用受到了一定的限制。在还原介质中，特别是在高温下，热电阻很容易被从氧化物中还原出来的蒸汽沾污，并改变电阻与温度之间的关系。热电阻怕潮湿，易被腐蚀，熔点亦低。

工业用热电阻一般采用 Pt100、Pt10、Cu50、Cu100，铂热电阻的测温的范围一般为 $-200\sim800$ ℃，铜热电阻为 $-40\sim140$ ℃。

热电阻不需要补偿导线，而且比热电偶便宜。

一般工程上用热电偶进行高温、高载荷等特殊环境的温度测量，而用热电阻进行普通温度的测量。热电偶生产比较复杂，电偶触点都是用贵金属制作，价格非常高，而热电阻可以批量生产，价格低廉。

4.热释电红外传感器的优点

热释电红外传感器的优点是本身不发出任何类型的辐射，器件功耗很小，隐蔽性好，价格低廉。

它的缺点为：容易受各种热源、光源干扰；被动红外穿透力差，人体的红外辐射容易被遮挡，不易被探头接收；环境温度和人体温度接近时，探测灵敏度明显下降，有时会造成短时失灵。

8.4.2　温度传感器的选型

焊接机器人常处于强光、高温等恶劣环境中，通过以上分析可知热电偶对温度较敏感，响应速度快，能较快地对功率器件的温度进行检测，从而起到快速保护的作用。而热电阻对温度的响应速度相对较慢，另外热释电温度传感器容易受到热源、光源的干扰，并不适用于焊接机器人的应用场合，因此，选择热电偶温度传感器为最佳。

8.4.3　热电偶温度传感器的检修与维护

1. 热电偶温度传感器常见故障与检测

常见热电偶故障现象大致有 3 种。

（1）无热电动势输出。

热电偶无热电动势输出故障可能的原因：①热电偶回路短路；②热电偶回路断路；③热电偶接线盒处的接线柱松动。

（2）热电偶热电动势输出偏低或偏高。

热电偶热电动势输出偏高或偏低故障可能的原因：①热电偶热电极腐蚀或损坏；②热电偶绝缘不良，造成漏电；③补偿导线与热电极的极性接反；④补偿导线与热电偶型号不匹配；⑤补偿导线与热电极两接点处温度不同；⑥热电偶安装位置不当，或者插入深度不适当；⑦周围环境中电磁场过大，电磁干扰造成热电偶输出异常。

（3）热电偶热电动势输出不稳定。

热电偶热电动势输出不稳定故障可能的原因：①热电偶线路出现损坏，比如热电偶；②线路各连接点接触不良；③外界电磁干扰；④热电偶安装不当或外部振动较大。

以上是根据常识或经验分析出的可能原因，一般来说，只要故障分析正确，选择相应的修复方法即可。

①热电偶回路短路处理方法。热电偶回路短路一般因热电偶电极绝缘出问题、热电偶补偿导线线皮破损导致短路、热电偶接线端子处短路或热电偶保护管内进水，用以下方法解决最为快捷：更换同型号热电偶解决热电偶电极短路问题；找到补偿导线短路点重新绝缘处理或更换补偿导线；清除热电偶接线盒内异物和重新紧固接线端子；更换同型号热电偶或干燥热电偶使绝缘恢复正常。

②热电偶回路断路处理方法。热电偶回路断路一般因热电偶测量端被烧断、热电偶补偿导线断线和热电偶接线柱处连接断开，用以下方法解决最为快捷：更换同型号热电偶解决热电偶电极短断问题；找到补偿导线断点焊接后重新进行绝缘处理或更换补偿导线；重新处理接线柱的接线。

③热电偶接线盒处的接线柱松动处理方法。重新紧固接线柱连接。

④热电偶热电极腐蚀或损坏处理方法。更换全新同型号热电偶。

⑤补偿导线与热电极的极性接反或补偿导线与热电偶型号不匹配处理方法。如果是热电偶极性反接，调整极性后重新接线；热电偶补偿导线必须和热电偶分度号匹配，不同分度号热电偶和补偿导线不能混用，更换即可。

⑥外界电磁干扰处理。对热电偶的安装进行隔离与屏蔽。

⑦热电偶安装位置不当、热电偶插入深度不适当或外部振动较大处理方法。安装在管道上的热电偶插入深度通常为热电偶安装座长度+管道直径的 1/2，耐磨热电偶插入长度通常为耐磨段 150 mm+炉壁厚度+安装座长度，可按照这个经验调整热电偶插入深度；如果热电偶安装位置不妥当，应与工艺人员协调重新选取热电偶安装点，能满足测温需要和确保热电偶正常工作即可。

⑧补偿导线与热电极两接点处温度不同处理方法。将热电偶和补偿导线放到同一位置接线即可。

2. 热电偶无热电动势

热电偶无热电动势就是热电偶断线，主要表现为仪表显示最大值或保持不动，此时应检查热电偶内部偶丝是否短路。热电偶偶丝短路可能是电极受到机械碰伤或热电偶长期在高温下变质所致。

处理方法：

①如果热电偶丝损坏或断裂，可剪去焊点重新进行焊接，经检定合格后安装使用（重新焊接制作的热电偶长度会变短，注意插入长度变化）。

②如果碰伤严重或偶丝变质，应及时更换新热电偶，原热电偶进行报废处理。

热电偶热电动势变化：

热电偶热电动势变化主要表现在热电偶输出信号与实际值不符。此时应检查热电偶插入长度是否满足现场测温要求（过长或过短）；安装位置和安装方法是否妥当；热电偶保护管表面是否积垢；热电偶内部是否潮湿漏电；热电偶电极是否有缩径现象；热电偶测量端焊点是否呈球状、表面是否光滑、有无气泡气孔或夹渣；热电偶偶丝是否变色、变质。

处理方法：

①取出热电偶偶丝，将保护管和偶丝分别烘干（切勿用火烤）。

②用游标卡尺检查热电偶几何尺寸，不符合要求予以更换。

③热电偶焊点不是球状、表面凹凸不平、有气泡气孔或夹渣的，剪去焊点重新焊接，经检定合格后使用。

④热电偶变质、变色，则更换新热电偶。

⑤改变热电偶插入长度或安装位置至最佳测量要求，牢固安装。

3. 热电偶输入仪表显示值不稳定

在显示仪表经检验无故障情况下，仪表显示值漂浮不定，此时应检查：热电偶接线柱与热电偶丝是否良好接触；热电偶是否安装牢固；热电偶有无摆动现象；热电偶接头处是否有导电液体、潮湿粉尘及金属杂质；电极是否接地、短路或断路；与仪表连接是否牢固；热电偶偶丝是否似断非断、焊接不良。

处理方法：

①清理热电偶接线盒，烘干后牢固安装。

②重新进行热电偶焊接，检定合格后使用。

③用万用表测量热电偶偶丝电阻值，不合格则重新更换。

④找出热电偶补偿导线接地、短路、断路处，加以修理或更换新的补偿导线。

另外，因为工作大意造成的人为故障，如热电偶分度号与仪表不相符、热电偶补偿导线与热电偶种类不符、热电偶补偿导线与热电偶极性反接、热电偶插入长度不当等，表现为热电偶输出比实际值偏大或偏小，导致仪表显示值偏高或偏低。此类故障的处理方法相对简单，只要加强仪表安装人员责任心，详细阅读、理解说明书内容，按照热电偶安装规范和仪表要求正确安装即可。

4. 热电偶温度传感器故障预防

在使用热电偶的时候，应该做好预防干扰的准备，这样才能使热电偶的测量更为精确，从而让测量工作更加便捷有效。抗干扰的应用：①避免强磁场；②补偿导线加屏蔽；③动力电缆与信号线分开布线，保持距离。

预防热电偶受到干扰的三种有效措施。

①屏蔽法。屏蔽法就是将热电偶的补偿导线穿在铁管或其他金属屏蔽物内进行屏蔽。这样可以防止电磁干扰和高压电场的干扰。使用此种方法时应该将铁管和屏蔽物进行良好接地，并且将补偿导线绞起来。

②隔离法。隔离法就是将热电偶悬空安装，使热电偶不与炉壁的耐火砖接触，热电偶与支架之间也采用绝缘物进行隔离。这种方法可以很好地预防高温漏电干扰。

③接地法。这种方法是将测量回路进行接地处理，把干扰引入大地，从而保证仪表的测量准确性。这种方法有两种接地形式：第一种是热电偶参考端接地，第二种是热电偶测量端接地。

参考端接地法是将热电偶(或补偿导线)输出端的一端通过一个足够大的电容接地(条件许可时电容越大越好)。测量端接地法是将热电偶测量端接地，即从热电偶的测量端引出一根金属丝接地。这种方法对高温漏电干扰有很好的预防效果，选用金属丝时应该选用耐高温且对热电偶电极无害的金属丝。

▶ 思政园地

温度传感器是较早开发，也是应用较为广泛的一种传感器。从17世纪初伽利略发明温度计开始，人们便开始了温度测量，而真正把温度转换成电信号的传感器，是1821年德国物理学家塞贝克发明的热电偶传感器。

随着科技的不断发展，测量和自动化技术的要求不断提高，温度传感器的发展大致经历了以下三个阶段：传统的分立式温度传感器（含敏感元件）、模拟集成温度传感器/控制器和智能温度传感器。目前，新型温度传感器正由模拟式向数字式，由集成化向智能化、网络化方向发展。

1. 分立式温度传感器

热电偶温度传感器是一种传统的分立式温度传感器，是工业测量中应用最广泛的一种温度传感器。其工作原理为：根据物理学中的塞贝克效应，即在两种金属导线构成的回路中，若其接点保持不同的温度，则在回路中产生与此温差相对应的电动势。热电偶结构简单、使用温度范围广、响应快、测量准确、复现性好，细偶丝还可测微区温度，并且无须电源。

2. 集成温度传感器/控制器

（1）模拟集成温度传感器。

集成温度传感器是采用硅半导体集成工艺制成的，因此亦称硅传感器或单片集成温度传感器。模拟集成温度传感器是在 20 世纪 80 年代问世的，它是将温度传感器集成在一个芯片上、可完成温度测量及模拟信号输出功能的专用 IC。模拟集成温度传感器的主要特点是功能单一（仅测量温度）、测温误差小、价格低、响应速度快、传输距离远、体积小、微功耗等，适合远距离测温、控温，不需要进行非线性校准，外围电路简单。它是目前国内外应用十分普遍的一种集成温度传感器。

（2）模拟集成温度控制器。

模拟集成温度控制器主要包括温控开关和可编程温度控制器。某些增强型集成温度控制器中还包含了 A/D 转换器以及固化好的程序，这与智能温度传感器有某些相似之处。但它自成系统，工作时并不受微处理器控制，这是两者的主要区别。

3. 智能温度传感器

智能温度传感器（亦称数字温度传感器）是在 20 世纪 90 年代中期问世的。它是微电子技术、计算机技术和自动测试技术（ATE）的结晶。目前，国际上已开发出多种智能温度传感器系列产品。智能温度传感器内部都包含温度传感器、A/D 转换器、信号处理器、存储器（或寄存器）和接口电路。有的产品还带多路选择器、中央控制器（CPU）、随机存取存储器（RAM）和只读存储器（ROM）。智能温度传感器的特点是能输出温度数据及相关的温度控制量，适配各种微控制器（MCU）；并且它是在硬件的基础上通过软件来实现测试功能的，其智能化程度取决于软件的开发水平。

21 世纪后，智能温度传感器正朝着高精度、多功能、总线标准化、高可靠性及安全性、开发虚拟传感器和网络传感器、研制单片测温系统等高科技的方向迅速发展。

在"发展高科技，实现产业化""大力加强传感器的开发和在国民经济中的普遍应用"等一系列政策导向和支持下，在蓬勃发展的电子信息产业市场的推动下，我国的传感器已形成了一定的产业基础，并在技术创新、自主研发、成果转化和竞争能力等方面有了长足进展，为促进国民经济的发展做出了重要贡献。但由于国内的半导体产业起步较晚，基础比较薄弱，对温度传感芯片的设计和研究还处于起步阶段，与国际先进技术相比还存在相当大的差距。为此，相关企业和部门正朝着更高的目标前进，做了一系列积极的尝试和探索。在集成数字智能温度传感器领域，国内相关的设计和研究尚处于较基础的阶段，目前市场上流行的同类温度传感器诸如DS18B20、AD7416、AD7417、AD7418、AD590 等，大多出自国外 DALLAS、ADI 等大公司，国内公司不仅相关产品少，而且已申请到的相关专利也比较少，除了厦门大学等高校申请的专利外，还有香港应用科技研究院、苏州纳芯微电子等少数研究机构或企业的专利，虽然其专利名称较大，但技术涉及点比较有限。因此，在集成数字温度传感器方面，我国尚有较大的发展空间。

温度传感器的发展依赖于半导体技术的发展，基础材料、制造工艺以及光刻等"卡脖子"技术制约了其发展。伴随着国家出台的一系列有利于温度传感器行业发展的政策与措施以及相关支撑行业的发展和崛起，未来温度传感器行业将迎来巨大的发展机遇。

思考与练习

1. 简述焊接机器人温度保护要求。
2. 简述温度传感器选用原则和适用领域。
3. 简述热电偶温度传感器检修过程。

项目 9　码垛机器人

项目描述

　　码垛机器人是机械与计算机程序有机结合的产物，是集机械、信息、电子、计算机技术等于一身的高新技术机电产品，主要用来对工件或产品进行搬运、码垛、卸垛等操作。码垛机器人的出现解决了劳动力不足的问题，提高了劳动生产效率，降低了生产成本和工人劳动强度，改善了生产环境。

　　本项目通过码垛机器人位移要求、常见位移传感器分类及应用、位移传感器选型与维护等知识与技能操作来了解机器人码垛技术。

　　通过本项目的学习，让学生了解和掌握机器人码垛技术，了解国内外该技术发展现状，培养其爱国主义精神、敬岗爱业精神和大国工匠精神。

学习目标

◆ **知识目标**

　　1.了解码垛机器人位移要求；

　　2.了解常见位移传感器分类；

　　3.了解常见位移传感器基本工作原理。

◆ **能力目标**

　　1.能进行位移传感器选型；

　　2.能进行位移传感器常规检测工作；

　　3.能对码垛机器人常见故障进行维护。

◆ **素质目标**

　　1.具有良好的学习习惯、生活习惯、工作习惯和自我管理能力；

　　2.具有爱国主义精神和民族自豪感；

　　3.具有乐观积极、不畏困难、勇于担当的精神，有较强的团队合作意识。

◆ **思政目标**

　　1.具备具体问题具体分析的实事求是的工匠精神；

　　2.认识到实践的需求推动认知的发展；

　　3.形成通过合理的方式找准人生定位的意识。

知识图谱

```
                    ┌──────────────┐       ── 码垛机器人的应用
                    │  了解码垛机器人  │
                    └──────────────┘       ── 码垛机器人的位移要求

                    ┌──────────────┐       ── 激光位移传感器
                    │ 位移传感器分类及其应用│  ── 电位器式位移传感器
  ┌────┐            └──────────────┘       ── 光栅位移传感器
  │码垛│
  │机器│            ┌──────────────┐       ── 光栅传感器
  │人 │            │  数字式传感器知识  │     ── 磁栅传感器
  └────┘            └──────────────┘       ── 数字编码器
                                           ── 感应同步器

                    ┌──────────────┐       ── 位移传感器对比分析
                    │ 位移传感器选型与维护 │   ── 位移传感器的选型
                    └──────────────┘       ── 光栅位移传感器的检修与维护
```

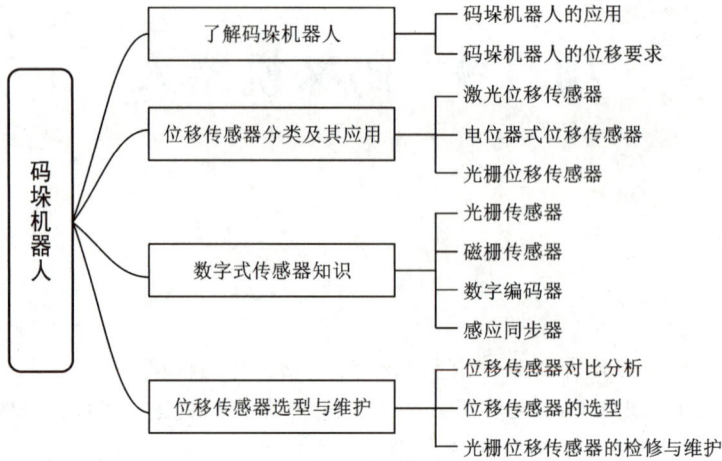

9.1　了解码垛机器人

9.1.1　码垛机器人的应用

　　码垛机器人多应用于自动化生产线，作为生产线的中下游环节，将生产线上游运输过来的物料一件件堆垛，再通过生产线下游运输到下一环节。码垛机器人并不需要对物料进行形状或性质的改变，所以对码垛机器人的结构特点要求不高。常见的码垛机器人按自由度、负荷等进行分类：自由度数4~6，负荷10~1500 kg。码垛机器人以其种类多、操作范围大、传动效率高、传输平稳、传输速度快等优点广泛应用于智能物流仓储、车辆产线、化工、饮料（酒）、医疗、烟草、建材等行业。码垛机器人功能和性能的不断发展使企业在使用后工作效率大幅提升，反之也不断促进码垛机器人发展出更多人性化的功能和更高的性能。

　　码垛机器人是机械与计算机程序有机结合的产物，为现代生产提供了更高的生产效率。码垛机器人在码垛行业有着相当广泛的应用。码垛机器人大大节省了劳动力，节省了空间。码垛机器人运作灵活精准、快速高效、稳定性高、作业效率高。码垛机器人系统采用专利技术的坐标式机器人安装，占用空间小，结构紧凑、灵活，能够在较小的占地面积内建造高效节能的全自动砌块成型机生产线。如图9-1所示为上、下料机器人。

图 9-1　上、下料机器人

9.1.2　码垛机器人的位移要求

码垛机器人的轨迹规划决定其工作性能和运动方式，不同的需求、不同的工况需要不同的轨迹规划方案。在冷挤压自动化生产线中，码垛机器人完成一次抓取的时间应小于冷压机轧制一次的时间；在车装配生产线焊接中，机器人末端需要严格保证位置、速度等。

相比焊接、装配等作业的复杂性，码垛机器人只需完成抓取、码放等相对简单的工作，因此，码垛机器人的可靠性、稳定性相比其他类型的机器人要低。由于工业生产速度高，而且抓取、搬运、码放动作不断重复，这就要求码垛机器人具有较高的运动平稳性和重复精度，以确保不会产生过大的累积误差。直角坐标码垛机器人如图 9-2 所示。

图 9-2　直角坐标码垛机器人

设定本节的码垛机器人需要长时间不停机工作，要有较高的码垛重复精度，并且为了工厂设备的安全考虑，要具备突然断电复位后精准控制位置的能力，确保码垛机器人可靠稳定地运行。

9.2　位移传感器分类及其应用

9.2.1　激光位移传感器

激光位移传感器是利用激光技术进行测量的传感器。它由激光器、激光检测器和测量电路组成。激光位移传感器是新型测量仪表，能够精确地非接触测量被测物体的位置、位移等变化。激光位移传感器可以测量位移、厚度、振动、距离、直径等精密的几何量。激光有直线度好的优良特性，激光位移传感器比我们已知的超声波传感器有更高的精度。但是，激光的产生装置相对比较复杂且体积较大，因此对激光位移传感器的应用范围要求较苛刻。

一般激光位移传感器采用的基本原理(图 9-3)是光学三角法：半导体激光器被镜片聚焦到被测物体；反射光被镜片收集，投射到 CCD 阵列上；信号处理器通过三角函数计算阵列上的光点位置得到距物体的距离。

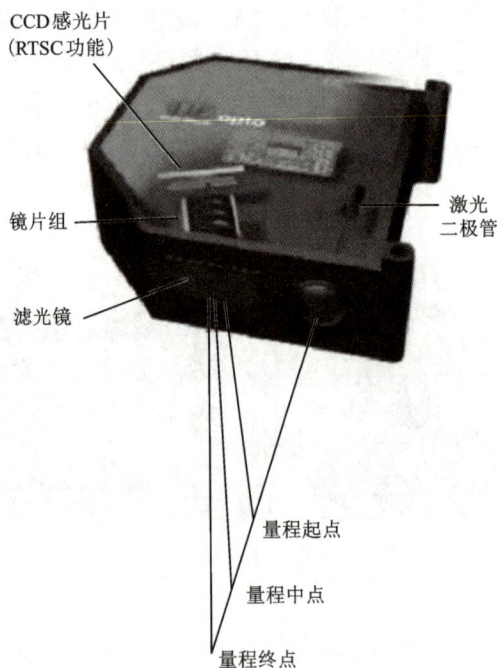

CCD 感光片
(RTSC 功能)

镜片组

滤光镜

激光
二极管

量程起点

量程中点

量程终点

图 9-3　激光位移传感器基本原理

按照测量原理，激光位移传感器分为激光三角测量法和激光回波分析法，激光三角测量法一般适用于高精度、短距离的测量，而激光回波分析法则用于远距离测量，下面分别介绍激光三角测量原理和激光回波分析原理。

激光发射器通过镜头将可见红色激光射向被测物体表面，经物体反射的激光通过接收器镜头，被内部的 CCD 线性相机接收，根据不同的距离，CCD 线性相机可以在不同的角度"看见"这个光点。根据这个角度及已知的激光和相机之间的距离，数字信号处理器就能计算出传感器和被测物体之间的距离。

同时，光束在接收元件的位置通过模拟、数字电路处理及微处理器分析，计算出相应的输出值，并在用户设定的模拟量窗口内，按比例输出标准数据信号。如果使用开关量输出，则在设定的窗口内导通、窗口外截止。另外，模拟量与开关量输出可独立设置检测窗口。

采取三角测量法的激光位移传感器最高线性度可达 1 μm，分辨率更是可达到 0.1 μm。比如 ZLDS100 类型的传感器，它可以达到 0.01% 高分辨率、0.1% 高线性度、9.4 kHz 高响应，能适应恶劣环境。激光三角测量法原理示意如图 9-4 所示。

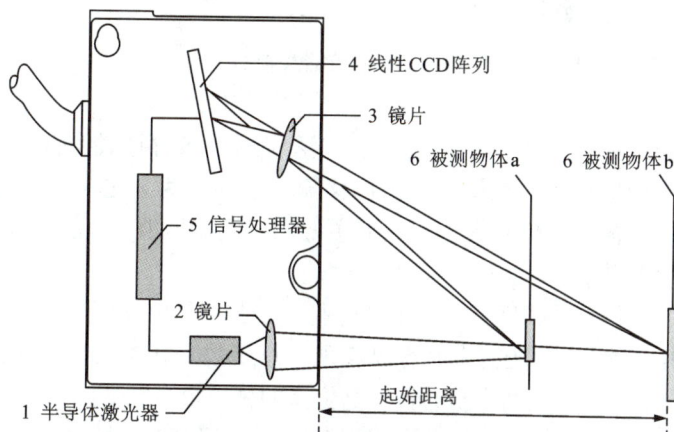

图 9-4　激光三角测量法原理示意

9.2.2　电位器式位移传感器

电位器是可变电阻器的一种，通常由电阻体与转动或滑动系统组成，即靠一个动触点在电阻体上移动，获得部分电压输出。电位器是具有三个引出端、阻值可按某种变化规律调节的电阻元件。电位器通常由电阻体和可移动的电刷组成。当电刷沿电阻体移动时，在输出端即获得与位移量成一定关系的电阻值或电压。电位器既可做三端元件使用，也可作二端元件使用。后者可视作一个可变电阻器，由于它在电路中的作用是获得与输入电压(外加电压)成一定关系的输出电压，因此称为电位器。

电位器式位移传感器通过电位器元件将机械位移转换成与之呈线性或任意函数关系的电阻或电压输出。普通直线电位器和圆形电位器都可分别用作直线位移和角位移传感器。但是，为实现测量位移目的而设计的电位器，要求在位移变化和电阻变化之间有一个确定关系。电位器式位移传感器的可动电刷与被测物体相连。物体的位移引起电位器移动端的电阻变化。阻值的变化量反映了位移的量值，阻值是增加还是减小则表明了位移的方向。

通常在电位器（图9-5）上通以电源电压，以把电阻变化转换为电压输出。线绕式电位器由于其电刷移动时电阻以匝电阻为阶梯变化，其输出特性亦呈阶梯形。如果这种位移传感器在伺服系统中用作位移反馈元件，则过大的阶跃电压会引起系统振荡。因此在电位器的制作中应尽量减小每匝的电阻值。电位器式位移传感器的另一个主要缺点是易磨损。它的优点是结构简单，输出信号大，使用方便，价格低廉。

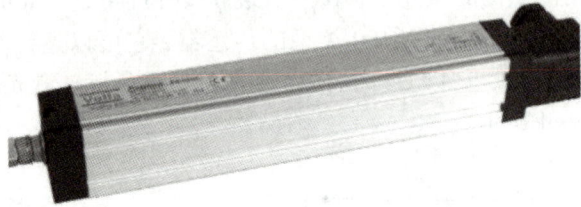

图9-5　电位器实物图

电位器是一种常用的机电元件，广泛应用于各种电器和电子设备中。它主要是一种把机械的线位移或角位移输入量转换为与之呈一定函数关系的电阻或电压输出的传感元件。它们主要用于测量压力、高度、加速度、航向角等各种参数。

电位器式位移传感器具有一系列优点，如结构简单、尺寸小、质量小、精度高、输出信号大、性能稳定并容易实现任意函数。其缺点是要求输入能量大，电刷与电阻元件之间容易磨损。电位器的种类很多，按其结构形式不同，可分为线绕式、薄膜式、光电式等；按特性不同，可分为线性电位器和非线性电位器。目前常用的电位器式位移传感器以单圈线绕电位器居多。

1. 线性电位器

图9-6～图9-8分别为电位器式位移传感器原理图、电位器式角度传感器和线性线绕电位器示意图。

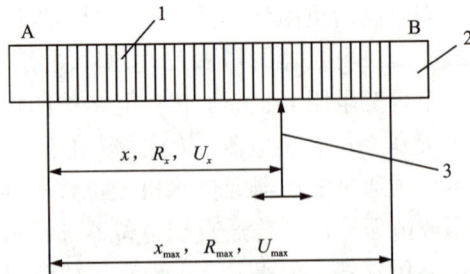

图9-6　电位器式位移传感器原理图

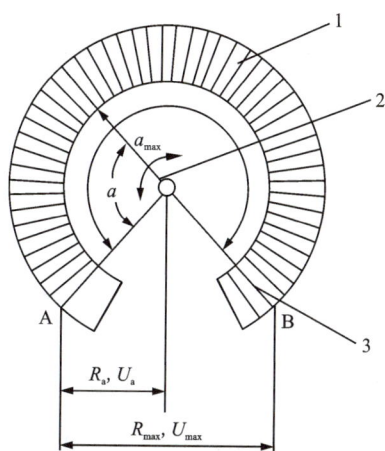

图 9-7　电位器式角度传感器

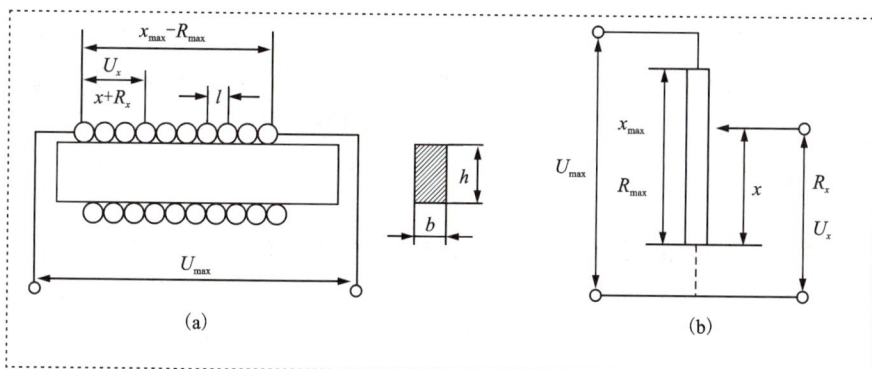

图 9-8　线性线绕电位器示意图

阶梯特性、阶梯误差和分辨率如图 9-9 所示。

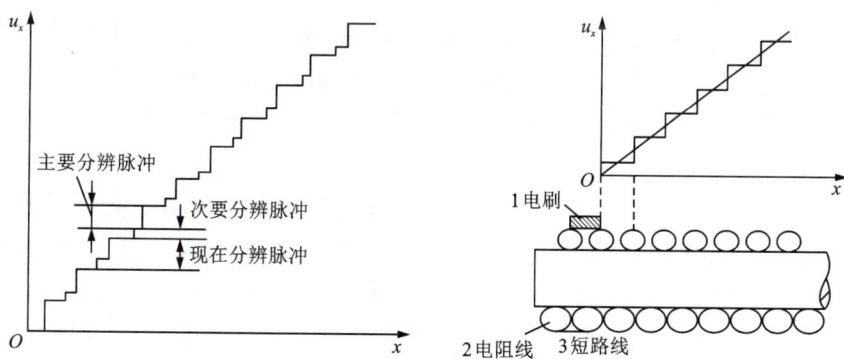

图 9-9　阶梯特性、阶梯误差和分辨率

负载特性与负载误差如图 9-10 所示。

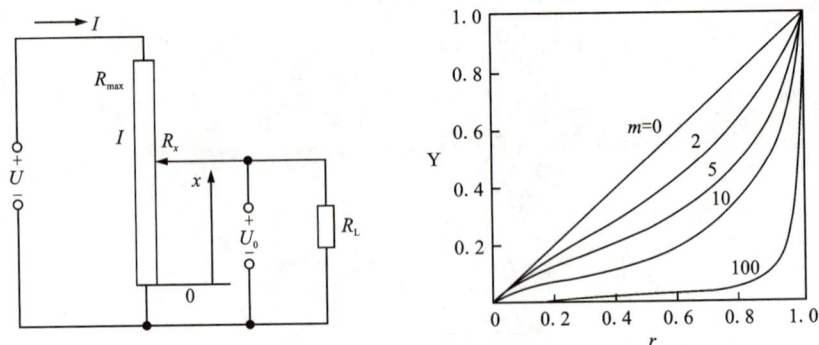

图 9-10　负载特性与负载误差

2. 非线性电位器

非线性电位器是指在空载时，其输出电压(或电阻)与电刷行程之间具有非线性函数关系的一种电位器，也称函数电位器。常用的非线性线绕电位器有变骨架式、变节距式、分路电阻式及电位给定式四种。

3. 电位器的结构与材料

由于测量领域的不同，电位器结构及材料选择有所不同。但是其基本结构是相近的。电位器通常由骨架、电阻元件及活动电刷组成。常用的线绕式电位器的电阻元件由金属电阻丝绕成。

9.2.3　光栅位移传感器

光栅位移传感器(又称光栅尺)一般是利用刻在某种载体(如玻璃、晶态陶瓷或钢带等)上的隔栅，作为测量的基准。其工作原理是利用感知光度变化的光电池扫描的方法进行测量。

常见光栅是根据莫尔条纹的形成原理工作的。简单来说：光栅读数头通过检测莫尔条纹数量，来"读取"光栅刻度，再根据驱动电路的作用，计算出光栅尺的位移和速度。相比软件测量的方式，光栅尺读数测量具有更高的精度。

一般光栅尺载体和指示光栅上每毫米刻有 25 线或 50 线。光线投射到已调整好的光栅上时，便会产生莫尔条纹图像，当光栅尺移动时，图像的光强度将发生周期性的变化，这种变化被光电池接收后，经电子信号处理，便可达到检测位移量的目的。一般光栅尺利用两路光电池输出两路正弦波或方波信号，检测两路信号的相位差，可知光栅尺的运动方向。光栅尺所检测的是相对位移，或称为增量式位移检测。但在实际应用中，都需要一个绝对的基准点，一般是在光栅尺上每隔 50 mm 或 100 mm 刻有一个绝对参考标记，以便达到基准点准确的目的。

光栅位移传感器可以应用于数控加工中心、机床、磨床、铁床、自动卸货机、金属板压制和焊接机、机器人和自动化科技、生产过程测量机线马达、直线导轨定位等领域。

光栅位移传感器由标尺光栅和光栅读数头两部分组成。标尺光栅一般固定在机床活动部件上，光栅读数头装在机床固定部件上，指示光栅装在光栅读数头中。

9.3　数字式传感器知识

前面章节提及的传感器均属于模拟式传感器(电阻式传感器、电容式传感器、电感式传感器、压电式传感器、磁电式传感器、热电偶传感器、光电传感器、霍尔传感器等)。这类传感器将诸如压力、位移、温度、光、加速度等被测参数转变为电模拟量(如电流、电压)显示出来。因此，若要用数字显示，就要经过 A/D 转换，这不但增加了投资，且增加了系统的复杂性，降低了系统的可靠性和精确度。若直接采用数字式传感器，则具有以下优点：精确度和分辨率高；抗干扰能力强，便于远距离传输；信号易于处理和存贮；可以减少读数误差；稳定性好，易于与计算机接口连接等。因此，本章学习几种常用数字式位置传感器的结构、原理，如数字编码器、光栅传感器、磁栅传感器、感应同步器等，并讨论它们在直线位移和角位移测量、控制中的应用。

9.3.1　光栅传感器

在一百多年前，人们就开始利用光栅的衍射现象，把光栅应用于光谱分析、测定光波的波长等方面。20 世纪 50 年代，人们利用光栅莫尔条纹现象，把光栅作为测量元件，应用于机床和计算仪器上。由于光栅具有结构原理简单、计量精度高等优点，在国内、外受到重视和推广。近年来，我国设计、制造了很多形状的光栅传感器，成功地将其作为数控机床的位置检测元件，并用于高精度机床和仪器的精密定位或长度、速度、加速度、振动等方面的测量。

1)光栅的基本概念

光栅种类很多，可分为物理光栅和计量光栅。物理光栅主要是利用光的衍射现象，常用于光谱分析和光波波长测定，而在检测技术中常用的是计量光栅。计量光栅主要是利用光的透射和反射现象，在长度测量和位移测量中应用的光栅，有很高的分辨力，可优于 0.1 μm。计量光栅由光源、光栅副、光敏元件三大部分组成，又称为光栅测量装置，如图 9-11 所示。

(1)光栅的分类。

①长光栅和圆光栅。

计量光栅按其形状和用途可分为长光栅和圆光栅两类。前者用于测量

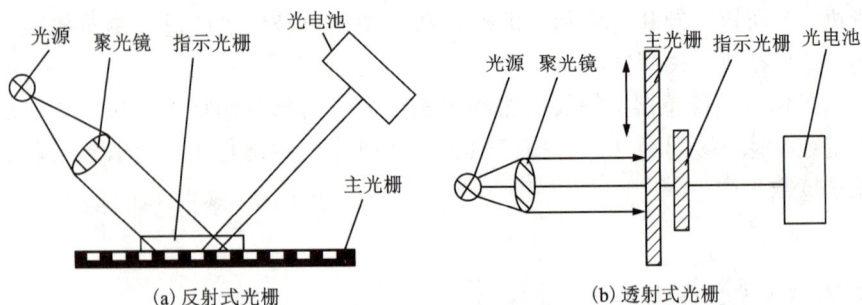

(a) 反射式光栅　　　　　(b) 透射式光栅

图 9-11　光栅测量装置

长度,后者可测量角度(有时也可测量长度)。根据栅线的走向不同,圆光栅分为两种,一种是径向光栅,其栅线的延长线全部通过圆心;另一种是切向光栅,其全部栅线与一个同心小圆相切,此小圆的直径很小,只有零点几毫米或几毫米。

②透射光栅和反射光栅。

根据光线的走向不同,光栅又可分为透射光栅和反射光栅。透射光栅的栅线刻制在透明材料上,主光栅常用工业白玻璃,指示光栅最好用光学玻璃。反射光栅的栅线刻制在具有强反射能力的金属(如不锈钢)上或玻璃上所镀金属膜(如铝膜)上。光栅如图 9-12 所示。

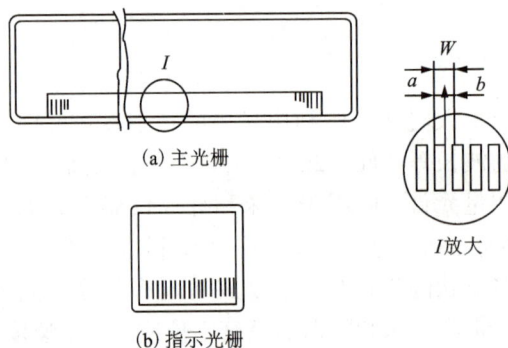

(a) 主光栅

(b) 指示光栅

图 9-12　光栅

③黑白光栅和闪耀光栅。

根据栅线的形式不同,光栅可分为黑白光栅(也称幅值光栅)和闪耀光栅(也称相位光栅)。

黑白透射光栅是在玻璃上刻制成一系列平行等距的透光缝隙和不透光的栅线,栅线密度一般为 25~250 线/mm。这种栅线常用照相法复制或直接刻划而成。黑白反射光栅是在金属镜面上刻制成全反射和漫反射间隔相等的栅线。闪耀光栅的栅线形状,如图 9-13 所示,栅线形状有对称型和非对称型。闪耀透射光栅直接在玻璃上刻划而成。闪耀反射光栅则刻划在玻璃的金属膜上或者进行复制。其栅线密度一般为 150~2400 线/mm。目前，长光栅中有黑白光栅，也有闪耀光栅，而且两者都有透射和反射两种类型。而圆光栅一般只有黑白光栅，主要是透射光栅。

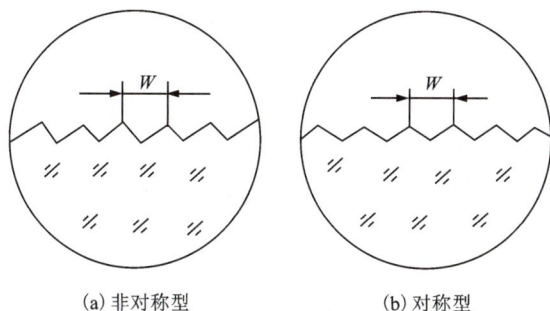

(a) 非对称型　　　　(b) 对称型

图 9-13　反射式光栅线纹形状

（2）光栅传感器的组成。

前面讲过，光栅测量装置是由光源、光栅副、光敏元件三大部分组成的。

①光源。

光栅传感器的光源通常采用钨丝灯泡和半导体发光器件。

钨丝灯泡输出功率较大，工作范围较宽（-40~+130 ℃），但是其与光电元件相组合的转换效率低；在机械振动和冲击条件下工作时，使用寿命将缩短。半导体发光器件的转换效率高，响应速度快。如砷化镓发光二极管，与硅光敏三极管相结合，转换效率最高可达 30%。砷化镓发光二极管的脉冲响应速度为几十 ns，可以使光源工作在触发状态，从而减小功耗和热耗散。

②光栅副。

光栅副由标尺光栅（主光栅）和指示光栅组成，标尺光栅和指示光栅的刻线宽度和间距经常完全一样。将指示光栅与标尺光栅叠合在一起，两者之间保持很小的间隙（0.05 mm 或 0.1 mm）。在长光栅中，标尺光栅固定不动，而指示光栅安装在运动部件上，所以两者之间可以形成相对运动。光栅的主要指标是光栅常数，即

$$W = a + b \qquad\qquad (9-1)$$

式中：W 为光栅的栅距；a 为栅线宽度；b 为栅线缝隙宽度。通常情况下，$a = b = W/2$。相邻两栅线间的距离为 $W = a + b$，W 称为光栅常数（或称为光栅栅距），有时使用栅线密度 ρ 表示（$\rho = 1/W$）。

③光敏元件。

光敏元件一般包括光电池和光敏三极管等。在采用固态光源时，需要选用敏感波长与光源波长接近的光敏元件，以获得高的转换效率。在光敏元件的输出端，常接有放大器，通过放大器得到足够的信号输出，以防干扰

的影响。

2)莫尔条纹及其测量原理

在光栅的读数理论上,用光栅测量位移时,只要数出测量对象上某一个确定点相对于光栅移过的刻线即可。实际上,由于刻线过密,直接对刻线计数很困难,因此目前利用光栅的莫尔条纹或相位干涉条纹进行计数。

(1)长光栅的莫尔条纹。

①莫尔条纹的产生。

在透射式直线长光栅中,把光栅常数相等的主光栅与指示光栅的刻线面叠合在一起,中间留有很小的间隙,并使两者的栅线保持很小的夹角 θ。在两光栅的刻线重合处,光从缝隙透过,形成亮带;在两光栅刻线的错开处,由于相互挡光作用而形成暗带,于是近似于垂直栅线方向出现明暗相间的条纹,即在 $a-a$ 线上形成亮带,在 $b-b$ 线上形成暗带,如图9-14所示。这种亮带和暗带形成明暗相间的条纹,称为莫尔条纹,条纹方向与刻线方向近似垂直。对于栅线密度不太大的黑白光栅,其莫尔条纹形成原理可以用上述几何光学理论解释,但对于线纹密度较大的闪耀光栅,由于光栅常数与光波的波长处于同一个数量级甚至更小,其莫尔条纹的形成,必须根据波动光学理论(衍射理论)来解释。由理论研究的结果得知,莫尔条纹是两块衍射光栅重合时衍射光之间发生干涉所形成的。

②莫尔条纹的参数。

莫尔条纹两个亮条纹之间的宽度为其间距,这是描述莫尔条纹的重要参数。从图9-14可以看出,由几何光学理论可以得到长光栅莫尔条纹的斜率,可以用下式算出

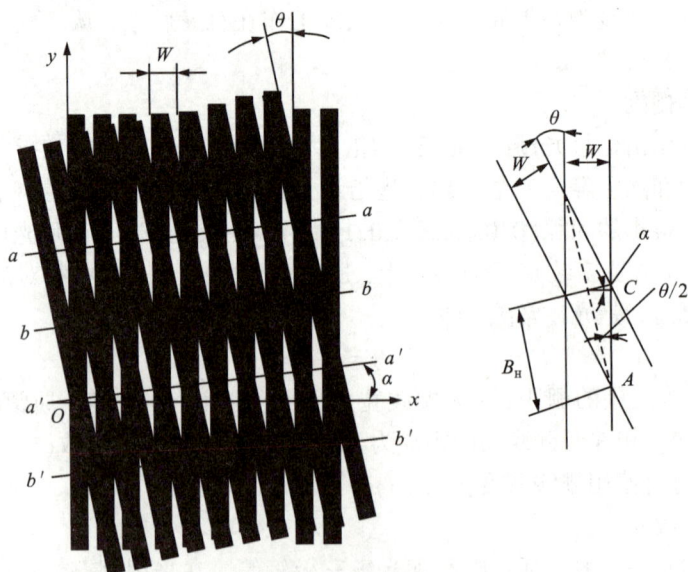

图9-14   莫尔条纹光栅

$$\tan \alpha = \tan \frac{\theta}{2} \qquad (9-2)$$

此时，莫尔条纹间距 B_H 为

$$B_H = AB = \frac{BC}{\sin \dfrac{\theta}{2}} = \frac{W}{2\sin \dfrac{\theta}{2}} = \frac{W}{\theta} \qquad (9-3)$$

式中：B_H 为莫尔条纹间距；W 为光栅常数；θ 为两尺间相对倾斜角。

可见，莫尔条纹的间距或者宽度 B_H，是由光栅常数 W 与光栅夹角 θ 决定的。

③莫尔条纹的作用。

由于光栅的刻线非常细微，很难分辨到底移动了多少个栅距，而莫尔条纹的实际价值就在于：在光栅的适当位置安装光敏元件，能让光敏元件"看清"随光栅刻线移动所带来的光强变化。当栅尺移动时，栅尺移动一个 W，则莫尔条纹移动一个 B_H；栅尺移动的方向与莫尔条纹移动的方向相对应。若两光栅常数相等，栅线的相互交角又很小，说明莫尔条纹的方向与光栅的移动方向只相差 $\theta/2$，即近似于与栅线方向垂直，故此莫尔条纹又称为横向莫尔条纹。从式（9-2）可以看出，莫尔条纹间距

$$B_H = \frac{W}{\theta} \qquad (9-4)$$

同时又表明莫尔条纹的间距是放大了的光栅栅距。所以，莫尔条纹具有放大效应，若 $W=0.01$ mm、$\theta=0.001$ rad，则 $B_H = 10$ mm。可见，其放大倍数 K 为

$$K = \frac{B_H}{W} = 1000 \qquad (9-5)$$

相当于把两尺刻度距离放大 1000 倍。

（2）莫尔条纹的测量原理。

当指示光栅沿 x 轴（例如水平方向）自左向右移动时，莫尔条纹的亮带和暗带将自下而上（图中的 y 方向）不断地掠过光敏元件。则光敏元件"观察"到莫尔条纹的光强变化近似于正弦波变化。光栅移动一个栅距 W，光强变化一个周期。如果光敏元件同指示光栅一起移动，光敏元件接收光线受莫尔条纹影响呈正弦规律变化，因此光敏元件产生按正弦规律变化的电流（电压）。

①幅值光栅测量。

当指示光栅相对于光标尺移动时，莫尔条纹沿其垂直方向上、下移动。移过的莫尔条纹数等于移过的光栅刻线数。沿着莫尔条纹的移动方向放置四枚光电池，其间距为莫尔条纹的 1/4，这样就可产生相位差为 90°的四个信号，通过细分和辨向电路将这些信号进行处理，即可检测位移量及运动方向。因为指示光栅的刻线是相等的，接收的信号仅光照幅值不同，故称这种光栅为幅值光栅。

②相位光栅测量。

图 9-15 是反射式相位干涉条纹。主光栅与指示光栅的刻线宽度相同，但刻线的距离不相等。若以主光栅的刻线为基准，指示光栅的四条刻线依次错开 0°、90°、180°、270°，光电池为水平方向排列，当指示光栅相对于主光栅移动时，光电池各瞬间接收的光通量就不同，产生的电势相位彼此错开 90°。这些信号经过细分和辨向电路的处理，即可测知移动量和移动方向。因为指示光栅的刻线是按相位排列的，故称这种光栅为相位光栅。

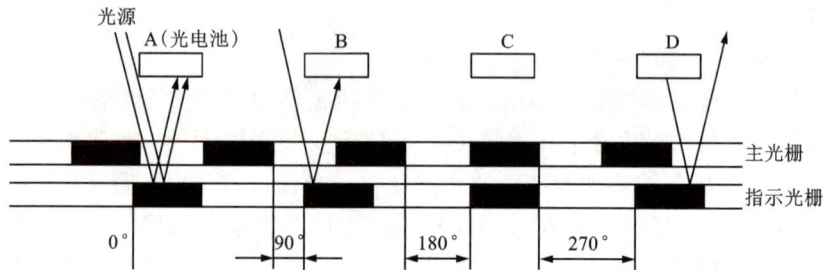

图 9-15　反射式相位干涉条纹

（3）莫尔条纹技术的特点。

①误差平均效应。

莫尔条纹是由光栅的大量刻线共同形成的，对光栅的刻划误差有平均作用，从而能在很大程度上消除光栅刻线不均匀引起的误差。刻线的局部误差和周期误差对精度没有直接影响。

②移动放大作用。

莫尔条纹的间距 B_H 是放大了的光栅栅距，它随着指示光栅与主光栅刻线夹角 θ 而改变：θ 越小，B_H 越大，相当于把微小的栅距扩大了 K 倍。由此可见，计量光栅起到光学放大器的作用。调整夹角即可得到很大的莫尔条纹的宽度，既起到了放大，又提高了测量精度。因此，可得到比光栅本身的刻线精度更高的测量精度。这是用光栅测量和用普通标尺测量的主要差别。

③方向对应关系。

当指示光栅沿与栅线垂直的方向做相对移动时，莫尔条纹则沿光栅刻线方向移动（两者的运动方向相互垂直）；指示光栅反向移动，莫尔条纹亦反向移动。在图 9-15 中，当指示光栅向右移动时，莫尔条纹向上运动。利用这种严格的一一对应关系，根据光敏元件接收到的条纹数目，就可以知道光栅所移过的位移值。

④倍频提高精度。

固定位置放置的光敏元件接收莫尔条纹光强的变化，在理想条件下其输出信号是一个三角波。但由于两光栅之间的空气间隙、光栅的衍射作用、光栅黑白不等以及栅线质量等因素的影响，光敏元件输出的信号是一个近似的正弦波。莫尔条纹的光强度变化近似正弦变化，便于将电信号作进一步细分，即采用"倍频技术"，这样可以提高测量精度或采用较粗的光栅。

⑤直接数字测量。

莫尔条纹移过的条纹数与光栅移过的刻线数相等。例如，采用 100 线/mm 光栅时，若光栅移动了 x mm(也就是移过了 $100x$ 条光栅刻线)，则从光敏元件面前掠过的莫尔条纹也是 $100x$ 条。由于莫尔条纹比栅距宽得多，所以能够被光敏元件所识别。将此莫尔条纹产生的电脉冲信号计数，就可知道移动的实际距离了。计量光栅的光学放大作用与安装角度有关，而与两光栅的安装间隙无关。莫尔条纹的宽度必须大于光敏元件的尺寸，否则光敏元件无法分辨光强的变化。例如，对 25 线/mm 的长光栅而言，$W = 0.04$ mm，若 $\theta = 0.016$ rad，则 $B_H = 2.5$ mm，光敏元件可以分辨 2.5 mm 的间隔，但无法分辨 0.04 mm 的间隔。

(4)圆光栅的莫尔条纹。

圆光栅的形式也是多种多样的，其莫尔条纹也有许多形式。但在长度计量中主要应用以下两种。

①环形莫尔条纹。

两块栅线数相同，切线圆半径分别为 r_1、r_2 的切向圆光栅同心放置时，形成的莫尔条纹是以光栅中心为圆心的同心圆簇，称为环形莫尔条纹，如图 9-16(a)所示，其条纹间距为

$$B = \frac{WR}{r_1 + r_2} \tag{9-6}$$

通常取 $r_1 = r_2 = r$，这时莫尔条纹的间距为

$$B = \frac{WR}{2r} \tag{9-7}$$

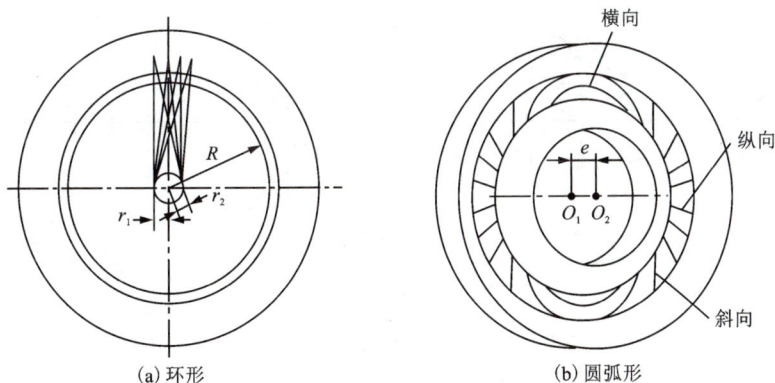

图 9-16　莫尔条纹

②圆弧形莫尔条纹。

两块栅线数相同的径向圆光栅偏心放置时，在光栅的各个部分栅线的

夹角 θ 不同,于是形成了不同曲率半径的圆弧形莫尔条纹,如图9-16(b)所示。其特征为条纹簇的圆心位于两光栅中心连线的垂直平分线上,而且全部圆条纹均通过两光栅的中心。这种莫尔条纹的间距不是定值,而是随着条纹位置的不同而变化的。在偏心方向垂直位置上的条纹近似垂直于栅线,称为横向莫尔条纹。沿着偏心方向近似平行于栅线,相应地称其为纵向莫尔条纹。在实际使用中,这种圆光栅常用其横向莫尔条纹。

3)光栅测量系统

由上述可知,光栅测量系统由机械部分的光栅光学系统和电子部分的细分、辨向、显示系统组成。

(1)光栅光学系统。

光栅光学系统又称光栅系统,由照明系统、光栅副、光电接收系统组成。通常将照明系统、指示光栅、光电接收系统(除标尺光栅外)组合在一起组成光栅读数头。从照明系统经光栅副到达光电接收系统的光路,是光栅系统的核心。

①垂直透射式光路。

如图9-17所示,光源发出的光线经准直透镜后成为平行光束,垂直投射到光栅上,由主光栅和指示光栅形成的莫尔条纹信号直接由光敏元件接收。这种光路适用于粗栅距的黑白透射光栅。在实际使用中,为了判别主光栅移动的方向、补偿直流电子的漂移及对光栅的栅距进行细分等,常采用四极硅光电池接收四相信号。这样,当主光栅移过一个栅距,即莫尔条纹移过一个条纹宽度时,四极硅光电池中的各极顺次发出相位分别为0°、90°、180°、270°的四个输出信号。其特点是结构简单、位置紧凑、调整使用方便,目前应用比较广泛。

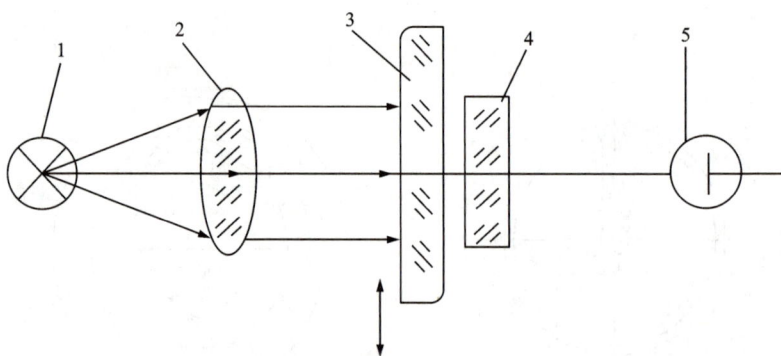

1—光源;2—准直透镜;3—主光栅;4—指示光栅;5—光敏元件。

图9-17　垂直透射式光路光栅的工作原理图

②透射分光式光路。

透射分光式光路又叫衍射光路,这种光路只适用于细栅距透射光栅,其工作原理如图9-18所示。从光源发出的光经准直透镜变为平行光,并以一定角度射向光栅,经过主光栅和指示光栅衍射后,有不同等级的衍射光出射,经透镜聚焦,由光敏元件接收到一定衍射光的莫尔条纹信号。光阑的作用是选取一定宽度的衍射光带,使光敏元件有较大的输出信号。

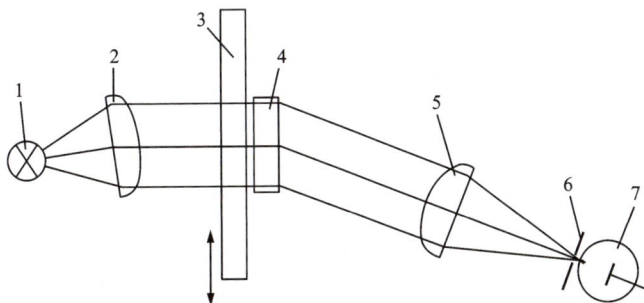

1—光源;2—准直透镜;3—主光栅;4—指示光栅;5—透镜;6—光阑;7—光敏元件。

图 9-18　衍射光路光栅的工作原理图

③反射式光路。

如图 9-19 所示,此光路适用于粗栅距的黑白反射光栅。光源经聚焦透镜和场镜后成为平行光束,以一定角度射向指示光栅,经反射式主光栅反射后形成莫尔条纹,经反光镜和物镜成像在光敏元件上。

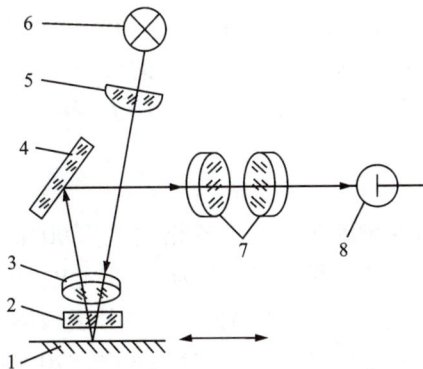

1—反射式主光栅;2—指示光栅;3—场镜;

4—反射镜;5—聚焦透镜;6—光源;7—物镜;8—光敏元件。

图 9-19　反射式光路光栅的工作原理图

④镜像式光路。

这种光路如图 9-20 所示,它不设指示光栅。光源发出的光线,经半透半反镜和聚光镜后成为平行光束,照射到主光栅上,光栅上的栅线经物镜和反射镜又成像在主光栅上形成莫尔条纹,然后经半透半反镜反射,由光敏元件接收。这种光路不存在光栅间隙问题,同时,光学系统保证了光栅和光栅像按相反方向移动。因此,光栅移过半个栅距,莫尔条纹就变化一个周期,即灵敏度提高了一倍。

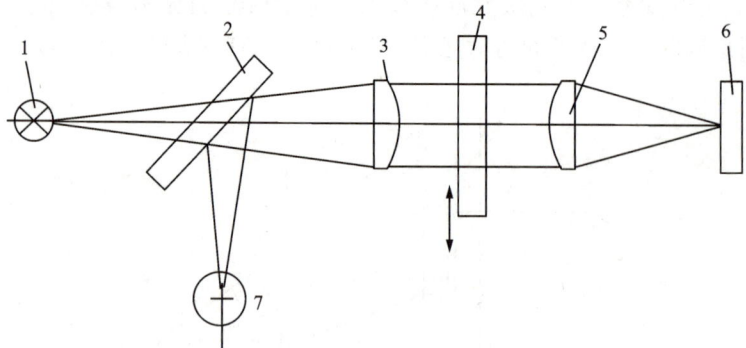

1—光源;2—半透半反镜;3—聚光镜;4—主光栅;5—物镜;6—反射镜;7—光敏元件。

图9-20 镜像式光栅工作原理图

(2)电子系统。

电子系统是用来处理光电接收系统接收来的电信号的部分,由细分电路、辨向电路和显示系统组成。

①细分原理与电路。

随着对测量精度要求的提高,要求光栅具有较高的分辨率,减小光栅的栅距可以达到这一目的,但毕竟是有限的。为此,目前广泛采用内插法把莫尔条纹间距进行细分。所谓细分,就是在莫尔条纹信号变化的一个周期内,给出若干个计数脉冲,减小脉冲当量。由于细分后,计数脉冲的频率提高了,故又称为倍频。细分提高了光栅的分辨能力,提高了测量精度。细分方法可分为两大类:机械细分和电子细分,我们这里只讨论电子细分的几种方法。

a.直接细分。

直接细分法是利用光敏元件输出的相位差为90°的两路信号进行四倍频细分。由光栅系统送来的两路相位差为90°的光电信号,分别经过差动放大,再由射极耦合触发器整形为两路方波。调整射极耦合触发器鉴别电位,使方波的跳变正好在光电信号的0°、90°、180°、270°四个相位上发生。电路通过反相器,将上述两种方波各反相一次,这样得到四路方波信号,分别加到微分电路上,就可在0°、90°、180°、270°处各产生一个脉冲(这里的微分电路是单向的)。其波形如图9-21所示。

上述中共用了两个反相器和四个微分电路来得到四个计数脉冲,实际上已把莫尔条纹一个周期的信号进行了四倍频(细分数$n=4$),把这些细分信号送到一个可逆计数器中进行计数,那么光栅的位移量就被转换成数字量了。必须指出,因为光栅的移动有正、反两个方向,所以不能简单地把以上四个脉冲直接作为计数脉冲,而应该引入辨向电路。这种方法的优点是对莫尔条纹信号波形要求不严格,电路简单,可用于静态和动态测量系统。但是其缺点也很明显:光敏元件安放困难,细分数不能太高。

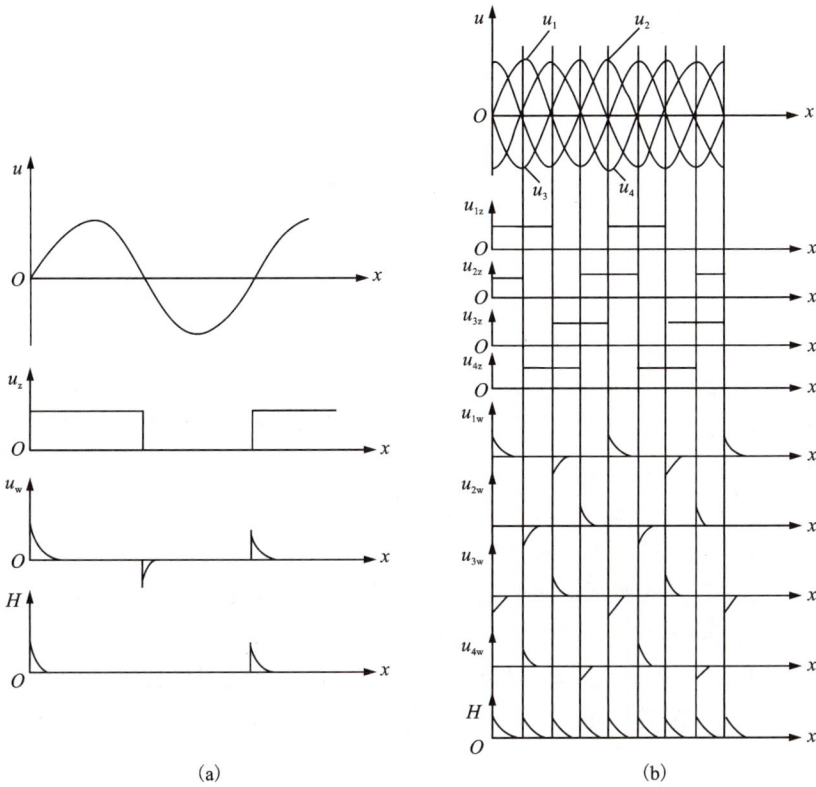

图 9-21　波形图

b. 电阻电桥细分。

电阻电桥细分法（矢量和法）的基本原理可以用下面的电桥电路来说明，如图 9-22 所示，图中 e_1 和 e_2 分别为从光敏元件得到的两个莫尔条纹信号电压值，其中，R_1 和 R_2 是桥臂电阻。则有

$$U_{SC} = \frac{R_2}{R_1+R_2}e_1 + \frac{R_2}{R_1+R_2}e_2$$

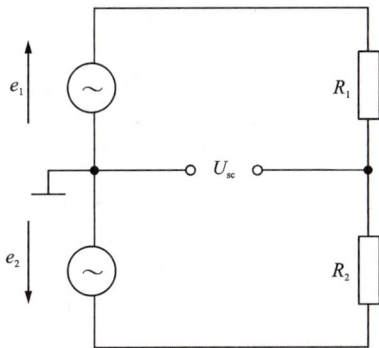

图 9-22　电阻电桥细分法的电路

如果电桥平衡，则必有 $U_{SC}=0$，即

$$\frac{e_1}{R_1}+\frac{e_2}{R_2}=0 \tag{9-8}$$

如前所述，莫尔条纹信号是光栅位置状态的正弦函数，令 e_1 与 e_2 的相位差为 $\pi/2$，光栅在任意位置时，可以分别写成 $e_1=U\sin\theta$，$e_2=U\cos\theta$ 则式（9-8）可以写成

$$\frac{\sin\theta}{\cos\theta}=\frac{R_1}{R_2}=\tan\theta \tag{9-9}$$

从式（9-9）可见，选取不同的 R_1/R_2 值，就可以得到任意的 θ 值。虽然从式（9-8）看来，只有在第二和第四象限才能满足等于零的条件，但是实际上取正弦、余弦及其反相的四个信号，组合起来就可以在四个象限内都得到细分。也就是说，通过选择 R_1 和 R_2 的阻值，可以得到任意的细分数。

从式（9-8）可见，上述平衡条件是在 e_1 和 e_2 的幅值相等、位置相差 $\pi/2$ 和信号与光栅位置有着严格的正弦函数关系要求下得出的。因此，它对莫尔条纹信号的波形、两个信号的正交关系，以及电路的稳定性都有严格的要求，否则会影响测量精度，带来一定的误差。

采用两个相位差号的信号来进行测量和移相，在测量技术上获得广泛的应用。虽然在具体电路设计上不完全一样，但都是从这个基本原理出发的。

c. 电阻链细分。

电阻链细分实际上就是电桥细分，只是结构形式略有不同。它的差别是电阻链在取出信号点把总电阻分为两个电阻，而对于这两个电阻，依然是一个细分电桥。对于光敏元件来说，电阻链细分是一个分压关系，其功率较小，但电阻阻值的调整比较困难。

②辨向原理与电路。

单个光敏元件接收一固定点的莫尔条纹信号，只能判别明暗的变化而不能辨别莫尔条纹的移动方向，因此不能判别运动零件的运动方向，以致不能正确测量位移。辨向电路原理如图 9-23 所示。

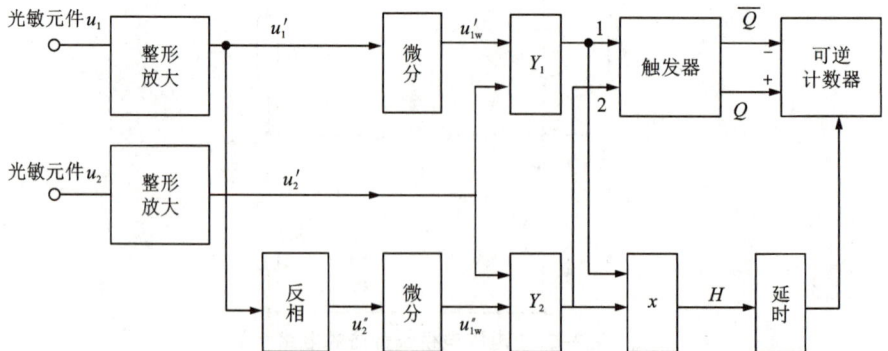

图 9-23　辨向电路原理图

如果能够在物体正向移动时，将得到的脉冲数累加，在物体反向移动时就可从已累加的脉冲数中减去反向移动的脉冲数，这样就能得到正确的测量结果。图 9-23 中，可以在细分电路之后用"与"门和"或"门，将 0°、90°、180°、270°处产生的四个脉冲适当地进行逻辑组合，就能辨别光栅的运动方向。当光栅正向移动时产生的脉冲为加法脉冲，送到计数器中做加法计数；当光栅作反向移动时产生减法脉冲，送到计数器中做减法计数。这样，计数器的计数结果才能正确地反映光栅副的相对位移量。辨向电路各点波形如图 9-24 所示。

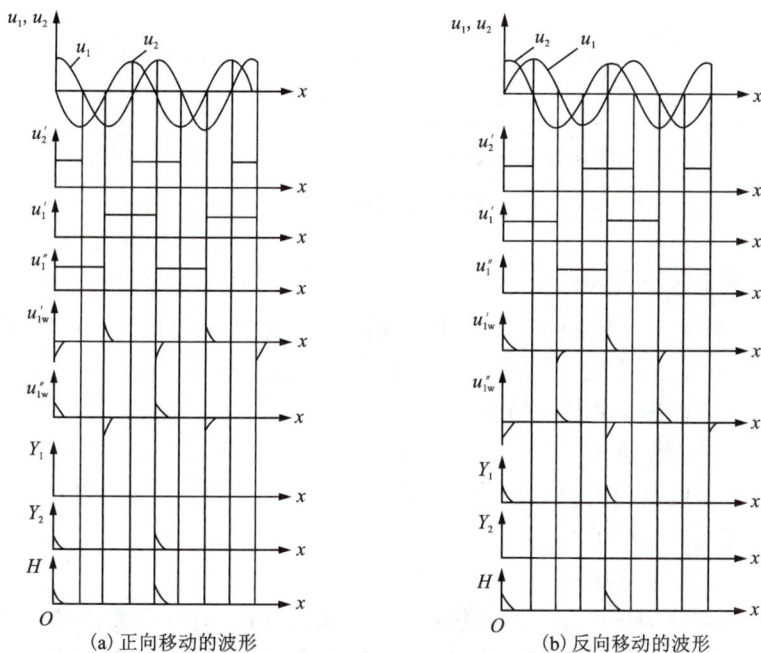

(a) 正向移动的波形　　(b) 反向移动的波形

图 9-24　辨向电路各点波形图

9.3.2　磁栅传感器

磁栅传感器由磁栅（又名磁尺）与磁头组成，是一种新型的传感元件。磁栅上录有等间距的磁信号，它是利用磁带录音的原理将等节距的周期变化的电信号（正弦波或矩形波）用录磁的方法记录在磁性尺子或圆盘上而制成的。装有磁栅传感器的仪器或装置工作时，磁头相对于磁栅有一定的相对位置，在这个过程中，磁头把磁栅上的磁信号读出来，这样就把被测位置或位移转换成了电信号。

与其他类型的检测元件相比较，磁栅传感器有制作工艺简单、复制方便、易于安装、调整方便、测量范围广（0.001 mm～10 m）、不需要接长等一系列优点，因而在大型机床的数字检测和自动化机床的自动控制等方面得到广泛的应用。

1）磁栅

（1）磁栅的结构。

磁栅结构如图 9-25 所示。磁栅基体是用非导磁材料（如玻璃、磷青铜等）制成的，上面镀一层均匀的磁性薄膜（即磁粉如 NiCo 或 Co-Fe 合金等），经过录磁，其磁信号排列情况如图 9-25 所示，要求录磁信号幅度均匀，幅度变化应小于 10%，节距均匀。目前，长磁栅常用的磁信号节距一般为 0.05 mm 和 0.02 mm 两种，圆磁栅的角节距一般为几分至几十分。

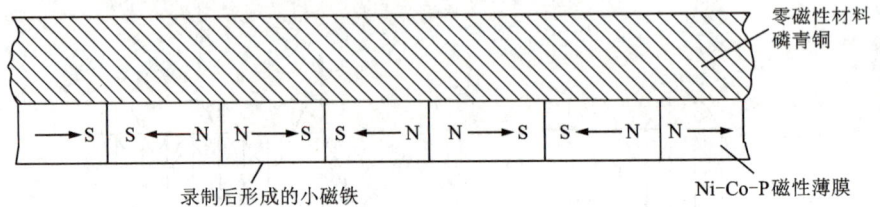

图 9-25　磁栅结构

磁栅基体要有良好的加工性能和电镀性能，其线膨胀系数应与被测件接近，基体也常用钢制作，然后用镀铜的方法解决隔磁问题，铜层厚度为 0.15~0.20 mm。长磁栅基体工作面平直度误差应不大于 0.01 mm/m，圆磁栅工作面不圆度应不大于 0.01 mm。粗糙度 R_a 在 0.16 μm 以下。磁性薄膜的剩余磁感应强度 B_r 要大、矫顽力 H_c 要高，性能稳定，电镀均匀。目前常用的磁性薄膜材料为镍钴磷合金，其 $B_r = 0.7~0.8$ T，$H_c = 6.37 \times 10^4$ A/m。薄膜厚度为 0.10~0.20 mm。

（2）磁栅的类型。

磁栅可分为长磁栅和圆磁栅两大类。前者用于测量直线位移，后者用于测量角位移。长磁栅可分为尺型、同轴型和带型三种，如图 9-26 所示。

①长磁栅。

一般常用尺型磁栅［图 9-26（a）］，它是在一根不导磁材料（例如铜或玻璃）制成的尺基上镀一层 Ni-Co-P 或 Ni-Co 磁性薄膜，然后录磁而成。磁头一般用片簧机构固定在磁头架上，工作中磁头架沿磁尺的基准面运动，磁头不与磁尺接触。尺型磁栅主要用于精度要求较高的场合。当量程较大或安装面不好安排时，可采用带型磁栅，如图 9-26（c）所示。带状磁尺是在一条宽约 20 mm、厚约 0.2 mm 的铜带上镀一层磁性薄膜，然后录磁而成的。带状磁尺的录磁与工作均在张紧状态下进行。磁头在接触状态下读取信号，能在振动环境下正常工作。为了防止磁尺磨损，可在磁尺表面涂上一层几微米厚的保护层，调节张紧预变形量可在一定程度上补偿带状磁尺的累积误差与温度误差。

同轴型磁栅是在 φ2 mm 的青铜棒上电镀一层磁性薄膜，然后录磁而成的。磁头套在磁棒上工作，如图 9-26（b）所示，两者之间具有微小的间隙。由于磁棒的工作区被磁头围住，对周围的磁场起到了很好的屏蔽作用，增强了它的抗干扰能力。这种磁栅传感器结构特别小巧，可用于结构紧凑的场合或小型测量装置中。

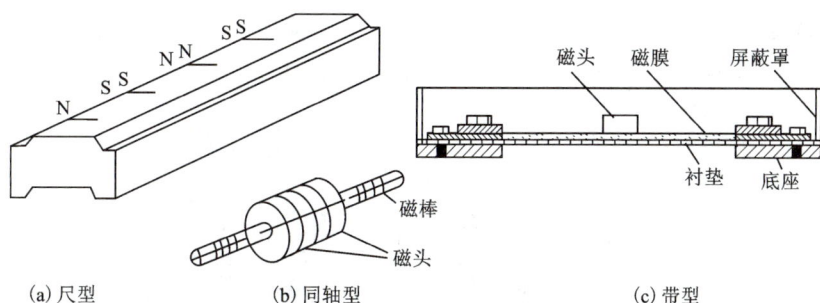

(a) 尺型　　　　　　(b) 同轴型　　　　　　　(c) 带型

图 9-26　几种长磁栅结构图

②圆磁栅。

圆磁栅传感器如图 9-27 所示。磁盘圆柱面上的磁信号由磁头读取，磁头与磁盘之间应有微小的间隙以避免磨损。

(3) 对磁栅的要求。

对磁栅的要求：磁栅的基尺要求不导磁，线膨胀系数应与仪器或机床的相应部分相近。又因为要在基尺上镀一层磁性薄膜，所以要求基尺有良好的加工和电镀性能。当采用一般钢材做基尺材料时，必须用镀铜的方法解决绝磁的问题，铜镀层厚度为 0.15 ~

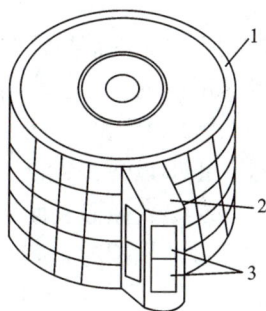

1—磁盘；2—罩；3—磁头。

图 9-27　圆磁头

0.20 mm。为了使磁尺上录的磁信号能长时间保存，并希望产生较大的输出信号，要求磁性薄膜剩磁感应 B_r 要大、矫顽力 H_c 要高、电镀要均匀，目前常用 NiCo-P 合金。对磁尺表面要求：长磁栅平直度为 0.005 ~ 0.01 mm/m，圆磁栅的不圆度为 0.005 ~ 0.01 mm，表面粗糙度要小。所录磁信号要求幅度均匀，幅度变化小于 10%，节距均匀，满足一定精度要求。

2) 磁头

磁栅上的磁信号先由录磁头录好，然后由读磁头将磁信号读出。按读取信号的方式，读磁头可分为动态磁头与静态磁头两种。

(1) 动态磁头。

动态磁头为非调制式磁头，又称为速度响应式磁头，它只有一组输出绕组，只有当磁头与磁栅有相对运动时，才有信号输出。常见的录音机信号输出就属此类。

①动态磁头结构。

图 9-28 为动态读磁头的实例。磁芯材料由每片厚度为 0.2 mm 的铁镍合金(含 Ni80%)片叠成需要的厚度(如 3 mm 为窄型、18 mm 为宽型)，前

端放入 0.01 mm 厚度的铜片，后端磨光靠紧。线圈线径 $d=0.05$ mm，匝数 N 为 2×1000~2×1200 匝，电感量 L 约为 4.5 mH。当磁头与磁栅之间以一定的速度相对移动时，由于电磁感应将在磁头线圈中产生感应电动势，当磁头与磁栅之间的相对运动速度不同时，输出感应电动势的大小也不同，静止时，则没有信号输出。因此它不适用于长度测量。

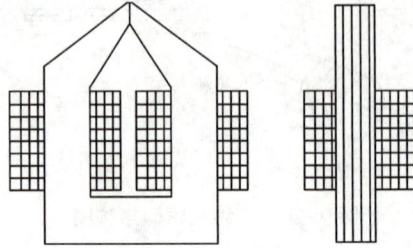

图 9-28　动态磁头结构

②动态磁头的信号读取。

动态磁头的信号读取用此类磁头读取信号，如图 9-29 所示，图中 1 为动态磁头，2 为磁栅，3 为读出的正弦信号。此信号表明磁信号在 N、N 相重叠处为正得最强，磁信号在 S、S 重叠处为负得最强。图中 ω 为磁信号节距。此磁头沿着磁栅表面做相对位移时，输出周期性的正弦电信号，若记下输出信号的周期数 n，就可以测量出位移量 $s=nw$。

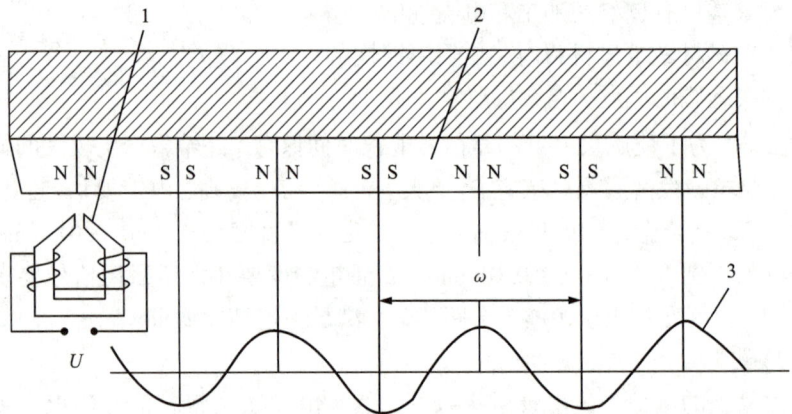

图 9-29　动态磁头读取信号

（2）静态磁头。

静态磁头是调制式磁头，又称为磁通响应式磁头，它与动态磁头的不同之处在于，在磁头和磁栅间没有相对运动的情况下也有信号输出。

①静态磁头结构。

图 9-30 为静态磁头结构。它有两组绕组，一组为励磁绕组，N_1 为 4×15~4×20 匝，另一组为输出绕组，N_2 为 100~200 匝，线径 $d_1=d_2=$

0.10 mm，磁芯材料也是铁镍合金。

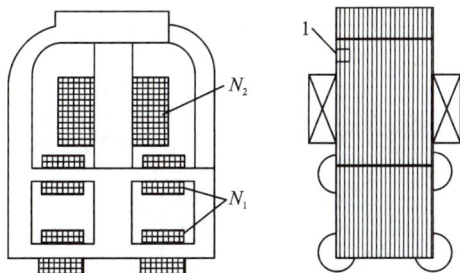

图 9-30　静态磁头结构

②静态磁头的信号读取。

静态磁头信号读取的原理如图 9-31 所示，图中 1 为静态磁头，2 为磁栅，3 为磁头读出信号。

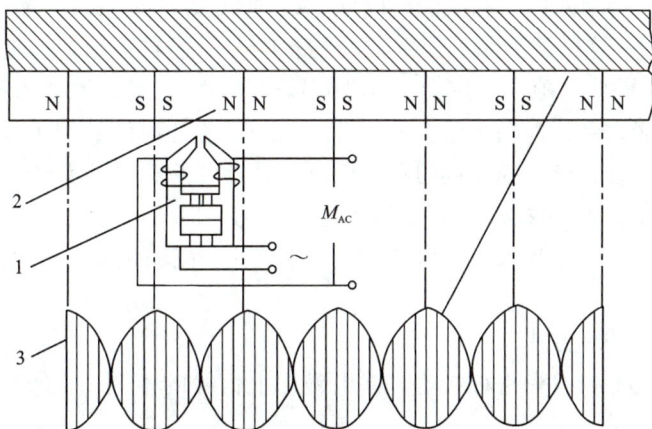

图 9-31　静态磁头的信号读取的原理

在静态磁头励磁绕组中通过交流励磁电流，使磁芯的可饱和部分（截面较小）每周两次被电流产生的磁场饱和，这时磁芯的磁阻很大，磁栅上的漏磁通不能由磁芯流过输出绕组而产生感应电动势。只有在励磁电流每周两次过零、可饱和磁芯不被饱和时，磁栅上的漏磁通才能流过输出绕组的磁芯而产生感应电动势，其频率为励磁电流频率的两倍，输出电压的幅值与进入磁芯漏磁通的大小成比例。

③多间隙静态磁头结构。

为了增大输出，实际使用时，常将多个这种磁头串联起来做成一体，称为多间隙静态磁头，图 9-32 是多间隙静态磁头实例。图中，磁头铁芯由 A、B、C、D 四种形状不同的铁镍合金片按 ABCBDBCBA……顺序叠合，每片厚度为 $W/4$。这样，AC 构成第一个分磁头，B 中的铜片起气隙作用，CD 构成第二个分磁头，DC 构成第三个分磁头，CA 构成第四个分磁头等。A、B、C、D 做成不同形状，是为了让它们只有在通过励磁线圈的铁芯段时才形成磁路，才能使它们的铁芯磁阻 RT 受到励磁电流的调制。

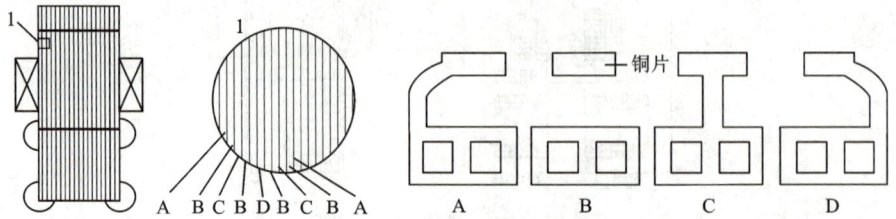

图 9-32　多间隙静态磁头实例

　　由于 A 与 C、C 与 D 各相距 $W/2$，对于磁栅磁场的基波成分，若 A 片对准 N 极，那么 C 片对准 S 极，D 片对准下一个 N 极，则进入铁芯的漏磁通在 C 片的中部是互相加强的。输出线圈套在 C 片中部上，输出感应电动势得到加强。对于磁场的偶次谐波成分，A、C、D 等都对准同名极，铁芯中没有磁通通过，这样就消除了偶次谐波的影响。上述磁头结构能把基波成分叠加起来，因此气隙数 n 越大，输出信号也越大，这是多隙式磁头的特点。但 n 也不能太大，否则不仅会使体积加大，且叠片厚度的加工误差也将加大。因此常取 $n = 30 \sim 50$，同时还应限制叠片厚度的总误差不得超过 $\pm W/10$。增加输出绕组的匝数 N_2 有利于增大输出信号，但 N_2 越大，外界电磁干扰引起的噪声电压也越大，一般取 N_2 为几百匝，使输出信号达到几十毫伏即可。

　　3）信号处理方式

　　根据磁栅和磁头相对移动时读出磁栅上信号的不同，所采用的信号处理方式也不同。

　　（1）动态磁头。

　　动态磁头利用磁栅与磁头之间以一定的速度相对移动而读出磁栅上的信号，将此信号进行处理后使用。例如某些动态丝杠检查仪，就是利用动态磁头读取磁尺上的磁信号，作为长度基准，同圆光栅盘（或磁盘）上读取的圆基准信号进行相位比较，以检测丝杠的精度。动态磁头只有一组绕组，其输出信号为正弦波，信号的处理方法也比较简单，只要将输出信号放大整形，然后由计数器记录脉冲数 n，就可以测量出位移量的多少（$s = nw$）。但这种方法测量精度较低，而且不能判别移动方向。

　　（2）静态磁头。

　　静态磁头一般总是成对使用，即用两个间距为 $n \pm w/4$ 的磁头，其中 n 为正整数，w 为磁信号节距，也就是两个磁头布置成相位差 90° 的关系，如图 9-33 所示。

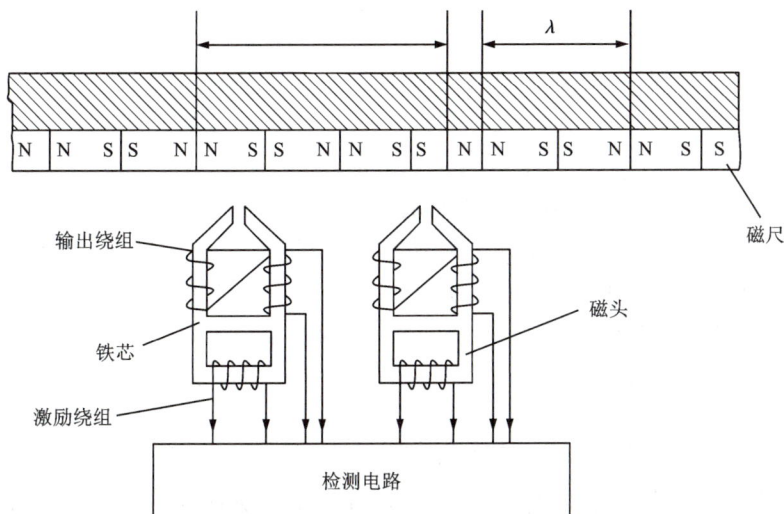

图 9-33　磁栅位移传感器的结构示意图

其信号处理方式可分为鉴幅方式和鉴相方式两种。

①鉴幅方式。

鉴幅方式的两个静态磁头(通常两个磁头做成一体的)的输出电压可用下式表示

$$u_1 = U_m \sin \frac{2\pi x}{\varpi} \sin \varpi t$$

$$u_2 = U_m \cos \frac{2\pi x}{\varpi} \sin \varpi t$$

式中：U_m 为磁头读出信号的幅值；x 为位移；w 为励磁电压角频率的两倍。经检波器去掉高频载波后可得

$$u_1 = U_m \sin \frac{2\pi x}{\varpi} x$$

$$u_2 = U_m \cos \frac{2\pi x}{\varpi} x$$

两组磁头相对于磁尺每移动一个节距就发出一个正弦和余弦信号,此两个电压相位差 90° 的信号送入有关电路进行细分和辨向后输出计数。可见,经信号处理后可进行位置检测。这种方法的检测线路比较简单,但分辨率受到录磁节距 λ 的限制,若要提高分辨率就必须采用较复杂的倍频电路,所以不常采用。

②鉴相方式。

采用相位检测的精度可以大大高于录磁节距 λ ,并通过提高内插脉冲频率提高系统的分辨率。将第一个磁头的励磁电流移相 45° 或将其读出信号输出移相 90°,则其输出变为

$$u_1 = U_m \sin \frac{2\pi x}{\varpi} \sin \varpi t$$

$$u_2 = U_m \cos \frac{2\pi x}{\omega} \sin \omega t$$

将两个磁头的输出用求和电路相加,则获得总输出

$$u_2 = U_m \sin \left(\frac{2\pi x}{\omega} + \omega t \right)$$

由上式可以看出,输出电压 u 的幅值恒定,而相位随磁头与磁尺的相对位置 x 的变化而变化,即相位与位移量 x 有关。只要鉴别出相移的大小,然后用有关电路进行细分与输出,读出输出信号的相位,就可确定磁头的位置,从而测量出位移量。

9.3.3 数字编码器

数字传感器有计数型和代码型两大类。

计数型又称脉冲计数型,它可以是任何一种脉冲发生器,所发出的脉冲数与输入量成正比,加上计数器就可以对输入量进行计数。计数型传感器可用来检测通过输送带上的产品个数,也可用来检测执行机构的位移量,这时执行机构每移动一定距离或转动一定角度就会发出一个脉冲信号,例如光栅检测器和增量式光电编码器。

代码型传感器即绝对值式编码器,它输出的信号是二进制数字代码,每一代码相当于一定的输入量值。代码的"1"为高电平,"0"为低电平,高、低电平可用光敏元件或机械式接触元件输出,通常被用来检测执行元件的位置或速度,例如绝对值型光电编码器、接触型编码器等。

相对应的,数字编码器主要分为脉冲盘式(计数型)和码盘式(代码型)两大类。脉冲盘式编码器不能直接输出数字编码,需要增加有关数字电路才可能得到数字编码。码盘式编码器也称为绝对编码器,能直接输出某种码制的数码,它能将角度或直线坐标转换为数字编码,能方便地与数字系统(如微机)连接。这两种形式的数字编码器,具有高精度、高分辨率和高可靠性,已被广泛应用于各种位移量的测量。编码器按其结构可分为接触式、光电式和电磁式三种,后两种为非接触式编码器。

1)接触式码盘编码器

(1)接触式码盘编码器结构与工作原理。

接触式码盘编码器由码盘和电刷组成,适用于角位移测量。码盘利用制造印刷电路板的工艺,在铜箔板上制作某种码制(如 8-4-2-1 码、循环码等)图形的盘式印刷电路板,如图 9-34 所示。电刷是一种活动触头结构,在外界力的作用下,旋转码盘时,电刷与码盘接触处产生某种码制的数字编码输出。下面以四位二进制码盘为例,说明其工作原理和结构。

涂黑处为导电区,将所有导电区连接到高电位("1");空白处为绝缘区,为低电位("0")。四个电刷沿着某一径向安装,四位二进制码盘上有四圈码道,每个码道有一个电刷,电刷经电阻接地。当码盘转动一个角度后,电刷输出一数码;码盘转动一周,电刷输出 16 种不同的四位二进制数码。

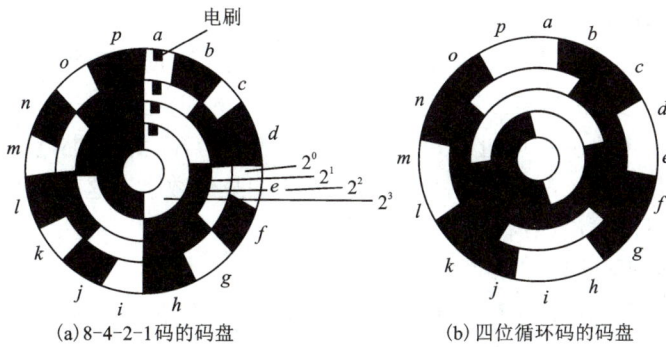

(a) 8-4-2-1 码的码盘　　　　(b) 四位循环码的码盘

图 9-34 接触式四位二进制码盘

由此可知，二进制码盘所能分辨的旋转角度为 $\alpha=360/2n$，若 $n=4$，则 $\alpha=22.5°$。位数越多，可分辨的角度越小，若取 $n=8$，则 $\alpha=1.4°$。当然，可分辨的角度越小，对码盘和电刷的制作和安装要求越严格。当 n 多到一定位数后（一般为 $n>8$），这种接触式码盘将难以制作。电刷在不同位置时对应的数码见表 9-1。

表 9-1 电刷在不同位置时对应的数码

角度	电刷位置	二进制码（B）	循环码（R）	十进制数
0	a	0000	0000	0
1α	b	0001	0001	1
2α	c	0010	0011	2
3α	d	0011	0010	3
4α	e	0100	0110	4
5α	f	0101	0111	5
6α	g	0110	0101	6
7α	h	0111	0100	7
8α	i	1000	1100	8
9α	j	1001	1101	9
10α	k	1010	1111	10
11α	l	1011	1110	11
12α	m	1100	1010	12
13α	n	1101	1011	13
14α	o	1110	1001	14
15α	p	1111	1000	15

（2）误差的产生与消除办法。

①误差的产生。

对于 8-4-2-1 码制的码盘，由于电刷安装不可能绝对精确，必然存在机械偏差，这种机械偏差会产生非单值误差。例如，由二进制码 0111 过渡到 1000 时（电刷从 h 区过渡到 i 区），即由 7 变为 8 时，如果电刷进出导电区的先后是不一致的，此时就会出现 8～15 的某个数字。这就是所谓的非单值误差。下面讨论如何消除这些非单值误差。

②采用循环码（格雷码）。

采用循环码可以消除非单值误差。其编码如表 9-1 所示。循环码的特点是任意一个半径线上只可能在一个码道上发生数码的改变，根据这一特点就可以避免制作或安装不精确带来的非单值误差。循环码盘结构如图 9-35（b）所示。由循环码的特点可知，即使制作和安装不精确，产生的误差最多也只是最低位的一个比特。因此采用循环码盘比采用 8-4-2-1 码盘的准确性和可靠性要高得多。

③采用扫描法。

扫描法有 V 扫描、U 扫描以及 M 扫描三种。它是在最低值码道上安装一个电刷，其他位码道上均安装两个电刷：一个电刷位于被测位置的前边，称为超前电刷；另一个放在被测位置的后边，称为滞后电刷。若最低位码道有效位的增量宽度为 x，则各位电刷对应的距离依次为 $1x$、$2x$、$4x$、$8x$ 等。这样，在每个确定的位置上，最低位电刷输出电平反映了它真正的位值，由于高电位有两个电刷，就会输出两种电平，根据电刷分布和编码变化规律，可以读出真正反映该位置的高位二进制码对应的电平值。当低一级码道上电刷真正输出的是"1"时，高一级码道上电刷的真正输出必须从滞后电刷读出；若低一级码道上电刷真正输出的是"0"，高一级码道上电刷的真正输出则要从超前电刷读出。由于最低位轨道上只有一个电刷，它的输出则代表真正的位置，这种方法就是 V 扫描法。

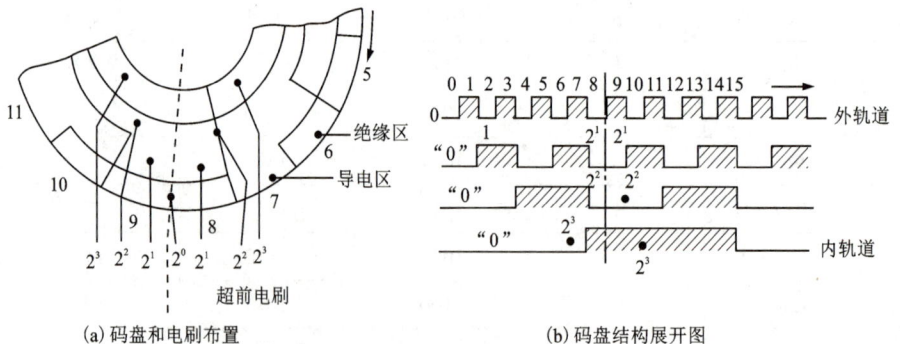

(a) 码盘和电刷布置　　　　(b) 码盘结构展开图

图 9-35　扫描法码盘和电刷

这种方法是根据二进制码的特点设计的。由于 8-4-2-1 码制的二进制码是从最低位向高位逐级进位的，最低位变化最快，高位逐渐减慢，如图 9-36 所示。当某一个二进制码的第 i 位是 1 时，该二进制码的第 $(i+1)$ 位和前一个数码的第 $(i+1)$ 位状态是一样的，故该数码的第 $(i+1)$ 位的真正输出要从滞后电刷读出。相反，当某个二进制码的第 i 位是 0 时，该数码的第 $(i+1)$ 位的输出要从超前电刷读出。读者可以从表 9-1 中的数码来证实。

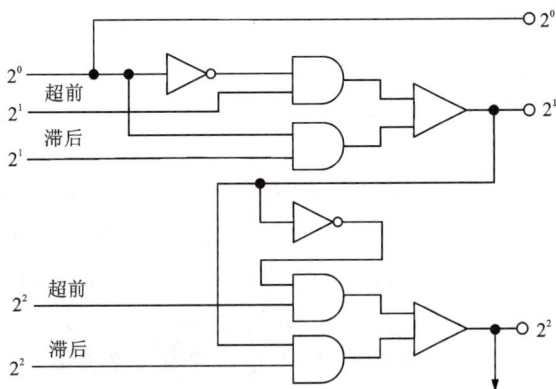

图 9-36　扫描法读出电路

接触式码盘编码器的分辨率受电刷的限制，不可能很高；而光电式码盘编码器由于使用了体积小、易于集成的光敏元件代替机械的接触电刷，其测量精度和分辨率能达到很高水平。

2）光电式编码器

光电式编码器是一种通过光电转换将输出轴上的机械几何位移量转换成脉冲或数字量的传感器，这是目前应用最广的传感器。光电式编码器由光栅盘和光电检测装置组成。光栅盘是在一定直径的圆板上等分地开若干个长方形孔。由于光电码盘与电动机同轴，电动机旋转时，光栅盘与电动机同速旋转，经发光二极管等电子元件组成的检测装置检测输出若干脉冲信号，其原理如图 9-37 所示。通过计算每秒光电编码器输出脉冲的个数就能反映当前电动机的转速。在发光元件和光电接收元件之间，有一个直接装在旋转轴上的、具有相当数量的透光与不透光扇区的编码盘。当它转动时，就可得到与转角或转速成比例的脉冲电压信号。

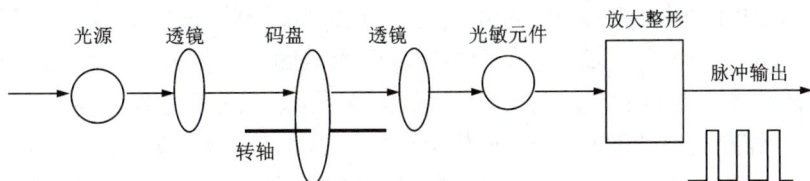

图 9-37　光电式编码器原理示意图

　　按编码器的不同读数方法、刻度方法及信号输出形式，可分为绝对编码器、增量编码器以及混合式编码器三种。光电编码器的最大特点是非接触式。因此，它的使用寿命长，可靠性高。

　　（1）光电式码盘编码器。

　　光电式码盘编码器是一种绝对编码器，几位编码器其码盘上就有几个码道，编码器在转轴的任何位置都可以输出一个固定的、与位置相对应的数字码。这一点与接触式码盘编码器一样。

　　①结构和工作原理。

　　光电式码盘编码器与接触式码盘编码器不同的是，光电式码盘编码器的码盘采用照相腐蚀工艺，在一块圆形光学玻璃上刻有透光和不透光的码形；在几个码道上，装有相同个数的光电转换元件代替接触式码盘编码器的电刷，并将接触式码盘上的高、低电位用光源代替。光电式码盘编码器是目前应用较多的一种，它是在透明材料的圆盘上精确地印制二进制编码。如图9-38（a）所示为四位二进制的码盘，码盘上各圈圆环分别代表一位二进制的数字码道，在同一个码道上印制黑白等间隔图案，形成一套编码。黑色不透光区和白色透光区分别代表二进制的"0"和"1"。在一个四位光电码盘上，有四圈数字码道，每一个码道表示二进制的一位，内侧是高位，外侧是低位，在360°范围内可编数码数为 $2^4 = 16$ 个。

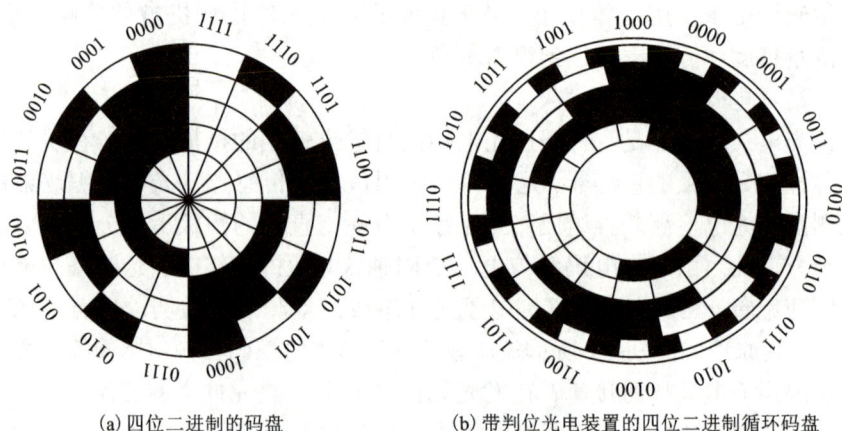

(a) 四位二进制的码盘　　　　　(b) 带判位光电装置的四位二进制循环码盘

图9-38　四位二进制的码盘

　　工作时，码盘的一侧放置电源，另一侧放置光电接收装置，每个码道都对应有一个光电管及放大、整形电路。码盘转到不同位置，光敏元件接收光信号，并转换成相应的电信号，经放大整形后，成为相应数码电信号。但由于制作和安装精度的影响，同样会产生无法估计的数值误差，这种误差称为非单值性误差。光电式码盘编码器与接触式码盘编码器一样，可以采用循环码或V形扫描法来解决非单值误差的问题。带判位光电装置的二进制循环码盘是在四位二进制循环码盘的最外圈再增加一圈信号位，如图9-38（b）

所示。该码盘最外圈上的信号位的位置正好与状态交线错开,只有当信号位处的光敏元件有信号时才读数,这样就不会产生非单值性误差。

②用插值法提高分辨率。

为了提高测量的精度和分辨率,常规的方法就是增加码盘的码道数,即增加刻线数。但是,由于制造工艺的限制,当刻度数多到一定数量后,就难以实现了。在这种情况下,可以采用一种光学分解技术(插值法)来进一步提高分辨率。

例如,若码盘已有 14 条(位)码道,在 14 位的码道上增加 1 条专用附加码道,如图 9-38 所示。附加码道的扇形区的形状和光学的几何结构与前 14 位有差异,且使之与光学分解器的多个光敏元件相配合,产生较为理想的正弦波输出。附加码道输出的正弦或余弦信号,在插值器中按不同的系数叠加在一起,形成多个相不同的正弦信号输出。各正弦波信号再经过零比较器转换为一系列脉冲,从而细分了附加码道的光敏元件输出的正弦信号。于是产生了附加的几位低位有效数值。图中 19 位光电编码器的插值器产生 16 个正弦波信号。每两个正弦信号之间的相位差为 $\pi/8$,从而在 14 位编码器的最低有效数值间隔内插入了 32 个精确等分点,即相当于附加 5 位二进制数的输出,使编码器的分辨率从 $2~14$ 提高到 $2~19$,角位移小于 $3''$。

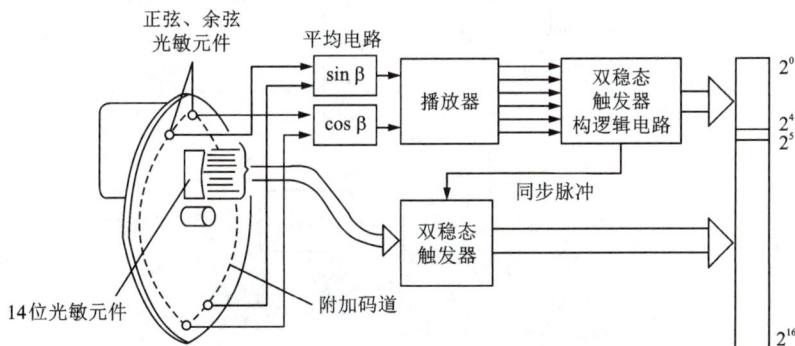

图 9-39　用插值法提高分辨率的光电式码盘编码器

(2)光电式脉冲盘式编码器。

光电式脉冲盘式编码器又称为增量编码器。增量编码器一般只有三个码道,它不能直接产生几位编码输出,故它不具有绝对编码盘码的含义,这是光电式脉冲盘式编码器与绝对编码器的不同之处。

①结构和工作原理。

增量编码器的圆盘上等角距地开有两道缝隙,内、外圈(A、B)的相邻两缝错开半条缝宽;另外在某一径向位置(一般在内、外两圈之外),开有一狭缝,表示码盘的零位。在它们相对的两侧面分别安装光源和光敏接收元件,如图 9-40 所示。当转动码盘时,光线经过透光和不透光的区域,每个码道将有一系列光电脉冲由光敏元件输出，码道上有多少缝隙，每转过一周就将有多少个相差 90°的两相(A、B 两路)脉冲和一个零位(C 相)脉冲输出。增量编码器的精度和分辨率与绝对编码器一样，主要取决于码盘本身的精度。

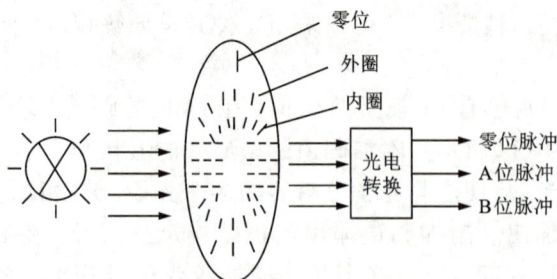

图 9-40　基于光电式脉冲盘式编码器的数字传感器

②旋转方向的判别。

为了辨别码盘旋转方向，可以采用如图 9-41 所示的电路，利用 A、B 两相脉冲来实现。

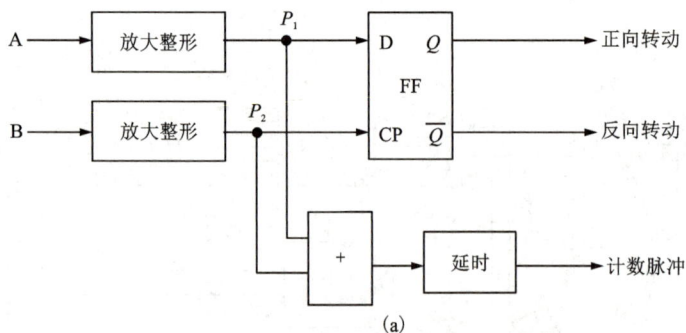

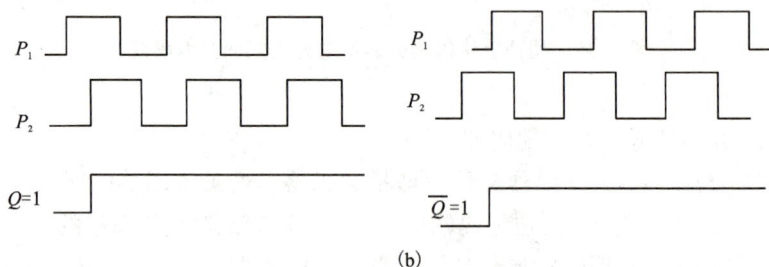

(a)

(b)

图 9-41　码盘辨向原理图

光电元件 A、B 输出信号经放大整形后，产生 P_1 和 P_2 脉冲。将它们分别接到 D 触发器的 D 端和 CP 端，由于 A、B 两相脉冲(P_1 和 P_2)相差 90°，D 触发器 FF 在 CP 脉冲(P_2)的上升沿触发。正转时 P_1 脉冲超前 P_2 脉冲，

FF 的 Q = "1" 表示正转；当反转时，P_2 超前 P_1 脉冲，FF 的 Q = "0" 表示反转。可以用 Q 控制可逆计数器是正向还是反向计数，即可将光电脉冲变成编码输出。C 相脉冲接至计数器的复位端，实现每码盘转动一圈复位一次计数器的目的。码盘无论是正转还是反转，计数器每次反映的都是相对于上次角度的增量，故这种测量称为增量法。除了光电式的增量编码器外，目前相继开发了光纤增量传感器和霍尔效应式增量传感器等，它们都得到了广泛的应用。

9.3.4 感应同步器

感应同步器是 20 世纪 60 年代末发展起来的一种高精度位移（直线位移、角位移）传感器，是利用两个平面绕组的电磁感应原理进行工作的一种较新颖而精密的检测元件。按其用途可分为两大类：①测量直线位移的线位移感应同步器；②测量角位移的圆盘感应同步器。

1）感应同步器的类型与结构

根据用途不同，感应同步器可分为两类：直线形感应同步器和圆盘形感应同步器。

（1）直线形感应同步器。

直线形感应同步器按其使用的精度、测量尺寸的范围和安装的条件不同，又可以设计制作成不同形状和种类的感应同步器。

①标准型。标准型感应同步器又叫标准型直线形感应同步器，由定尺与滑尺组成，两尺基板上都印有绕组。定尺绕组是由尺上配置连续型绕组；滑尺绕组由两组绕组（正弦和余弦绕组）构成。

②窄型。窄型直线形感应同步器结构与标准型感应同步器的结构基本相同，不同点是其窄一点，精度较低。

③带型。带型直线形感应同步器与标准型也基本相似，将绕组印刷在钢带上构成定尺，而滑尺像计算尺上的游标一样，可以跨在钢带上随溜板移动。

④三重型。三重型感应同步器其定、滑尺均由粗、中、细三套绕组所构成。

（2）圆盘形感应同步器。

圆盘形感应同步器又称为旋转型感应同步器。其把感应同步器做成两个具有相对运动的圆盘形状，其中固定的圆盘称为定子，而转动的圆盘叫作转子。

2）直线形感应同步器

直线形感应同步器是应用电磁感应定律把位移量转换成电量的传感器。它的基本结构是两个平面形的矩形线圈，它们相当于变压器的初、次级绕组，通过两个绕组间的互感量随位置变化来检测位移量。

（1）载流线圈所产生的磁场。

矩形载流线圈中通过直流电流 I 时的磁场分布如图 9-42 所示。

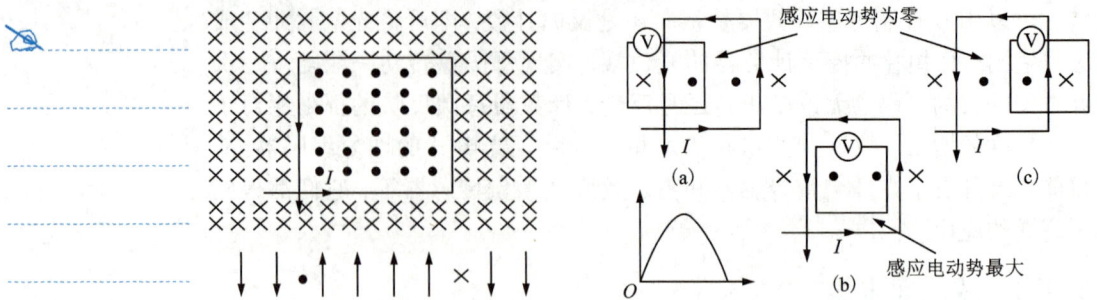

图9-42　载流线圈所产生的磁场

线圈内外的磁场方向相反。如果线圈中通过的电流为交流电流 i（$i = I\sin\omega t$），并使一个与该线圈平行的闭合的探测线圈贴近这个载流线圈从左至右（或从右至左）移过，在如图9-42（a）、图9-42（c）所示的情况下，通过闭合探测线圈的磁通量恒为零，所以在探测线圈内感应出来的电动势为零；在如图9-42（b）所示的情况下，通过闭合探测线圈的（交变）磁通量最大，所以在探测线圈内感应出来的交流电压也最大。

（2）直线形感应同步器的基本结构。

直线形感应同步器的绕组结构如图9-43所示。它由定尺和滑尺两部分组成。定尺和滑尺可利用印刷电路板的生产工艺，用覆铜板制成。

滑尺上有两个绕组，彼此相距 $\pi/2$ 或 $3\pi/4$。当定尺栅距为 W_2 时，滑尺上的两个绕组间的距离 L_1 应满足如下关系：$L_1 = (n/2 + 1/4)W_2$。$n = 0$ 时，相差 $\pi/2$；$n = 1$ 时，相差 $3\pi/4$；$n = 2$ 时，相差 $5\pi/4$。

（3）直线形感应同步器的工作原理。

根据电磁感应定律，当（滑尺绕组）励磁绕组被正弦电压励磁，将产生同频率的交变磁通，这个交变磁通与（定尺绕组）感应绕组耦合，在感应绕组上产生同频率的交变电动势。这个电动势的幅值除了与励磁频率、感应绕组耦合的导体组、耦合长度、励磁电流、两绕组间隙有关之外，还与两绕组的相对位置有关。

3）旋转型感应同步器

旋转型感应同步器由定子和转子两部分组成，它们呈圆片形，用直线形感应同步器的制造工艺制作两绕组，如图9-44所示。定子、转子分别相当于直线形感应同步器的主尺和滑尺。目前，旋转型感应同步器的直径一般有50 mm、76 mm、178 mm 和302 mm 等几种。径向导体数（极数）有360、720和1080几种。转子是绕转轴旋转的，通常采用导电环直接耦合输出，或者通过耦合变压器，将转子初级感应电势经气隙耦合到定子次级上输出。旋转型感应同步器在极数相同的情况下，同步器的直径越大，其精度越高。

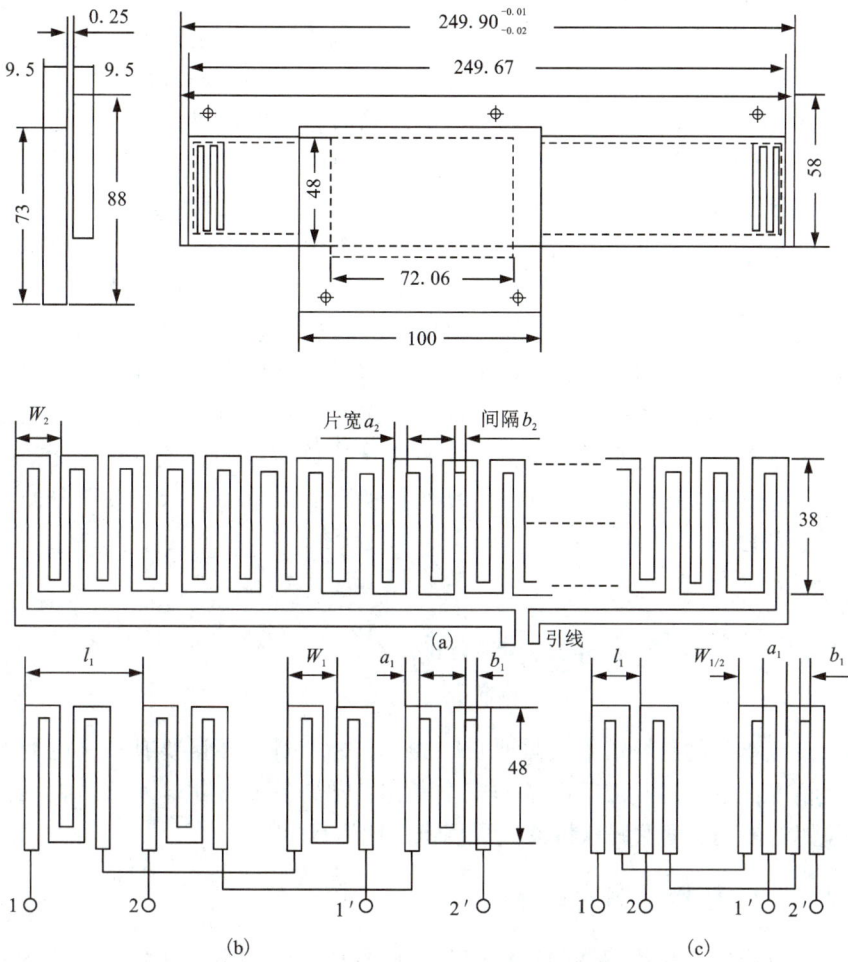

图 9-43 直线形感应同步器的结构和绕组结构

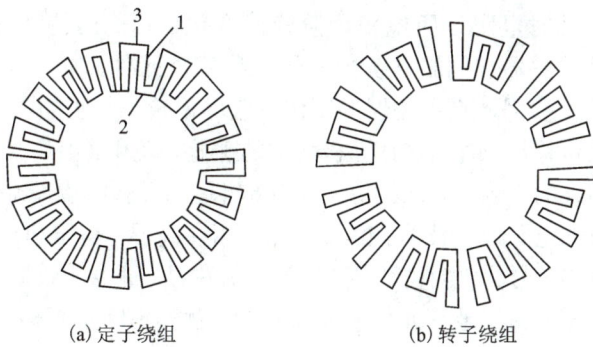

(a) 定子绕组　　　　(b) 转子绕组

1—有效导体；2—内端部；3—外端部。

图 9-44 旋转型感应同步器

4) 信号处理方式

对于由感应同步器组成的检测系统，可以采取不同的励磁方式，并对输出信号采取不同的处理方式。根据励磁方式可分为：滑尺励磁，由定尺输出感应电动势信号；定尺励磁，由滑尺输出感应电动势信号。根据对输出感应电动势信号的处理方式不同，可把感应同步器的检测系统分成相位工作状态和幅值工作状态，它们的特征是用输出感应电动势的相位和幅值来进行处理。鉴相处理又叫相位处理，是根据输出感应电动势的相位来鉴别感应同步器定、滑尺间相对位移量的方法。鉴幅处理可根据感应电动势的幅值来鉴别位移。采用同频率、同相位、不同幅值的交流电压，对感应同步器滑尺两相绕组进行励磁，就可以根据定尺绕组输出感应电动势的幅值来鉴别定、滑尺间的相对位移值，这就叫作感应同步器输出信号的鉴幅处理。闭环系统是通过反馈补偿运动来使机床准确定位的系统。它还能消除开环系统中由步进电动机失步、传动丝杆螺距的误差和机床有关部分间隙等所造成的误差。

9.4 位移传感器选型与维护

设定本节的码垛机器人需要长时间不停机工作，并且要有较高的码垛重复精度，并且为了工厂设备的安全考虑，要具备突然断电复位后精准控制位置的能力，确保码垛机器人可靠稳定地运行。

9.4.1 位移传感器对比分析

电位器式位移传感器的位移引起电位器移动端的电阻变化。阻值的变化量反映了位移的量值，阻值是增加还是减小则表明了位移的方向。通常在电位器上通以电源电压，以把电阻变化转换为电压输出。线绕式电位器由于其电刷移动时电阻以匝电阻为阶梯而变化，其输出特性亦呈阶梯形。如果这种位移传感器在伺服系统中用作位移反馈元件，则过大的阶跃电压会引起系统振荡。因此在电位器的制作中应尽量减小每匝的电阻值。

电位器式位移传感器可应用在极恶劣的工业环境中，不易受油渍、溶液、尘埃或其他污染的影响，IP 防护等级在 IP67 以上。此外，传感器采用了高科技材料和先进的电子处理技术，因而它能应用在高温、高压和高振荡的环境中。传感器输出信号为绝对位移值，即使电源中断、重接，数据也不会丢失，更无须重新归零。由于敏感元件是非接触的，就算不断重复检测，也不会对传感器造成任何磨损，可大大提高检测的可靠性和延长使用寿命。

优点：便宜，结构简单，输出精度较高，线性和稳定性好，滞后、蠕变小。

缺点：外界环境变化较大时对传感器影响大，如温度等影响较大，分辨率不高。

激光位移传感器是一种非接触式的精密激光测量装置，它是根据激光三角测量法或激光回波分析法的原理来设计制造的，具有直线度好的优良特性，相对于我们已知的超声波传感器有更高的精度。激光位移传感器的优点：因为激光的直线性能非常好，在平整的地方测量一个东西是否发生位移，是需要非常高的精确性的，激光位移传感器具有适应性强、速度快、精度高等特点，适用于检测各种回转体、箱体零件的尺寸和形位误差；还可以与快速的反馈跟踪系统配合使用，能够快速测出表面的形状轮廓，但存在成本比较高的问题，而且激光的产生装置相对比较复杂且体积较大，因此对激光位移传感器的应用范围要求较苛刻。

光栅位移传感器是指采用光栅莫尔条纹原理测量位移的传感器。光栅是在一块长条形的光学玻璃上密集等间距平行的刻线，刻线密度为 10 ~ 100 线/mm。由于光栅形成的莫尔条纹具有光学放大作用和误差平均效应，因此能提高测量精度。

传感器由标尺光栅、指示光栅、光路系统和测量系统四部分组成。当标尺光栅相对于指示光栅移动时，便形成大致按正弦规律分布的明暗相间的莫尔条纹。这些条纹以光栅的相对运动速度移动，并直接照射到光敏元件上，在它们的输出端得到一串电脉冲，通过放大、整形、辨向和计数系统产生数字信号输出，直接显示被测的位移量。

传感器的光路形式有两种：一种是透射光栅，它的栅线刻在透明材料（如工业用白玻璃、光学玻璃等）上；另一种是反射光栅，它的栅线刻在具有强反射的金属（不锈钢）或玻璃镀金属膜（铝膜）上。这种传感器的优点是量程大和精度高。光栅式传感器应用在程控、数控机床和三坐标测量机构中，可测量静、动态的直线位移和整圆角位移；在机械振动测量、变形测量等领域也有应用。

优点：检测范围大，检测精度高，响应速度快。

缺点：接触式测量，测量速度一般在 1.5 m/s 以内，只能用于静态测量。

9.4.2　位移传感器的选型

光栅数显测量系统是一种能自动检测和自动显示的光机电一体化产品，是改造旧机床、装备新机床以及各种长度计量仪器的重要配套件，是用微电子技术改造传统工业的方向之一。光栅数显测量系统由于具有精度高、安装及操作容易、价格低、回收投资快等优点而被大量使用。

9.4.3　光栅位移传感器的检修与维护

1. 光栅位移传感器常见故障与检测

1）接电源后数显表无显示

（1）检查电源线是否断线，插头接触是否良好。

（2）数显表电源保险丝是否熔断。

（3）供电电压是否符合要求。

2）数显表不计数

（1）将传感器插头换至另一台数显表。若传感器能正常工作，说明原数显表有问题。

（2）检查传感器电缆有无断线、破损。

3）数显表间断计数

（1）检查光栅尺安装是否正确，光栅尺所有固定螺钉是否松动，光栅尺是否被污染。

（2）检查插头与插座是否接触良好。

（3）光栅尺移动时是否与其他部件刮碰、摩擦。

（4）检查机床导轨运动副精度是否过低，造成光栅工作间隙变化。

4）数显表显示报警

（1）没有接光栅传感器。

（2）光栅传感器移动速度过快。

（3）光栅尺被污染。

5）光栅传感器移动后只有末位显示器闪烁

（1）A 或 B 相无信号或不正常，只有一相信号。

（2）有一路信号线不通。

（3）光敏三极管损坏。

6）移动光栅传感器只有一个方向计数，而另一个方向不计数（即单方向计数）

（1）光栅传感器 A、B 信号输出短路。

（2）光栅传感器 A、B 信号移相不正确。

（3）数显表有故障。

7）读数头移动发出吱吱声或移动困难

（1）密封胶条有裂口。

（2）指示光栅脱落，标尺光栅严重接触摩擦。

（3）下滑体滚珠脱落。

（4）上滑体严重变形。

8）新光栅传感器安装后，其显示值不准

（1）安装基面不符合要求。

（2）光栅尺尺体和读数头安装不符合要求。

（3）严重碰撞使光栅副位置变化。

2. 光栅传感器故障预防

结合上述光栅位移传感器的故障检测，在使用光栅位移传感器时，应注意以下几点：

（1）光栅传感器与数显表插头座插拔时应先关闭电源。

（2）尽可能外加保护罩，并及时清理溅落在尺上的切屑和油液，严格防止任何异物进入光栅传感器壳体内部。

（3）定期检查各安装连接螺钉是否松动。

（4）为延长防尘密封条的寿命，可在密封条上均匀涂上一薄层硅油，注意勿溅落在玻璃光栅刻划面上。

（5）为保证光栅传感器使用的可靠性，可每隔一定时间用乙醇混合液（各 50%）清洗擦拭光栅尺面及指示光栅面，保持玻璃光栅尺面清洁。

（6）光栅传感器严禁剧烈震动及摔打，以免破坏光栅尺，如光栅尺断裂，光栅传感器即失效。

（7）不要自行拆开光栅传感器，更不能任意改动主栅尺与副栅尺的相对间距，否则一方面可能破坏光栅传感器的精度；另一方面还可能造成主栅尺与副栅尺的相对摩擦，损坏铬层也就损坏了栅线，从而造成光栅尺报废。

（8）应注意防止油污及水污染光栅尺面，以免破坏光栅尺线条纹分布，引起测量误差。

（9）光栅传感器应尽量避免在有严重腐蚀作用的环境中工作，以免腐蚀光栅铬层及光栅尺表面，破坏光栅尺质量。

思政园地

光纤通信是华人科学家高锟博士的伟大发明，2009 年获得诺贝尔物理学奖。高锟的发明改变了世界，使得全球信息化的脚步越发提速，为信息高速公路奠定了基石。中华民族未来一定会为人类社会的发展做出更大的贡献。

高锟一生最大的成就莫过于发明光纤通信，他也因此有"光纤之父"之称，享誉全球。高锟在 20 世纪 60 年代就提出光纤理论，但初时不获认同，更被批评"痴人说梦"。然而，他并没有放弃，经过不懈地研究，终于获得世人拜服的成就。

（1）光纤理论起初不获认同。高锟 1933 年出生于江苏省金山县（今上海市金山区）。1966 年，高锟在国际电话电报公司任职期间，开始研究利用玻璃纤维传送信号，发表了题为《光频率介质纤维表面波导》的论文，提出利用石英基玻璃纤维，可进行长距离及大容量的信息传送。由于材料纯度的原因，信号衰减很大，大家都觉得这个设想无法实现。但高锟没有放弃，坚信自己的理论研究，到处寻找没有杂质的玻璃。他跑遍了世界各地的研究室及玻璃工厂，试图找到突破。最终，康宁公司第一次生产出玻璃预制棒，并发明了使玻璃光纤合乎规格的技术。1981 年，第一代光纤系统终于面世，这也促成了互联网的发展。试想一下，如果高锟当年因为众人的嘲笑而退缩了，认为玻璃不可能发挥这样的效果，我们也许不会迎来这样一个光纤时代。科学的道路充满未知和艰辛，但这是一项伟大的事业，因为它能改变世界。

（2）迟到的诺贝尔物理学奖。退休后，高锟生活较为低调。2003年，由于反应迟缓，高锟在朋友的建议下到医院检查；2004年初，被证实患上早期阿尔茨海默病，其后生活大受影响，表达能力也开始下降，需要妻子在旁照顾。由于科学领域的诺贝尔奖，理论获得确认需要较长时间，即使有杰出成就，往往也要在数十年后才能得奖，高锟也不例外。2009年，离高锟首次提出光纤通信已四十多年，高锟终于获得诺贝尔物理学奖，诺贝尔委员会赞扬了他在光学通信领域的开拓性成就。高锟研究光通信，从来不是为了名和利，那时他常说的一句话是"我们现在做的是非常振奋人心的事情，有一天它会震惊全世界"。

（3）为世界贡献中国智慧。高锟教授是中国人的骄傲。高锟教授是开发和应用光纤技术的先驱，为现代通信科技带来革命性的变化，为中国乃至全球人类做出了巨大贡献。高锟教授对香港的科研发展亦高瞻远瞩，力促成立香港科学园，为香港今日的创科发展奠定稳固基础。作为香港中文大学第三任校长，他任内积极推动大学整体发展，建立稳固基础，为有才之士开拓发展空间。中华民族是智慧的民族，未来的中国一定会涌现出更多像高锟、杨振宁、屠呦呦这样的科学家，为人类贡献中国智慧。

无论是大到国家的宽带计划，还是小至街头巷尾常说的光纤到楼、光纤到户，现代的信息科技已经和光通信难解难分。如果没有光通信，我们将无法享受上网看电影的乐趣，也无法享受3G、4G，以及已到来的5G移动通信的各种福利，中华民族未来一定会为人类社会的发展贡献更大的智慧。

思考与练习

1. 简述码垛机器人位移要求。
2. 简述位移传感器常见类型与适用领域。
3. 简述位移传感器选用原则。

项目 10　机器视觉

项目描述

机器视觉技术，是一门涉及人工智能、神经生物学、心理物理学、计算机科学、图像处理、模式识别等诸多领域的交叉学科。机器视觉主要用计算机来模拟人的视觉功能，从客观事物的图像中提取信息，进行处理并加以理解，最终用于实际检测、测量和控制。机器视觉技术最大的特点是速度快、信息量大、功能多。

本项目通过机器视觉介绍、机器视觉的组成、图像传感器、图像传感器的选型、图像传感器的检修与维护等知识与技能操作来了解机器人喷涂技术。

通过本项目的学习，让学生了解和掌握机器视觉技术，了解国内外该技术发展现状，培养其较强的求知欲和创新思维。

学习目标

◆ **知识目标**

  1. 了解机器视觉基本组成；

  2. 了解常见图像传感器的分类；

  3. 了解常见图像传感器基本工作原理。

◆ **能力目标**

  1. 能进行图像传感器选型；

  2. 能进行机器视觉的搭建；

  3. 能对机器视觉常见故障进行维护。

◆ **素质目标**

  1. 具备较强的求知欲，善于使用所学技术解决生产实际问题；

  2. 具备实事求是的科学态度，乐于通过实践检验、判断各种技术问题。

◆ **思政目标**

  1. 具备从外在表现到内在本质的认知思维；

  2. 认识到实践的需求推动认知的发展；

  3. 具备积极、正确的科学观和锐意进取创新的精神。

知识图谱

```
                        ┌─────────────────┐
                    ┌───│   了解机器视觉    │
                    │   └─────────────────┘
                    │                            ┌─ 机器视觉光源
                    │   ┌─────────────────┐      ├─ 工业镜头
              ┌─────┤───│  机器视觉的组成   │──────┼─ 工业相机
              │     │   └─────────────────┘      ├─ 图像采集卡
         机   │     │                            └─ 机器视觉软件
         器   │     │   ┌─────────────────┐      ┌─ CCD图像传感器
         视   │─────┤───│   图像传感器     │──────┤
         觉   │     │   └─────────────────┘      └─ CMOS图像传感器
              │     │   ┌─────────────────┐      ┌─ 图像传感器的选型
              └─────┴───│ 图像传感器选型与维护│─────┤
                        └─────────────────┘      └─ 图像传感器的检修与维护
```

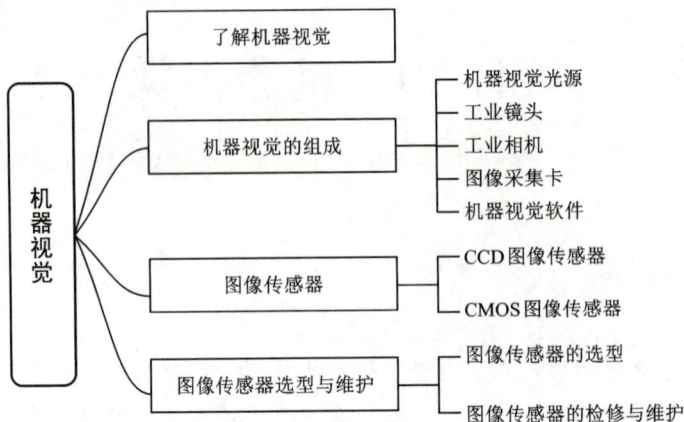

10.1 了解机器视觉

　　机器视觉是人工智能正在快速发展的一个分支。简单说来，机器视觉就是用机器代替人眼来做测量和判断。机器视觉系统是通过机器视觉产品（即图像摄取装置，分为 CMOS 和 CCD 两种）将被摄目标转换成图像信号，传送给专用的图像处理系统，得到被摄目标的形态信息，根据像素分布和亮度、颜色等信息，转换成数字信号。图像系统对这些信号进行各种运算来抽取目标的特征，进而根据判别的结果来控制现场设备的动作。

　　计算机视觉在工业中的应用可细分为两大类：视觉检测和视觉控制机器人导航。视觉检测包括对一幅图像或子图像与预定义标准进行比较。视觉检测技术已经应用到汽车、木材、织物、玻璃和金属处理等工业中的产品检测中。机器人导航包含道路规划、避免碰撞、自适应位置控制和机器人相对特定目标在三维空间中精确定位。它们的应用包括机械产品或印刷电路板的装配、装载或卸载机械装置、自适应控制喷涂料和焊接控制等。据统计，视觉检测已经成为工业计算机视觉应用的基本领域，具有代表性的是机器人导航和控制系统。

10.2 机器视觉的组成

　　机器视觉系统主要分为三部分：机器、视觉和系统。机器负责机械的运动和控制；视觉通过光源、工业镜头、工业相机、图像采集卡等来实现；系统主要是指软件，也可理解为整套的机器视觉设备。相机与视觉系统的基本构成如图 10-1 所示。

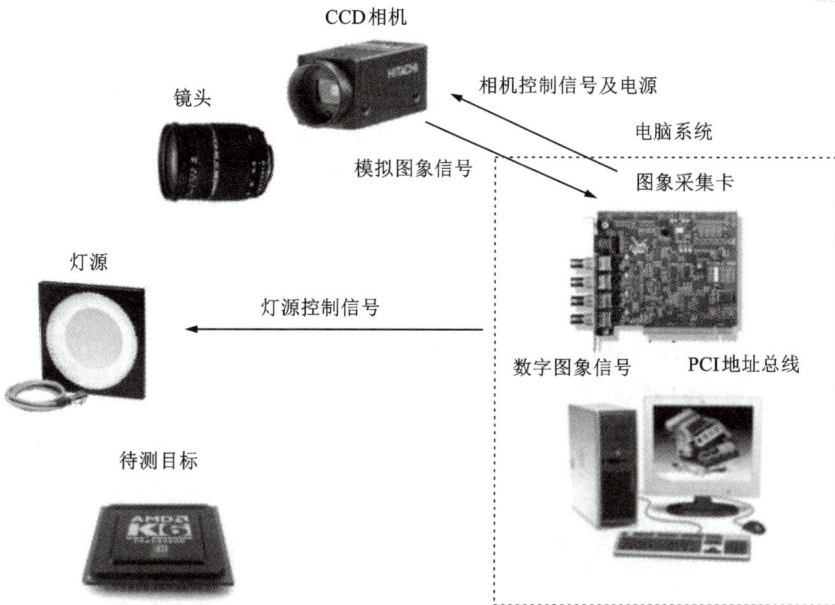

图 10-1　相机与视觉系统的基本构成

10.2.1　机器视觉光源

　　光源作为机器视觉系统输入的重要部件，它直接影响输入数据的质量和应用效果。由于没有通用的机器视觉光源设备，所以针对每个特定的应用实例，要选择相应的视觉光源，以达到最佳效果。常见的光源有：LED 环形光源、低角度光源、背光源、条形光源、同轴光源、冷光源、点光源、线型光源、平行光源等。

10.2.2　工业镜头

　　镜头在机器视觉系统中主要负责光束调制，并完成信号传递。镜头类型包括标准、远心、广角、近摄和远摄等，一般根据相机接口、拍摄物距、拍摄范围、CCD 尺寸、畸变允许范围、放大率、焦距和光圈等进行选择。

10.2.3　工业相机

　　工业相机在机器视觉系统中最本质功能就是将光信号转变为电信号，与普通相机相比，它具有更高的传输力、抗干扰力以及稳定的成像能力。按照不同标准可有多种分类：按输出信号方式，可分为模拟工业相机和数字工业相机；按芯片类型不同，可分为 CCD 工业相机和 CMOS 工业相机，这种分类方式最为常见。

10.2.4   图像采集卡

图像采集卡虽然只是完整机器视觉系统的一个部件，但它同样非常重要，直接决定了摄像头的接口：黑白、彩色、模拟、数字等。比较典型的有PCI采集卡、1394采集卡、VGA采集卡和GigE千兆网采集卡。这些采集卡中有的内置多路开关，可以连接多个摄像机，同时抓拍多路信息。

10.2.5   机器视觉软件

机器视觉软件是机器视觉系统中自动化处理的关键部件，根据具体应用需求，对软件包进行二次开发，可自动完成图像采集、显示、存储和处理的任务。在选购机器视觉软件时，一定要注意开发硬件环境、开发操作系统、开发语言等，确保软件运行稳定，方便二次开发。

10.3   图像传感器

10.3.1   CCD图像传感器

CCD(电荷耦合器件charge couple device)是一种金属氧化物半导体(MOS)集成电路器件。它以电荷作为信号，基本功能是进行电荷的存储和电荷的转移。CCD图像传感器由CCD电荷耦合器件制成，是固态图像传感器的一种，是贝尔实验室的W. S. Boyle和G. E. Smith于1970年发明的新型半导体传感器。它是在MOS集成电路基础上发展起来的，能进行图像信息光电转换、存储、延时和按顺序传送。它的集成度高、功耗小、结构简单、耐冲击、寿命长、性能稳定，因而被广泛应用。CCD自问世以来，由于其独特的性能而发展迅速，广泛应用于自动控制和自动测量，尤其适用于图像识别技术。

1. 电荷耦合器件

CCD电荷耦合器件是按一定规律排列的MOS(金属氧化物半导体)电容器组成的阵列，其构造如图10-2所示。在P型或N型硅衬底上生长一层很薄(约1200 A)的二氧化硅，再在二氧化硅薄层上依次沉积金属或掺杂多晶硅形成电极，称为栅极。该栅极和P型或N型硅衬底形成规则的MOS电容器阵列，再加上两端的输入及输出二极管就构成了CCD电荷耦合器件芯片。

每一个MOS电容器实际上就是一个光敏元件。当光照射到MOS电容器的P型硅衬底上时，会产生电子空穴对(光生电荷)，电子被栅极吸引并存储在陷阱中。入射光强，则光生电荷多；入射光弱，则光生电荷少。无光照的MOS电容器则无光生电荷。

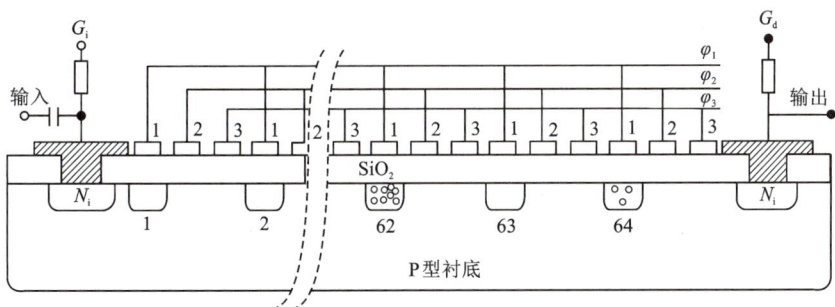

图 10-2　CCD 电荷耦合器件

　　若停止光照，由于陷阱的作用，电荷在一定时间内不会消失，可实现对光照的记忆。MOS 电容器可以被设计成线阵或面阵。一维线阵接收一条光线的照射。二维的面阵接收一个平面的光线照射。CCD 摄像机、照相机使用的是二维面阵，其光电转换如图 10-3 所示。

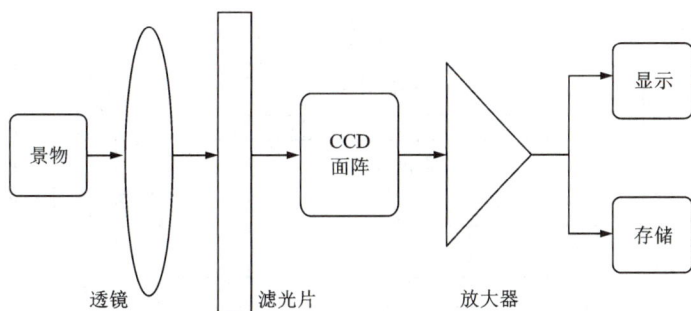

图 10-3　面阵 MOS 电容器的光电转换

　　CCD 电荷耦合器件的集成度很高，在一块硅片上紧密排列了许多 MOS 电容器和光敏元件。线阵的光敏元件数目从 256 个到 4096 个或更多。面阵的光敏元件数目可以是（500×500）个（25 万个），甚至（2048×2048）个（约 400 万个）以上，现在已出现光敏元件为 800 万以上的线阵。在 CCD 芯片上同时集成有扫描电路，它们能在外加时钟脉冲的控制下，产生三相时序脉冲信号，由左到右、由上到下，将存储在整个面阵光敏元件下面的电荷逐位、逐行快速地以串行模拟脉冲信号输出。

2. CCD 图像传感器

　　MOS 电容器实质上是一种光敏元件与移位寄存器合而为一的结构，称为光积蓄式结构，这种结构最简单，但因其光生电荷的积蓄时间比转移时间长得多，所以再生图像往往产生"拖尾"，图像容易模糊不清。另外，直接采用 MOS 电容器感光虽然有不少优点，但它对蓝光的透过率差，灵敏度低，现在更多地在 CCD 图像传感器上使用光敏元件与移位寄存器分离式的结构。

这种结构采用光敏二极管阵列作为感光元件，光敏二极管在受到光照时，便产生相应于入射光量的电荷。再经过电注入法将这些电荷引入 CCD 电容器阵列的陷阱中，便成为用光敏二极管感光的 CCD 图像传感器。它的灵敏度极高，在低照度下也能获得清晰的图像，在强光下也不会灼伤感光面。CCD 电容器阵列在这里只起移位寄存器的作用。图 10-4 给出了分离式的 2048 位 MOS 电容器线阵 CCD 电荷耦合器件示意图。图中移位寄存器被分别配置在光敏元件线阵的两侧，奇、偶数位的光敏元件分别与两侧移位寄存器的相应小单元对应。这种结构为双读式结构，它与长度相同的分离式结构相比较，可以获得两倍的分辨率。因为 CCD 移位寄存器的级数仅为光敏单元数的一半，可以使 CCD 特有的电荷转移损失大大减少，较好地解决了因转移损失造成的分辨率降低的问题。面阵固态图像传感器由双读式结构线阵构成，它有多种类型，常见的有行转移(LT)、帧转移(FT)和行间转移(ILT)方式。

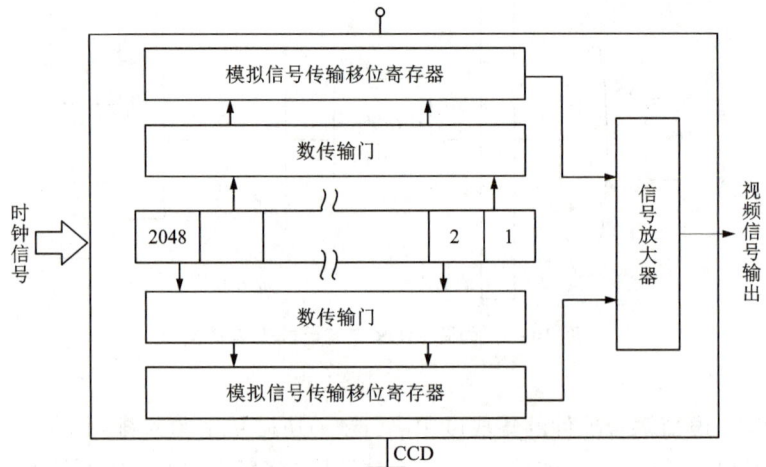

图 10-4　线阵 CCD 内部框图

3. CCD 图像传感器的应用

CCD 电荷耦合器件单位面积光敏元件位数很多，一个光敏元件形成一个像素，成像分辨率高、信噪比大、动态范围大，可以在微光下工作。彩色图像传感器采用三个光敏二极管组成一个像素的方法，被测景物的图像的每一个光点由彩色矩阵滤光片分解为红、绿、蓝三个光点，分别照射到每一个像素的三个光敏二极管上，各自产生的光生电荷分别代表该像素红、绿、蓝三个光点的亮度，经输出和传输后，可在显示器上重新组合，显示出每一个像素的原始色彩。

（1）固态图像传感器特点。

固态图像传感器输出信号具有如下特点：①与光像位置对应的时间先后性，即能输出时间序列信号；②串行的各个脉冲可以表示不同信号，即能输出模拟信号；③能够精确反映焦点面信息，即能输出焦点面信号。

（2）固态图像传感器的用途。

将不同的光源或光学透镜、光导纤维、滤光片及反射镜等光学元件灵活地与固态图像传感器的三个特点组合，可以获得固态图像传感器的各种用途。①组成测试仪器可测量物位、尺寸、工件损伤等；②作为光学信息处理装置的输入环节，如用于传真技术、光学文字识别技术以及图像识别技术、传真、摄像等方面；③作为自动流水线装置中的敏感器件，如可用于机床、自动售货机、自动搬运车以及自动监视装置等方面；④作为机器人的视觉，监控机器人的运行。

10.3.2　CMOS 图像传感器

CMOS 图像传感器（CIS）是由按一定规律排列的互补型金属氧化物半导体场效应管（MOSFET）组成的阵列。

1. CMOS 光电转换器件

光电转换器件以 E 型 NMOS 场效应管 V_1 作为共源放大管，以 E 型 PMOS 场效应管 V_2、V_3 构成的镜像电流源作为有源负载，就构成了 CMOS 型放大器，如图 10-5 所示。可见，CMOS 型放大器是由 NMOS 场效应管和 PMOS 场效应管组合而成的互补放大电路，CMOS 称为互补型金属氧化物半导体。

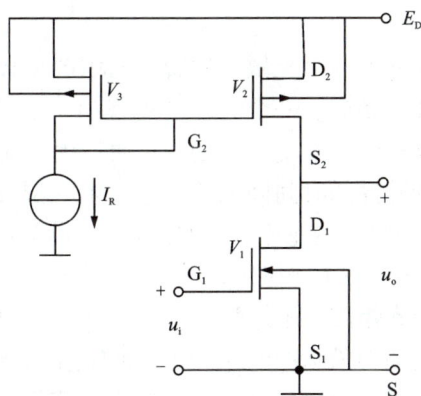

图 10-5　CMOS 型放大器

CMOS 光电转换器件原理如图 10-6 所示。与 CMOS 型放大器源极相连的 P 型半导体衬底充当光电转换器的感光部分。当 CMOS 型放大器的栅源电压 $u_{GS} = 0$ 时，CMOS 型放大器处于关闭状态，即 $i_D = 0$。CMOS 型放大器的

P 型衬底受光信号照射产生并积蓄光生电荷，可见 CMOS 光电转换器件同样有存储电荷的功能。当积蓄过程结束，在栅源之间加上开启电压时，源极通过漏极负载电阻对外接电容充电形成电流，即为光信号转换为电信号的输出。

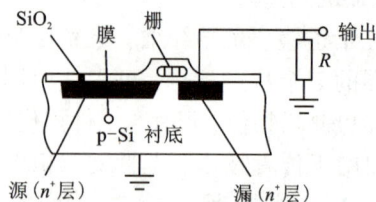

图 10-6　CMOS 光电转换器件原理

2. CMOS 图像传感器

利用 CMOS 光电转换器件可以做成 CMOS 图像传感器。由 CMOS 衬底直接受光信号照射产生并积蓄光生电荷的方式不常采用。现在，更多地在 CMOS 图像传感器上使用的是光敏元件与 CMOS 型放大器分离式的结构。CMOS 线型图像传感器结构如图 10-7 所示。

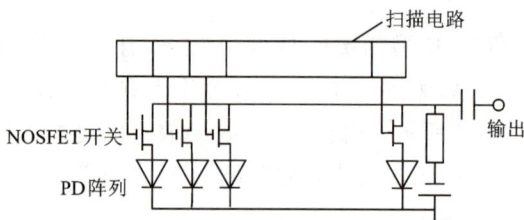

图 10-7　CMOS 线型图像传感器构成

CMOS 线型图像传感器由光敏二极管和 CMOS 型放大器阵列以及扫描电路集成在一块芯片上制成。一个光敏二极管和一个 CMOS 型放大器组成一个像素。光敏二极管阵列在受到光照时，便产生相应于入射光强度的电荷。扫描电路以时钟脉冲的时间间隔轮流给 CMOS 型放大器阵列的各个栅极加上电压，CMOS 型放大器轮流进入放大状态，将光敏二极管阵列产生的光生电荷放大输出。CMOS 面型图像传感器则是由光敏二极管和 CMOS 型放大器组成的二维像素矩阵，并分别设有 X-Y 水平与垂直扫描电路。水平与垂直扫描电路发出的扫描脉冲电压，由左到右、由上到下，分别使各个像素的 CMOS 型放大器处于放大状态。二维像素矩阵面上各个像素的光敏二极管光生和积蓄的电荷依次放大输出。

3. CMOS 图像传感器的应用

CMOS 图像传感器与 CCD 图像传感器一样，可用于自动控制、自动测量、摄影摄像、图像识别等领域。CMOS 相比 CCD 最主要的优势是省电。

CMOS 的耗电量只有普通 CCD 的 1/3 左右。CMOS 图像传感器用于数码相机，有助于改善人们心目中数码相机是"电老虎"的不良印象。CMOS 存在的主要问题为：在处理快速变化的影像时，由于电流变化过于频繁而过热，暗电流抑制得好就问题不大，如果抑制得不好就十分容易出现杂点。目前 CMOS 图像传感器基本都是应用在简易型数码相机上，如 VIVITAR 公司的 VIVICAM2655 使用的是一块 1/3 英寸 CMOS 芯片，有效分辨率为 640× 480；Mustek 设计制造的 GSmart350 是一款使用 CMOS 为感光元件的数码相机，最大分辨率为 640×480，适用于入门者或单纯的网页设计应用，它非常省电，使用 3 个 1.5 V 的 AA 电池，可以持续拍摄 1000 张左右的相片。随着技术的发展，高像素的 CMOS 图像传感器已开始商业应用。

10.4　图像传感器选型与维护

10.4.1　图像传感器的选型

在机器视觉系统实际应用过程中，选用相机时应考虑以下几个方面。

1. 精度要求与相机分辨率

当我们面对一个新的项目，首先要考虑选用什么样的相机。而在考虑选用哪一款相机时，则要先考虑相机的分辨率，这是因为相机的分辨率会直接影响整个视觉系统的计算精度。而衡量系统精度的标准，就是我们常常听到的像素值——CCD 芯片上像素所对应的实际长度。

像素值的计算公式如下：

像素值(X 方向) = 视野范围(X 方向)÷CCD 芯片像素数量(X 方向)

像素值(Y 方向) = 视野范围(Y 方向)÷CCD 芯片像素数量(Y 方向)

该像素值越小，系统的计算精度就越高。

那么，对于一个有具体精度要求的项目，该如何确定相机的分辨率？计算相机分辨率的公式如下：

分辨率(X 方向) = 视野范围(X 方向)÷理论像素值(X 方向)

分辨率(Y 方向) = 视野范围(Y 方向)÷理论像素值(Y 方向)

理论像素值指的是，根据项目精度的要求，通过推算得出的像素值在理论上应该达到的数值。即像素值只有达到这一数值，才能确保系统的计算精度符合要求。

为了让大家容易理解，我们以一个实际项目为例。现在有客户要用我们的视觉系统测量某一种工件上小孔的间距，该工件大小为 50 mm×40 mm，测量精度要求达到 0.1 mm。由以上条件，我们可以将 0.1 mm 假定为理论像素值(有关理论像素值的推算，另行讨论)。也就是说，只要像素值能达到 0.1 mm，我们就可以肯定这个项目在测量精度方面能够满足客户的要求。根据上面计算相机分辨率的公式：

50（X方向视野范围）÷0.1（X方向理论像素值）＝500（X方向分辨率）

40（Y方向视野范围）÷0.1（Y方向理论像素值）＝400（Y方向分辨率）

通过上面的计算我们知道，只要相机的分辨率高于500×400，就是适合此项目的相机。

2. 速度要求与相机成像速度及快门速度

除了精度要求外，速度上的要求也是我们常常要面对的问题之一。系统速度的快慢取决于整个视觉系统运行时间，包括两部分：成像时间、运算时间。成像时间，指从系统收到外来触发信号起，到图像到达计算机内存为止的时间；运算时间，指从图像到达计算机内存起，到系统输出运算结果为止的时间。

通过前面的讨论，我们已经知道，标准 CCD 相机以一个固定的速度在不间断地拍照。CCIR 格式的相机中，CCD 芯片的成像时间大约需要 40 ms。也就是说，系统至少要等 40 ms（等待相机的扫描指针回到 CCD 的起始点），才能对系统所需的图像进行"拍照"。因此，如果普通标准相机的成像时间不能达到系统速度要求，就要考虑选用具有"异步拍照"功能的相机，以随时终止当前扫描，并将指针重置到 CCD 起始位置。

使用"板卡触发"功能及"异步拍照"功能除了可以缩短成像时间外，还可以提高相机的快门速度，即缩短 CCD 芯片图像获取的时间。一般相机快门速度的缺省值为自动模式，如有特殊需要，可在相机里手动设置快门速度，最高可达万分之一秒；不过，在提高快门速度的同时，相应地要增强光源的亮度。

3. 其他要求

动态目标拍照：在某些情况下，被测目标不允许"停"下来，一动不动地给系统拍照，所以不得不采用动态拍照（on the fly）。在动态状态下拍照，应选用逐行扫描相机。

色彩检测：某些项目需要辨别不同颜色，自然要选用彩色相机。

超大目标拍照：有些项目中的被测目标非常大，同时又有一定精度的要求，这种情况下，建议使用线扫描相机。

4. 与视觉板卡相匹配问题

在为系统选用相机的时候，考虑过上面谈过的所有因素之后，最后要考虑的一个问题即选用的相机是否与现有的视觉板卡匹配。相机与视觉板卡是否匹配，通常要考虑以下几个方面：

（1）不同视频信号的匹配：不同相机，其输出的视频信号都是固定制式，如 CCIR、RS170 等。某些板卡只能支持一种或几种制式。不过，目前市场上常见的视觉板卡，基本上都可以支持所有制式的视频信号，即全制式。

（2）不同分辨率的匹配：普通标准相机，所采用的 CCD 芯片是标准格式，即长宽比为 4∶3；分辨率为 768×576（CCIR），640×480（RS170）。因此，有些视觉板卡不能支持非标准格式的高分辨率 CCD，如 1 K×1 K、1300×1300 等。

（3）特殊功能的匹配：并不是每个板卡都功能齐全。如：要使用相机的"异步拍照"功能，就要先确定所用的板卡是否有"板卡触发"功能。

（4）特殊相机的匹配：由于不同相机输出的信号格式不同，因此不是每张板卡都可以支持逐行扫描相机、彩色相机、线扫描相机。

10.4.2　图像传感器的检修与维护

1. 图像传感器的检修

工业相机维修原因一：DEMO 运转不出现图像。这个故障就是无显示的故障，一般这个时候要查看一下镜头光圈：将镜头拧下查看是否存在感光效应，如不感光，需要适当调整一下驱动器；看驱动器是否正确安装，保证相机正常运转；进一步观察演示是否开启连续采集模式；找到故障之后，按照说明书关于外出发设置，进行维修。

工业相机维修原因二：图像不全。图像不全首先要考虑有没有把相机分辨率调到尽量大；将 DEMO 显示比例调整为显示区域，再观察是否正常；若现场拍摄的物体大小不适宜拍摄全部，可以通过变倍率来调节或者通过移动自己来调节显示图像的大小，有时分辨率的调整不畅也会使相机出现故障。

工业相机维修原因三：拍摄图片暗。图像较暗可能与现场的光线有密切的关系，比如说拍摄图片暗有时是拍摄现场亮度的原因，有时是相机曝光时间太短，这种情况下要看哪一种因素比较好解决，以改善图片暗的问题；相机的曝光度与时间成正比，曝光时间越长，曝光度越大，所以在调节曝光度时也要根据实际情况来把握好曝光时间。

工业相机维修原因四：噪点多、拍摄不清晰。这个不属于常识性故障，可以打开说明书来寻找如何设置，一般说明书都会建议设置增益，增益和噪点与清晰度是成反比的，增益越小、噪点越小，相片的清晰度就会越高，我们根据拍摄现场情况调节即可。

工业相机维修原因五：拍摄或者显示的动物体有"拖影"，这样的情况是之前两种情况的结合，需要手动调节曝光的时间和设置增益，调到尽可能小，如果还是不行，就需要手动补光，打开发光二极管来进行人工补光。

2. 图像传感器的维护

工业相机是一种非常精密的产品，相比一般相机，其造价要昂贵许多。同样的，工业相机使用久了也会出现脏污、灰尘，对相机的性能和寿命都会有所影响。因此，需要定期对工业相机进行清洗和保养，以延长其使用寿命。清洗工业相机也是有要求的，不适当的清洗会损坏基层或镜头上磨光的表面和专用覆盖物，玻璃或覆盖物表面的损坏会降低所有应用的性能。所以，要选择合适的工业相机护理方法和清洗程序。

（1）不要用手指触摸镜头表面。

不管是清洗还是平时使用，都应手持镜头的边缘，千万不要用手指触摸镜头表面。相机镜头是非常精密的部件，其表面做了防反射的涂层处理，用手指触摸镜头，镜头表面会沾上油渍及指纹，对涂层有害，从而影响工业相机的使用。

（2）清洗用具的选择。

通常来说，压缩空气足以清除工业相机芯片内部的所有杂质，但不宜使用喷雾剂类型的压缩空气，因为这种喷雾剂通常含有水、油等可能损坏芯片表面的物质。同时微纤维可以深入镜头的表面清除杂质，可以实现彻底清除杂质的目的。擦拭工业相机，可以选择浓度90%以上的纯酒精，但须注意不要使用异丙醇，因为异丙醇会吸收空气中的水分，在传感器表面留下液体痕迹。

注：不要用金属工具或钳子处理工业相机的镜头，应通过使用木制的、竹制的或塑料制的工具来处理，以免留下划痕。

（3）对不同污渍的清洗要求。

①镜头灰尘：可以使用专门为光学镜头设计的镜头笔，但不能用于湿的表面，也不能和镜头水、镜头清洁液等混用。镜头污渍：推荐使用可丢弃式的专业镜头擦拭纸（擦镜纸）。

②相机上有指印或灰尘：用气吹或者用柔软、干燥的布擦拭。若相机污染非常顽固：用布蘸适量中性清洁剂，然后擦干。勿使用汽油或稀释剂等挥发性溶剂，否则会损坏表面光泽。

③机身缝隙：用清洁棉棒清洁相机缝隙，使用尖头清洁棉棒蘸取少量清洁液，沿按钮或转盘边缘轻轻擦拭。

④传感器：一般的粉尘可以用气吹处理，将气吹口尽可能挨近传感器，可以更好地将灰尘吹走；面对顽固的油性灰尘，气吹无法吹走，此时可以使用清洁棒（果冻笔，顶端有黏性）来进行处理。

⑤小镜头：可以用手持的真空笔。

（4）将镜头放置在软的表面上。

保持将镜头放置在软的表面上，特别是如果光学表面是凸起的，静止地放置在坚硬的桌面上会造成表面刮痕。

不使用时盖上镜头盖，保存好。

对于工业镜头系统或装配来说，在没有使用的时候盖上镜头盖能保护光学表面不被损坏。如果相机长期不使用，最好在取出电池后，使用密封的包装放置，如果能配备一个防潮箱再好不过。另外，千万不要把没有包裹的镜头一起放在一个盒子或袋子中或置于重物下方，以免损坏镜头。

思政园地

图像传感器作为摄像头模组的核心部件，广泛应用于智能手机、汽车、安防监控、航空航天等领域。我国拥有全球最大的图像传感器市场，然而在高端消费类电子领域的市场份额几乎被索尼和三星占据。随着智能手机采用多摄方案的增加，以及 IoT、AI、ADAS 等技术带动摄像头应用场景的拓展，市场对 CIS 需求日益旺盛。我国也在紧抓市场机遇并利用我国巨大的市场优势，以实现在图像传感器领域的腾飞。

作为电子设备的"眼睛"，图像传感器近年来成为市场的焦点，成为半导体行业最炙手可热的领域之一。目前，CCD 图像传感器和 CMOS 图像传感器是被普遍采用的两种图像传感器。CCD 图像传感器具有量子效率高、噪声低等优点，被应用于广播电视和工业监测等领域。随着超大规模集成电路技术和 CMOS 制造工艺水平的提高，CIS 由于尺寸小、低成本、功耗低、集成度高等诸多优点，在民用消费电子市场逐渐取代传统的 CCD 图像传感器，带动了图像传感器市场的发展。根据 WSTS 数据统计，2019 年全球图像传感器销售规模达 193.2 亿美元，其中，CIS 贡献 188.1 亿美元，同比增长 26.3%，CIS 已成为半导体产业中增长最快的产品之一。

对于图像传感器，全球市场迎来三大机遇：

一是智能手机领域带来的机遇。手机是 CIS 最大的终端用户市场。据 Counterpoint Research 统计，2021 年全球智能手机出货量前十中，国产厂商占七位。国产手机厂商给 CIS 带来了巨大的市场需求。此外，由于消费者对高质量摄像需求的提高，手机摄像头在光学领域不断创新与升级，智能手机采用多摄配置的方案逐渐增多。手机摄像头方案从单摄到双摄再到多摄。

二是汽车电子领域带来的机遇。随着传统汽车面向更加智能、安全的发展趋势，以及未来新车使用先进驾驶辅助系统（ADAS）和自动驾驶（AD）解决方案的推进，汽车电子已成为 CIS 增长速度最快的细分市场。传统汽车辅助日常停车，安装倒车影像已成为主流。此外，随着 ADAS 技术在汽车上应用的推进，更多的传感器将被使用，以 Tesla 为例，其在汽车上装配有 8 个摄像头。因此，作为感知周围图像信息的摄像头，势必会在汽车领域迎来新一轮增长。

三是安防监控领域带来的机遇。据统计，2020 年我国安防市场（包括安防产品、安防工程和报警运营服务及其他）规模约 8000 亿元，遥遥领先其他国家。其中，安防监控领域市场份额相对较大。摄像头作为安防监控领域的重要组成部分，使得安防监控领域给 CIS 提供了巨大的应用场景。此外，随着 5G、AI、物联网等技术的发展，安防监控行业正在由"传统"向"智慧"升级，进而给 CIS 市场注入了新的活力。

我国产业发展面临两大难题：

一是先进技术积累薄弱，高端产品供应不足。目前国内 CIS 企业的产品主要应用于中低端领域。在旗舰和高端机型手机等高端消费类电子产品的主摄上，国外品牌在市场上形成绝对垄断，我国 CIS 企业在高端市场几乎没有话语权。国际一流厂商在图像传感器领域积累多年，国内企业由于起步较晚，关键核心技术积累不占优势，导致国产高性能成像 CIS 缺乏。

二是产业链协作不足，协同创新有待加强。目前，国际头部厂商是 CIS 领域的绝对技术引领者和市场占有者。它们的运作模式均属于 IDM 型，这使得产品的设计研发和工艺制造可以紧密结合、同时发展。对于具有特殊制程的 CIS，先进技术的发展使得电路设计和工艺设计的紧密结合尤为重要。目前，我国在 CIS 领域还没有形成 IDM 模式的企业，产业链上、下游环节协同能力不足，导致我国 CIS 产业链协同创新不足，使得设计者设计产品时不能很好地考虑到工艺设计，导致企业核心竞争力不足。

对此，我国也在积极应对挑战、抓住机遇：

一是积极布局前沿技术，实现关键技术引领。积极通过开发先进材料、先进工艺等途径生产出高性能图像传感器，不断推进相关前沿技术的研发与应用，实现我国企业在图像传感器领域的技术引领。

二是促进产业链上、下游企业深度合作，推进产业链协同共赢。目前国内厂商设计团队与晶圆厂之间加强沟通协调，促进深度合作，可通过建立虚拟 IDM 的方式，加强产业链协作水平，推进产业链协同共赢。

三是紧抓全球市场机遇和我国市场优势，寻求产品的差异化应用场景。随着未来汽车不断地采用 ADAS 和 AD 的解决方案，汽车电子领域已成为 CIS 增长速度最快的细分市场。此外，CIS 在安防、医疗等场景中不断渗透。我国厂商应紧抓市场机遇，利用好我国巨大的市场优势，拓展其在汽车电子等领域的应用，以及深耕无人机、智能机器人、AR/VR 等细分领域，不断丰富产品种类，寻求产品的差异化应用场景。

在我国图像传感器所面对的巨大机遇和挑战并存的环境中，应当坚持自主创新，充分利用政策与市场对传感器产业的扶持，完成技术的自主可控。这一过程是曲折的、充满坎坷的，然而前途是光明的。

思考与练习

1. 简述机器视觉组成。
2. 简述图像传感器类型与区别。
3. 简述图像传感器选型。